职业教育机械类专业"互联网+"新形态教材

焊接电工

HANJIE DIANGONG

主　编　张胜男　魏延宏
副主编　赵文斌　宋满堂
参　编　曹文辉　张绮兰

第 4 版

本书共三个模块：模块一为电工电子技术基础，主要包括直流电路、交流电路、磁路及变压器、半导体器件、直流稳压电源、常用低压电器及电工仪表；模块二为弧焊电源基础知识，讲述了焊接电弧的电特性，弧焊工艺对弧焊电源的要求，介绍各类弧焊电源，包括弧焊变压器、弧焊整流器、脉冲弧焊电源、弧焊逆变器、数字化焊接电源等的结构特点、分类、应用和故障排除方法；模块三为弧焊设备及操作，介绍了各种常用弧焊设备以及弧焊电源的选择、安装和使用等实用知识。

本书从职业院校焊接类专业群人才培养方案目标出发，注重教学内容的实用性，特别是结合焊接专业技术岗位特点及培养"双证制"人才的需要，尽量结合生产实际组织内容，以满足焊接工程技术人员及各级焊工对焊接电工知识的需求。

本书可作为职业院校焊接类专业及相近专业学生的教材，同时可作为成人教育焊接专业教材、各级焊工职业技能鉴定培训教材以及焊接工程技术人员的参考用书。

本书采用双色印刷，为便于读者学习，在书中以二维码形式嵌入配套微课、视频、动画等教学资源，使用手机扫码即可观看。

图书在版编目（CIP）数据

焊接电工 / 张胜男，魏延宏主编 . -- 4 版 . -- 北京：机械工业出版社，2024.8. -- （职业教育机械类专业"互联网 +"新形态教材）. -- ISBN 978-7-111-76212-6

Ⅰ．TG43

中国国家版本馆 CIP 数据核字第 2024ZE2994 号

机械工业出版社（北京市百万庄大街 22 号　邮政编码 100037）
策划编辑：王海峰　　　　　　　　　　责任编辑：王海峰　赵文婕
责任校对：张勤思　马荣华　景　飞　　封面设计：张　静
责任印制：常天培
北京机工印刷厂有限公司印刷
2024 年 9 月第 4 版第 1 次印刷
184mm×260mm · 16.5 印张 · 409 千字
标准书号：ISBN 978-7-111-76212-6
定价：49.00 元

电话服务　　　　　　　　　　网络服务
客服电话：010-88361066　　　机　工　官　网：www.cmpbook.com
　　　　　010-88379833　　　机　工　官　博：weibo.com/cmp1952
　　　　　010-68326294　　　金　书　网：www.golden-book.com
封底无防伪标均为盗版　　　机工教育服务网：www.cmpedu.com

前　言

为深入贯彻落实国务院《国家职业教育改革实施方案》和教育部《职业院校教材管理办法》文件精神，确保经典教材能够切合现代职业教育焊接专业教学实际，进一步提升教材的内容质量，结合近年来各职业院校在教学过程中总结的经验和弧焊电源与设备的不断发展、更新情况，以及部分使用本书师生的意见和建议，对本书第3版进行了修订。修订版保留原教材的基本体系和风格，主要从以下几方面进行了修订。

1. 更新弧焊电源与设备的现状及发展趋势。

2. 结合职业院校学生特点及需求，对上一版教材的部分内容进一步补充完善。如补充常用的电路分析方法：叠加定理和戴维南定理；变压器的型号含义及额定值；导体、绝缘体、半导体的基本知识；二极管的应用举例、晶体管的检测和场效应晶体管的使用注意事项；常用光电器件，包括发光二极管、光电二极管、光电晶体管、光电耦合器；针对性更强的课后习题等，进一步加强内容的针对性和实用性，使其更加符合学生认知规律，既能做到专业基础课为后续课程学习打基础，又能做到知识讲解深入浅出。

3. 结合弧焊电源与设备的不断发展、更新，对上一版教材新型数字化焊接电源的部分内容进行补充处理，同时补充了弧焊电源铭牌及明示信息和典型应用案例。

4. 为完善焊接安全用电措施，在上一版内容的基础上补充安全、绿色环保用电相关知识及电焊机相关安全标准和技术标准，将安全用电与绿色环保用电等"双碳"理念渗透到日常教学中，强化学生安全、质量、环保意识。

5. 为体现教材"数字化"，在书中以二维码形式嵌入配套微课、微视频、动画、PPT、生产案例等数字资源，读者使用手机扫码即可学习和浏览。

6. 附录中补充半导体器件型号命名方法，介绍中国、日本、美国等国家半导体器件的型号命名方法，以方便读者查阅和使用。

为积极推进党的二十大精神进教材、进课堂、进头脑，全面贯彻党的教育方针，坚持落实立德树人根本任务，本书在编写时对素质教育内容进行了系统梳理和整体设计，结合学科专业特点，合理融入素质提升元素，在每一单元末增加了"焊接劳模工匠"栏目，着力培养学生爱岗、敬业、诚信的精神，用社会主义核心价值观铸魂育人，引导学生树立正确的人生观、世界观和远大理想。

本书由兰州石化职业技术大学张胜男、魏延宏任主编，兰州石化公司赵文斌、宋满堂任副主编，兰州石化职业技术大学曹文辉、张绮兰参与编写。具体编写分工如下：张胜男修订、编写第一、二、四、八单元和附录，曹文辉修订、编写第三单元，张绮兰修订、编写第五单元，宋满堂修订、编写第六单元，魏延宏修订、编写第七单元和绪论，赵文斌修订、编

写第九单元。全书由张胜男统稿。

本书是在第3版的基础上修订的，自然包含了各位原编者的辛勤劳动。编者在此向各位原编者致以诚挚的谢意。

编写和审稿过程中承蒙各兄弟院校有关同志的大力支持，在此向他们表示衷心的感谢。此外，编者在编写时查阅了大量的参考文献，在此向相关作者表示感谢。

限于编者水平，书中不足和疏漏之处在所难免，敬请读者批评指正。

编　者

二维码索引

序号	名称	图形	页码	序号	名称	图形	页码
1	电路的作用与组成		7	8	PN结外加正向电压时导通		74
2	基尔霍夫定律的仿真		19	9	PN结外加反向电压时截止		74
3	叠加定理的仿真		25	10	晶体管的三种状态原理		81
4	变压器的变压功能		63	11	直流稳压电源的使用		93
5	杂质半导体掺入五价元素		73	12	接触式引弧示范教学		132
6	杂质半导体掺入三价元素		73	13	非接触式引弧示范教学		132
7	PN结的形成		73	14	脉冲电弧特点		140

(续)

序号	名称	图形	页码	序号	名称	图形	页码
15	动圈式弧焊变压器焊接参数调节示范教学		158	21	激光焊接设备的应用：板式换热器的激光焊接		218
16	ZD5－1250晶闸管式弧焊整流器在生产中的典型应用		166	22	电子束焊接设备		221
17	WZM1－400管子管板全位置数控脉冲氩弧焊机在生产中的典型应用		173	23	电子束焊接原理		222
18	数字化焊接电源典型产品介绍－逆变式多功能弧焊机NBC－210P		192	24	弧焊机器人用焊接电源介绍		224
19	DC－1000埋弧自动焊机在生产中的典型应用		200	25	焊接电源的日常维护与保养		230
20	自动填丝的激光焊接过程		218				

目 录

前言
二维码索引

模块一　电工电子技术基础 ………………………………………………………… 1

绪论 ………………………………………………………………………………………… 2

第一单元　直流电路 ……………………………………………………………………… 7

综合知识模块一　电路和电路模型 ……………………………………………………… 7
综合知识模块二　电路的基本物理量 …………………………………………………… 8
综合知识模块三　电路元件 ……………………………………………………………… 11
综合知识模块四　电路的工作状态 ……………………………………………………… 15
综合知识模块五　电路的基本定律 ……………………………………………………… 17
综合知识模块六　电阻的连接 …………………………………………………………… 20
综合知识模块七　电路的分析方法 ……………………………………………………… 23
【单元小结】 ……………………………………………………………………………… 26
【综合训练】 ……………………………………………………………………………… 27
【焊接劳模工匠】 ………………………………………………………………………… 28

第二单元　交流电路 ……………………………………………………………………… 31

综合知识模块一　正弦交流电的基本概念 ……………………………………………… 31
综合知识模块二　正弦交流电的表示方法 ……………………………………………… 34
综合知识模块三　正弦交流电路中的元件 ……………………………………………… 36
综合知识模块四　电阻、电感、电容元件串联的交流电路 …………………………… 41
综合知识模块五　三相交流电路 ………………………………………………………… 44

综合知识模块六　安全用电 ………………………………………………… 48
　　【单元小结】……………………………………………………………………… 52
　　【综合训练】……………………………………………………………………… 53
　　【焊接劳模工匠】………………………………………………………………… 55

第三单元　磁路及变压器 …………………………………………………………… 58

　　　综合知识模块一　磁路及其应用 ………………………………………………… 58
　　　综合知识模块二　磁路的基本物理量及磁路定律 ……………………………… 61
　　　综合知识模块三　变压器 ………………………………………………………… 62
　　【单元小结】……………………………………………………………………… 67
　　【综合训练】……………………………………………………………………… 68
　　【焊接劳模工匠】………………………………………………………………… 68

第四单元　半导体器件 ……………………………………………………………… 71

　　　综合知识模块一　半导体的基本知识 …………………………………………… 71
　　　综合知识模块二　半导体二极管 ………………………………………………… 75
　　　综合知识模块三　半导体晶体管 ………………………………………………… 79
　　　综合知识模块四　晶闸管 ………………………………………………………… 82
　　　综合知识模块五　场效应晶体管 ………………………………………………… 84
　　　综合知识模块六　绝缘栅双极晶体管 …………………………………………… 86
　　　综合知识模块七　光电器件 ……………………………………………………… 87
　　【单元小结】……………………………………………………………………… 88
　　【综合训练】……………………………………………………………………… 89
　　【焊接劳模工匠】………………………………………………………………… 90

第五单元　直流稳压电源 …………………………………………………………… 93

　　　综合知识模块一　直流稳压电源的组成 ………………………………………… 93
　　　综合知识模块二　整流电路 ……………………………………………………… 94
　　　综合知识模块三　滤波电路 ……………………………………………………… 97
　　　综合知识模块四　稳压电路 ……………………………………………………… 98
　　【单元小结】…………………………………………………………………… 101
　　【综合训练】…………………………………………………………………… 101
　　【焊接劳模工匠】……………………………………………………………… 102

目 录

第六单元　常用低压电器及电工仪表 ········ 104
综合知识模块一　常用低压电器 ········ 104
综合知识模块二　电工仪表及测量 ········ 116
【单元小结】 ········ 125
【综合训练】 ········ 127
【焊接劳模工匠】 ········ 128

模块二　弧焊电源基础知识 ········ 129

第七单元　焊接电弧基础知识 ········ 130
综合知识模块一　焊接电弧及其引燃 ········ 130
综合知识模块二　焊接电弧的结构及特性 ········ 132
综合知识模块三　焊接电弧的分类及特点 ········ 136
综合知识模块四　对弧焊电源的要求 ········ 141
综合知识模块五　焊接电弧静特性曲线测定实验 ········ 148
综合知识模块六　弧焊电源外特性曲线测定实验 ········ 150
【单元小结】 ········ 151
【综合训练】 ········ 152
【焊接劳模工匠】 ········ 153

第八单元　典型弧焊电源介绍 ········ 155
综合知识模块一　弧焊变压器 ········ 155
综合知识模块二　弧焊整流器 ········ 162
综合知识模块三　脉冲弧焊电源 ········ 173
综合知识模块四　弧焊逆变器 ········ 181
综合知识模块五　数字化焊接电源 ········ 189
【单元小结】 ········ 195
【综合训练】 ········ 197
【焊接劳模工匠】 ········ 197

模块三　弧焊设备及操作 ········ 199

第九单元　常用弧焊设备及其选择、安装与使用 ········ 200
综合知识模块一　常用弧焊设备 ········ 200

　　综合知识模块二　弧焊电源的选择及安装 …………………………… 226
　　综合知识模块三　弧焊电源的使用 ………………………………… 230
　　综合知识模块四　绿色环保用电 …………………………………… 235
　【单元小结】………………………………………………………………… 239
　【综合训练】………………………………………………………………… 240
　【焊接劳模工匠】…………………………………………………………… 241

附录 ……………………………………………………………………… 243

　　附录 A　半导体器件型号命名方法 ………………………………… 243
　　附录 B　电焊机型号编制方法 ……………………………………… 245
　　附录 C　常用弧焊电源的主要技术数据 …………………………… 248

参考文献 ………………………………………………………………… 254

模块一

电工电子技术基础

绪 论

一、焊接的重要性及弧焊电源与设备在焊接中的作用

1. 焊接的重要性

焊接是一种金属连接的方法。它是通过加热或加压，或两者并用，并且用或不用填充金属，使焊件间达到原子结合的一种加工方法。也可以说，焊接是一种将材料永久连接，并形成具有给定功能结构的制造技术。国民经济的诸多行业都需要大量高档次的焊接设备。几乎所有的产品，从几十万吨巨轮到不足 1g 的微电子元件，在其生产中都不同程度地依赖焊接技术。焊接已经渗透到制造业的各个领域，直接影响产品的质量、可靠性、寿命以及生产的成本、效率和市场反应速度。2023 年，我国钢材年总产量约为 13.63 亿 t，消费量约为 8.9 亿 t，是世界上最大的钢材生产国和消费国。目前，钢材是我国最主要的结构材料，在今后相当长的时期，钢材仍将占有重要的地位。然而，钢材必须经过加工才能成为有给定功能的产品。由于焊接结构具有重量轻、成本低、质量稳定、生产周期短、效率高、市场反应速度快等优点，因此其应用日益增多，焊接加工的钢材总量比其他加工方法多。而焊接设备是保证高质量焊缝的首要必备条件，因此，发展我国制造业，尤其是装备制造业，必须高度重视焊接技术及其焊接设备的同步提高和发展。

2. 弧焊电源与设备在焊接中的作用

电弧焊是焊接方法中应用最为广泛的一种焊接方法。据一些工业发达国家的统计，电弧焊在焊接生产总量中所占的比例一般都在 60% 以上。根据其工艺特点不同，电弧焊可分为焊条电弧焊、埋弧焊、气体保护焊和等离子弧焊等多种。

不同材料、不同结构的焊件，需要采用不同的电弧焊工艺方法，而不同的电弧焊工艺方法则需使用不同的电弧焊机。例如，操作方便、应用最为广泛的焊条电弧焊，需要使用由电源装置和焊钳组成的焊条电弧焊焊机；锅炉、化工、船舶等工业广为使用的埋弧焊，需要使用由电源装置、控制箱和焊车等组成的埋弧焊机；适用于焊接化学性质活泼金属的气体保护焊，需要使用由电源装置、控制箱、焊车（自动式焊机用）或送丝机构（半自动式焊机用）、焊枪、气路和水路系统等组成的气体保护电弧焊机；适用于焊接高熔点金属的等离子弧焊，则需要（使用）由电源装置、控制系统、焊枪或焊车、气路和水路系统等组成的等离子弧焊机。

由上述可知，各种电弧焊方法所需的供电装置，即弧焊电源是电弧焊接的重要组成部分，它是为焊接电弧供给电能的装置，应满足电弧焊所要求的电气特性，这正是本课程将要系统讲述的内容。与弧焊电源配套的其他装置和设备部分，将在"焊接方法与设备"课程

中讲述。

显然，弧焊电源与设备电气性能的优劣，在很大程度上决定了焊接过程的稳定性。没有先进的弧焊电源与设备，要实现先进的焊接工艺和焊接过程自动化是难以办到的。因此，应该对弧焊电源与设备的基本理论、结构、性能特点进行深入的分析，真正了解并正确使用弧焊电源与设备，进而研制出新型的弧焊电源与设备，使焊接质量和生产率得到进一步提高。

二、弧焊电源的分类、特点及用途

弧焊电源种类很多，其分类方法也不尽相同。常用的是按弧焊电源输出的焊接电流波形分类。

焊接电流有交流、直流和脉冲三种基本类型，相应的弧焊电源有交流弧焊电源、直流弧焊电源和脉冲弧焊电源三种类型。

1. 交流弧焊电源

交流弧焊电源包括工频交流弧焊电源（弧焊变压器）、矩形波交流弧焊电源。

（1）工频交流弧焊电源　又称弧焊变压器。它把电网的交流电变成适合于电弧焊的低电压交流电，由变压器、调节装置和指示装置等组成。工频交流弧焊电源具有结构简单、易造易修、成本低、磁偏吹小、空载损耗小、噪声小等优点，但其输出电流波形为正弦波，因此电弧稳定性较差，功率因数低，一般用于焊条电弧焊、埋弧焊和钨极惰性气体保护电弧焊等。

（2）矩形波交流弧焊电源　它是利用半导体控制技术来获得矩形波交流电流的。由于其输出电流过零点时间短，电弧稳定性好，正负半波通电时间和电流比值可以自由调节，因此特别适合于铝及铝合金钨极氩弧焊。

2. 直流弧焊电源

（1）弧焊发电机　这种电源一般由特种直流发电机、调节装置和指示装置等组成。虽然弧焊发电机曾在焊接历史上发挥过重要作用，但由于其存在制造复杂、噪声及空载损耗大、耗电量大、效率低、价格高等缺点，因此这种弧焊电源已经被淘汰，本书不做介绍。

（2）弧焊整流器　它由主变压器、整流器及为获得所需外特性而设置的调节装置、指示装置等组成，可将电网交流电降压整流后获得直流电。与弧焊发电机相比，它具有制造方便、价格低、空载损耗小、噪声小等优点，而且大多数弧焊整流器可以远距离调节焊接工艺参数，能自动补偿电网电压波动对输出电压和电流的影响，可作为各种弧焊方法的电源。

（3）逆变式弧焊电源　它将单相（或三相）交流电经整流后，由逆变器转变为几百至几万赫兹的中高频交流电，经降压后输出交流或直流电，且整个过程由电子电路控制，使电源获得符合要求的外特性和动特性。这类弧焊电源具有高效节能、重量轻、体积小、功率因数高等优点，可应用于各种弧焊方法，是一种很有发展前途的普及型弧焊电源。

逆变式弧焊电源既可输出交流电又可输出直流电，但目前常用后一种形式，因此又可把它称为逆变式弧焊整流器。

3. 脉冲弧焊电源

这种电源的焊接电流以低频调制脉冲方式馈送，一般由普通的弧焊电源与脉冲发生电路组成。它具有效率高、热输入较小、热输入调节范围宽等优点，主要用于气体保护电弧焊和等离子弧焊。

另外，按控制技术的不同，弧焊电源也可以分为机械式控制、电磁式控制、电子式控制和数字式控制四种类型。数字式控制又包括单片机控制、PLC/PLD 控制、ARM 控制和 DSP 控制等。

三、弧焊电源与设备的历史、现状及发展趋势

1. 弧焊电源与设备的发展历史

焊接技术的发展是与近代工业和科学技术的发展紧密相联系的。弧焊电源与设备又是弧焊技术发展水平的主要标志，它的发展与弧焊技术的发展也是相互促进、密切相关的。

1802 年俄国学者发现了电弧放电现象，并指出利用电弧热熔化金属的可能性。但是，电弧焊真正应用于工业则是在 1892 年出现了金属极电弧焊接方法以后。当时，电力工业发展较快，弧焊电源本身也有了很大的改进。到 20 世纪 20 年代，除弧焊发电机外，已开始应用结构简单、成本低廉的弧焊变压器。随着生产的进一步发展，不仅需要焊接的产品数量增加了，而且许多产品对焊接质量的要求也提高了，加之焊接冶金科学的发展，20 世纪 30 年代，在薄药皮焊条的基础上研制成功了焊接性能优良的厚药皮焊条，更显示了焊接方法的优越性。这个时期，机械制造、电机制造工业及电力拖动、自动控制等新科学技术的发展，也为实现焊接过程机械化、自动化提供了物质条件和技术条件，于是在 20 世纪 30 年代后期，研制成功了埋弧焊。20 世纪 40 年代初，由于航空、核能等技术的发展，迫切需要轻金属或合金，如铝、镁、钛、锆及其合金等。这些材料的化学性质活泼，产品对焊接质量的要求又很高，氩弧焊就是为了满足上述要求而发展起来的新的焊接方法。20 世纪 50 年代又相继出现了二氧化碳焊等各种气体保护焊，随后又出现了焊接高熔点金属材料的等离子弧焊。

各种焊接方法的问世促进了弧焊电源与设备的飞速发展，20 世纪 40 年代开始出现了用硒片制成的弧焊整流器。到了 20 世纪 50 年代末，大容量的硅整流器件及晶闸管的问世，为发展新的弧焊整流器开辟了道路。20 世纪 70 年代以来，又相继成功研制了脉冲弧焊电源、逆变式弧焊电源、矩形波交流弧焊电源。

弧焊电源与设备的飞速发展，不仅表现为种类的大量增加，还表现在广泛应用电子技术、控制技术（PID 控制、模糊控制、人工神经网络技术和智能控制）、计算技术等方面的理论知识和最新成就来不断提高弧焊电源与设备的质量，改善其性能。例如，采用单旋钮调节，即用一个旋钮就可以对电弧电压、焊接电流和短路电流上升速度等同时进行调节，并获得最佳配合；通过电子控制电路获得多种形状的外特性以适应各种弧焊工艺的需要；采用多种电压、电流波形，以满足某些弧焊工艺的特殊需要；采用电压和温度补偿控制；设置电流递增和电流衰减环节，以防止引弧冲击，提高填满弧坑的质量；采用计算机控制，具有记忆、预置焊接参数和在焊接过程中自动变换焊接参数等功能，使弧焊电源与设备智能化。

2. 弧焊电源与设备的现状及发展趋势

目前，我国弧焊电源与设备制造、研究的状况，与国民经济的需要仍不相适应，产品的品种、数量、质量、性能和自动化程度还不能满足使用部门的要求，与世界工业发达国家相比，尚存在差距。为了适应我国社会主义建设的需要，必须努力进行弧焊电源与设备的研制，充分利用电子技术、计算机技术和大功率电子器件，不断提高产品质量；大力发展高效、节能、性能良好的新型弧焊电源与设备，积极研制微机控制的弧焊电源与设备，从而把弧焊电源与设备的发展推向一个新阶段。

(1) 焊接自动化技术的展望　电子技术、计算机微电子信息和自动化技术的发展推动了焊接自动化技术的发展，这是不言而喻的。特别是数控技术、柔性制造技术和信息处理技术等单元技术的引入，促进了焊接自动化技术革命性的发展。

1) 焊接过程控制系统的智能化是焊接自动化的核心问题之一，也是我们未来开展研究的重要方向，我们应开展最佳控制方法方面的研究，包括线性和各种非线性控制。最具代表性的是焊接过程的模糊控制、神经网络控制及专家系统的研究。

2) 焊接柔性化技术也是我们着力研究的内容。在未来的研究中，我们将各种光、机、电技术与焊接技术有机结合，以实现焊接的精确性和柔性化。用微电子技术改造传统的焊接工艺设备，是提高焊接自动化水平的根本途径。将数控技术配以各种焊接机械设备，以提高其柔性化和质量控制水平，是我们当前要研究的一个方向。

3) 焊接控制系统的集成是人与技术的集成和焊接技术与信息技术的集成。集成系统中信息流和物质流是其重要的组成部分，促进其有机地结合，可大大降低信息量和实时控制的要求，注意发挥人在控制和临机处理时的响应和判断力，建立人机对话的友好界面，使人和自动系统和谐统一，是集成系统的不可低估的因素。

4) 提高焊接电源的可靠性、质量稳定性和可控性以及其优良的动感特性，应是焊接设备行业着重研究的课题。应开发研制具有调节电弧运动、送丝和焊接姿态，能探测焊缝坡口形状、温度场、熔池状态、熔透情况，适时提供焊接工艺参数的高性能焊机，并应积极开发焊接过程的计算机模拟技术。总之，使焊接技术由"技艺"向"科学"演变，是实现焊接自动化的一个重要方面。

(2) 弧焊电源发展趋势　弧焊电源从诞生到现在已有 100 多年的历史，它总是随着科技的进步而发展。目前弧焊电源已朝着以下几方面发展。

1) 数字化弧焊电源。数字化弧焊电源的出现和发展是焊接技术的进步，有人甚至把它比作焊接技术的数字化革命。数字化弧焊电源具有焊接参数采集、存储、传输和分析的能力，而且能与计算机构成的局域控制网络实现网络群控，这对于规范焊接生产，实现焊接质量的无人监控和管理有非常重要的作用和意义。数字化弧焊电源系统的控制精度高，产品稳定性、一致性和接口兼容性好，可以便捷地与外部设备建立数据交换通道。

2) 智能型弧焊电源。数字技术极大地推动了焊接电源性能的提高和功率的拓展，数字化弧焊电源已经从简单的焊接电弧功率供给单元向多功能复合的智能型焊接设备发展。现代控制理论的成熟，尤其是智能控制理论的发展，为弧焊电源的智能化开辟了广阔的前景。模糊控制、人工神经网络、变结构控制理论等在弧焊电源中的应用，可以十分方便地调整其外特性，同时获得良好的动特性，还可以调节送丝速度等参数，使得当某些焊接参数发生变化时，能保持熔深和弧长基本不变，还可大大降低手工电弧焊时对焊工熟练程度的依赖。

3) 节能型弧焊电源。早在 2000 年就有人提出绿色焊机的概念。这是在全球资源与能源日渐紧缺，人们的环保意识逐渐增强的情况下提出的。节能环保绿色焊机必将是未来弧焊电源的研制发展方向。

计算机技术、网络技术、控制技术及电力电子技术的发展为智能型焊接电源的发展提供了保证。利用计算机的存储功能和高速、高精度数据处理能力，可使焊机向多功能化和智能化发展。在焊机中引入自适应控制、模糊控制、神经网络控制等现代控制方法，进行参数的优化、焊接质量的控制等，可降低对焊工操作水平的要求，进一步提高焊机的性能和适应

性。各种控制技术在焊接电源设计及控制中的应用还处于发展阶段，其应用的方式是多种多样的，焊机的稳定性、可靠性及焊接质量将会是检验各种控制应用效果的最终标准。提高焊接电源的效率、降低焊接电源对电网的污染及电磁污染，开发自动控制的智能型绿色焊接电源已成为开发人员的共同目标。随着电力电子器件的发展和数字化芯片功能越来越强大，弧焊电源的数字化程度将越来越高。近年来随着市场竞争的日趋激烈，提高焊接生产率、保证产品质量并实现焊接生产的自动化的思路越来越得到焊接生产企业的重视。只有不断发展数字化和智能化的弧焊电源，才能实现焊接生产的自动化和智能化。

四、本课程的性质和任务

本课程以"数学""物理"等课程为基础，是焊接专业理论性和实践性较强的一门专业课。学生学完本课程后，应能达到以下要求。

1）能对一般交、直流电路和晶体管放大、整流电路进行分析和计算。

2）能选择低压电器和读懂一般低压控制电路图。

3）了解焊接电弧的特性，掌握交流电弧的特点及稳定燃烧条件。

4）掌握常用弧焊电源及弧焊设备的基本结构和工作原理，熟悉其性能特点，并且有正确选择、安装和使用维护的能力。

5）能测试常用弧焊电源主要性能指标，并具有分析和排除常见故障的能力。

第一单元
直流电路

 学习目标

本单元首先介绍电路及电路模型、电路的物理量和电路的元件,提出了电流、电压参考方向的概念;然后对电路的工作状态和电阻的串并联电路进行了分析;重点讨论了基尔霍夫定律和用支路电流法、叠加定理、戴维南定理分析、计算复杂直流电路的方法。

综合知识模块一　电路和电路模型

能力知识点一、 电路的组成和作用

电路的作用与组成

电路是根据实际需要把一些元器件或电工设备按一定方式连接起来组成的电流通路。电路由电源、负载和中间环节三个部分组成。

电源是产生或提供电能的装置,其作用是将其他形式的能量转换为电能,如发电机、信号源、干电池等。

负载是用电设备的统称,是电能的主要消耗者。其作用是将电能转换成其他形式的能量,如电动机、电炉、电焊机、电灯等。

电源与负载之间的部分是中间环节,在电路中起着传递、控制和分配电能的作用。它包括连接导线、控制电器和测量装置等。

实际电路的种类很多,根据电路功能的不同,常见电路分为电力电路(或称强电电路)和信号电路(或称弱电电路)两大类。电力电路主要用来实现电能的传输和转换,如供电系统、电力拖动、照明电路等。图 1-1a 所示的手电筒电路就是一个最简单的电力电路。当手电筒开关接通时,导线把干电池和灯泡连成通路,电流流过灯泡使灯泡发光。信号电路通过电路实现信号的传递和处理,例如收音机、电视机、扩音机电路等。图 1-1b 所示为扩音机电路,通过传声器把声音信号转换为电信号,经放大器放大,扬声器将放大的电信号还原成声音。

根据电路中供电电源种类的不同,电路又可分为直流电路和交流电路。直流电路由直流

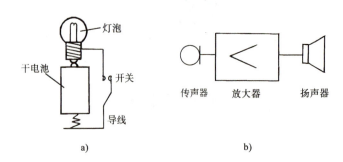

图 1-1 电路示例
a) 手电筒电路 b) 扩音机电路

电源供电，理想直流电源的特点是输出电压的大小和方向不随时间变化，通常用大写字母表示直流电路的物理量（如 U、I）；交流电路由交流电源供电，电源输出电压的大小和方向随时间而变化，通常用小写字母表示交流电路的物理量（如 u、i）。

能力知识点二、电路模型

实际电路是由一些具有不同作用的元器件组成的，如发电机、电动机、变压器以及各种电阻器、电容器等，每一种元器件在工作中都表现出较为复杂的电磁性质，往往兼具两种以上的电磁特性。例如一只白炽灯，它除具有消耗电能的电阻特性外，还具有一定的电感性。在进行电路的分析和计算时，如果考虑元器件全部的电磁特性，电路的分析将变得复杂。为了便于对实际电路进行研究和分析，可把实际元器件理想化（或称为模型化），只考虑元器件的主要电磁特性，忽略其次要性质，把它近似看作理想元器件。例如，白炽灯可以用只具有消耗电能性能而没有电感性能的理想电阻元件近似地表征。

这样由一个或几个具有单一电磁特性的理想电路元器件组成的电路，构成实际电路的电路模型。图 1-2 所示为手电筒照明电路的电路模型。其中，灯泡是电路的负载，理想化为电阻元件，其参数为 R；干电池是电源元件，理想化为电压源 U_S 和内阻 R_S 串联的组合模型；筒体和开关是连接电池和灯泡的中间环节，其电阻可以忽略不计，认为是无电阻的理想导体。

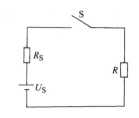

图 1-2 手电筒照明电路的电路模型

为了叙述简便，在本书后面的单元中，理想电路元件简称为电路元件，分析的直接对象都是指电路模型。

综合知识模块二 电路的基本物理量

能力知识点一、电流及参考方向

1. 电流的定义

带电粒子在电场力的作用下做有规则的定向移动，便形成电流。一般规定正电荷的运动方向或负电荷运动的反方向为电流的方向（实际方向）。电流的强弱用电流强度来度量，其数值等于单位时间内通过导体横截面的电荷量，即

$$i = \frac{dq}{dt} \tag{1-1}$$

式中，i 为随时间变化的电流在某一时刻的瞬时值；dq 为在时间 dt 内通过导体横截面的电荷量。

当 $\frac{dq}{dt}$ 为一常数时，表示电流不随时间的变化而变化，称为恒定电流，简称直流，用字母 I 表示，即

$$I = \frac{q}{t} \tag{1-2}$$

在国际单位制（SI）中，电流的单位为安培，简称安（A）。除安培外，常用的电流单位还有千安（kA）、毫安（mA）、微安（μA），它们之间的换算关系为

$$1kA = 10^3 A = 10^6 mA = 10^9 \mu A$$

2. 电流的参考方向

电流的方向是客观存在的，但是在分析和计算较为复杂的电路时，往往事先不能确定电路中电流的实际方向。因此，在分析电路时，总是任意选定某一方向为电流参考方向，如图 1-3 所示。选择的电流参考方向并不一定与电流的实际方向相同。如果电流的实际方向与电流参考方向相同，则此电流为正值；如果电流的实际方向与所选电流参考方向相反，则电流为负值，如图 1-3 所示。

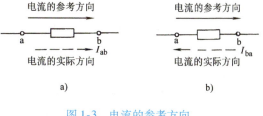

图 1-3 电流的参考方向

a）电流为正　b）电流为负

电流的参考方向除用箭头表示外，还可以用双下标表示。如图 1-3a 中电流参考方向为 a 指向 b，用 I_{ab} 表示；当参考方向选择 b 指向 a 时，电流可表示为 I_{ba}，两者之间的关系为

$$I_{ab} = -I_{ba} \tag{1-3}$$

能力知识点二、电压、电位和电动势

1. 电压及参考方向

电压是衡量电场力做功能力的物理量。图 1-4 中电源的两个极板 a 和 b 分别带有正、负电荷，在两个极板间存在着电场，其方向为 a 指向 b。电场力把单位正电荷从 a 点移到 b 点所做的功，称为 a、b 两点间的电压，用符号 U_{ab} 表示。电压的方向规定为由高电位指向低电位，即电位降低的方向。

在国际单位制中，电压的单位为伏特，简称伏（V）。除伏特外，常用的电压单位还有千伏（kV）、毫伏（mV）、微伏（μV），它们之间的换算关系为

$$1kV = 10^3 V = 10^6 mV = 10^9 \mu V$$

在分析电路时，也需先选择电压的参考方向，然后根据计算结果的正负来确定电压的实际方向，确定方法和电流相同。电压的参考方向可用双下标（U_{ab}）表示，也可以用箭头、极性（"＋""－"）表示，如图 1-5 所示。

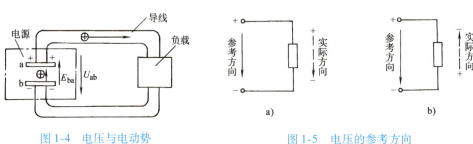

图 1-4 电压与电动势

图 1-5 电压的参考方向
a) 电压为正 b) 电压为负

2. 电位

定义：电场力把单位正电荷由 a 点移到参考点所做的功，称为 a 点的电位，用符号 V_a 表示。在电路中参考点可任意选取，通常把参考点的电位规定为零电位，电位的单位也是伏特（V）。可以证明：电路中任意两点间的电压等于该两点的电位差，即

$$U_{ab} = V_a - V_b \tag{1-4}$$

式(1-4) 同时表明，电路中某点的电位也就是该点与参考点之间的电压。各点电位的高低是相对于参考点而言的，而两点间的电压值与参考点的选择无关。电位参考点的选择原则上是任意的，但实际中常选大地为参考点。有些焊接设备的机壳接地，凡与外壳相连的点，均是零电位点，在电路图中用符号"⊥"表示，有些设备的机壳不接地，则选择多条导线的公共点做参考点，在电路图中用符号"⊥"表示。在分析电子电路时经常用到电位这个概念，例如对二极管来说，当它的阳极电位高于阴极电位时，二极管才能导通，否则就截止。

3. 电动势

在电路中，正电荷是从高电位流向低电位的，为了使电流连续在电路中通过，在电源内部应存在外力，把流到低电位 b 极的正电荷移到高电位 a 极，外力做了功，把非电能转换为电能。外力（非电场力）把单位正电荷从低电位 b 极移到高电位 a 极所做的功，被定义为电源的电动势，用符号 E 表示。

电动势是描述电源的物理量，其方向在电源内部由负极指向正极，也可用箭头在电路图中标明，如图 1-4 所示。在国际单位制中，电动势的单位为伏特（V）。

4. 关联参考方向和非关联参考方向

在电路分析和计算中，当选择电路元件上的电压参考方向和电流参考方向一致时，称为关联参考方向，如图 1-6a 所示。当选择电压和电流的参考方向相反时，则称为非关联参考方向，如图 1-6b 所示。

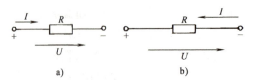

图 1-6 电压与电流的参考方向
a) 关联参考方向 b) 非关联参考方向

能力知识点三、 电功率和电能

1. 电功率

单位时间内电能量的变化称为功率,也就是电场力在单位时间内所做的功,即

$$P = \frac{dW}{dt} \tag{1-5}$$

在直流电路中,若已知电路中某元件两端的电压和电流,并且电压与电流为关联参考方向,则功率 P 为

$$P = UI \tag{1-6}$$

如果电压和电流为非关联参考方向,则功率 P 为

$$P = -UI \tag{1-7}$$

当计算所得功率为正值($P > 0$)时,表示元件吸收或消耗功率,属于负载性质;当计算所得功率为负值($P < 0$)时,表示元件产生或输出功率,属于电源性质。

在国际单位制中,功率的单位是瓦特,简称瓦(W)。常用的功率单位还有千瓦(kW)、毫瓦(mW),它们之间的换算关系为

$$1kW = 10^3 W = 10^6 mW$$

2. 电能

已知设备的功率为 P,则时间 t 内设备消耗的电能为

$$W = Pt \tag{1-8}$$

若功率的单位取瓦(W),时间的单位取秒(s),则电能的单位为焦耳,简称焦(J)。实际应用中,电能常用千瓦时(kW·h)为单位,1kW·h 俗称一度电。

$$1\text{度电} = 1kW\cdot h = 1000W \times 3600s = 3.6 \times 10^6 J$$

综合知识模块三 电路元件

能力知识点一、 电阻元件

电阻元件是实际电阻器的理想化模型。常见的实际电阻器有金属膜电阻器、绕线电阻器、电阻炉和白炽灯等。它们在电路中对电流有阻碍作用,并消耗电能。电阻元件有时简称电阻,用 R 表示。电路图中电阻元件的图形符号如图 1-7 所示。

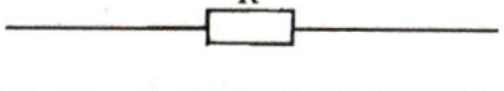

当流过电阻的电流和它两端的电压为关联参考方向时(图 1-8a),根据欧姆定律,电压和电流成正比,有如下关系

图 1-7 电阻元件的图形符号

$$U = RI \tag{1-9}$$

当流过电阻的电流和它两端的电压为非关联参考方向时(图 1-8b),根据欧姆定律,电压和电流有如下关系

$$U = -RI \tag{1-10}$$

在国际单位制中,电阻的单位为欧姆(Ω)。除欧姆外,常用的电阻单位还有千欧(kΩ)、兆欧(MΩ),它们之间的换算关系为

$$1M\Omega = 10^3 k\Omega = 10^6 \Omega$$

把电阻元件两端的电压值作为横坐标,流过电阻的电流值作为纵坐标,则可画出 U 与 I 的关系曲线,称为电阻元件的伏安特性曲线。如果伏安特性曲线是一条通过原点的直线,如图 1-9 所示,则称此电阻元件为线性电阻元件。

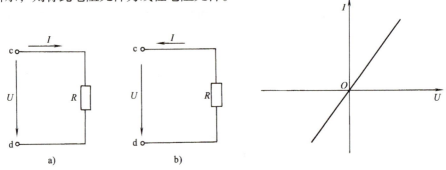

图 1-8 欧姆定律
a) 关联参考方向 b) 非关联参考方向

图 1-9 线性电阻元件的伏安特性曲线

为叙述方便,在以后的单元中,如无特殊说明,电阻元件均指线性电阻元件,简称电阻。这样,"电阻"这一名词有时指电阻元件,有时指元件的参数。

当电压和电流为关联参考方向时,电阻元件消耗的功率为电阻两端电压与电流的乘积,即

$$P = UI = RI^2 = \frac{U^2}{R} \tag{1-11}$$

由式(1-11)可知,由于电阻 R 为正实常数,功率 P 与 U^2 或 I^2 成正比,即 $P > 0$,所以任何时刻电阻元件均消耗电能,是一种耗能元件。

能力知识点二、 电感元件

电感元件是从实际电感线圈中抽象出来的理想元件。当把导线绕制成线圈且通过电流时,在线圈中会产生磁场,能够储存一定的能量,这样的线圈称为电感线圈。理想化的电感元件忽略了线圈导线电阻及线圈匝与匝之间的电容,认为其只具有储存磁场能的性能。

当电感线圈通过电流 i 时,在线圈中产生磁通 Φ,如图 1-10a 所示。若磁通 Φ 与线圈的 N 匝都交链,则

$$\Psi = N\Phi \tag{1-12}$$

式中,Ψ 称为线圈的磁链,又称自感磁链。当 Φ 的方向与 i 的方向符合右手螺旋法则时,电感元件的自感磁链 Ψ 与电流的比值为

$$L = \frac{\Psi}{i} \tag{1-13}$$

式中,L 称为电感元件的自感或电感。当 L 为一常数时,元件称为线性电感元件,其图形符号如图 1-10b 所示。

在国际单位制中,L 的单位为亨利(H),有时也用毫亨(mH)和微亨(μH)作为电感的单位,它们之间的换算关系为

$$1\text{H} = 10^3 \text{mH} = 10^6 \text{μH}$$

电感元件内通过的电流变化时,线圈中会产生感应电动势。当线圈中的电流(i)、电压

（u）和感应电动势（e）的参考方向如图 1-10a 所示时，有

$$u = -e = L\frac{di}{dt} \quad (1-14)$$

式（1-14）表明，电感元件的感应电动势和它两端的电压与该时刻通过线圈的电流变化率成正比，而与该时刻电流的大小无关，负号表示感应电动势所形成的电流总是阻碍线圈中电流的变化。

电感元件工作在直流电路中时，由于通过元件的电流恒定，电感元件两端的感应电动势为零，因此在直流电路中，电感元件相当于短路，即电感元件有通直流的作用。

电感元件是可以储存磁场能量的元件，其储存的磁场能量为

$$W_L = \frac{1}{2}Li^2 \quad (1-15)$$

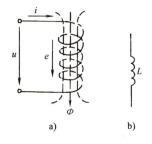

图 1-10 电感元件及其符号
a）电感元件　b）电感元件图形符号

式（1-15）说明，电感元件在某时刻储存的磁场能量与元件在该时刻流过的电流的平方成正比。W_L 的单位为焦耳（J）。

能力知识点三、电容元件

电容元件是实际电容器的理想化模型。常用电容器有纸介电容器、瓷介电容器、电解电容器等。电容器通常由两个极板中间隔以绝缘介质组成。图 1-11a 所示为平板电容器的结构示意。电容器是一种能够储存电场能量的元件。图 1-11b 所示为电容元件的图形符号。

当电容元件极板上充有电荷 q，其两端电压为 u，且电压的参考方向规定由正极板指向负极板（图 1-12）时，则极板上所带电量 q 与两极板间电压 u 的比值，称为电容元件的电容，用字母 C 表示，即

$$C = \frac{q}{u} \quad (1-16)$$

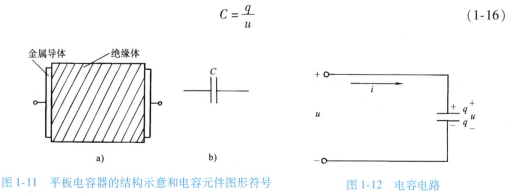

图 1-11 平板电容器的结构示意和电容元件图形符号
a）平板电容器的结构示意　b）电容元件图形符号

图 1-12 电容电路

当 C 为常量时，电容元件为线性电容，否则为非线性电容。本书只讨论线性电容。

在国际单位制中，电容 C 的单位是法拉（F），实际应用中，法拉单位太大，故常用微法（μF）和皮法（pF）做单位，它们之间的换算关系为

$$1F = 10^6 \mu F = 10^{12} pF$$

当选定电容元件两端的电压和电流的参考方向为关联参考方向（图 1-12）时，有

$$i = C \frac{du}{dt} \tag{1-17}$$

式（1-17）表明，电容元件通过的电流与其两端的电压变化率成正比，只有电容元件两端的电压发生变化时，与电容元件相连的电路中才有电荷的定向移动，才会有电流通过。如果电压不变，则电流为零。因此电容元件对于直流稳态电路相当于断路，即电容元件有隔断直流的作用。

电容器充电时，电容元件两端的电压增加，极板上的电荷量增加；电容器放电时，电容元件两端的电压减少，极板上的电荷量减少。

当电容器两个极板上存储一定量的电荷时，电容器两极板间就建立起一个电场，则电容器储存的电场能量为

$$W_C = \frac{1}{2} C u^2 \tag{1-18}$$

式（1-18）说明，电容元件在某时刻储存的电场能量与元件在该时刻两端电压的平方成正比。W_C 的单位为焦耳（J）。

能力知识点四、电压源

电路中，无论流过多大的电流，但提供的电压基本恒定的电路元件称为电压源。一个实际的电压源，可以用电压 U_S 与一个内阻 R_S 串联的电压源模型来表示。$R_S = 0$ 时的电压源，称为理想电压源。图 1-13a 所示为理想电压源的电路图形符号。理想电压源的伏安特性是一条不通过原点且与电流轴平行的直线，如图 1-13b 所示。

理想电压源具有以下两个特点：①电源的端电压是恒定的，与外接电路无关；②通过它的电流由所连接的外电路确定。

严格地说，理想电压源是不存在的，因为任何实际电源内部都有电能的消耗，即有电阻存在。当电压源接上外电路后，如图 1-14a 所示，电压源的端电压 U 与输出电流 I 之间有下面关系

$$U = U_S - R_S I \tag{1-19}$$

由式（1-19）可知，当输出电流增加时，电压源端电压将降低，电压源的伏安特性是一条向下倾斜的直线，如图 1-14b 所示。

当电压源模型开路时，$I = 0$，$U = U_S$，称为开路电压；当电压源模型短路时，$U = 0$，$I = U_S / R_S$，称为短路电流。

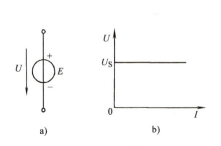

图 1-13 理想电压源
a) 图形符号　b) 伏安特性

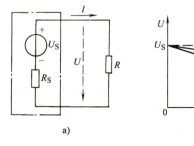

图 1-14 电压源及其伏安特性
a) 图形符号　b) 伏安特性

能力知识点五、电流源

电路中，端电压变化，而提供的电流基本恒定的电路元件称为电流源。电流源分为理想电流源和实际电流源，图 1-15a 所示为理想电流源的电路图形符号。理想电流源的伏安特性是一条不通过原点且与电压轴平行的直线，如图 1-15b 所示。

理想电流源具有以下两个特点：①输出电流为定值，与两端电压无关；②端电压由所连接的外电路确定。

实际电流源在向外部提供电能时，在其内部是有电能消耗的。因此，实际电流源可用一个理想电流源 I_S 与一个内阻 R_S 的并联来表示，如图 1-16a 所示。R_S 表明了电源内部的分流效应。电流源与外电路相连时，输出的电流为

$$I = I_S - \frac{U}{R_S} \tag{1-20}$$

由式（1-20）可知，端电压 U 越大，内部分流越大，输出电流越小。其伏安特性曲线是一条向下倾斜的直线，如图 1-16b 所示。

当电流源外电路短路时，端电压 $U=0$，则输出电流 $I=I_S$。

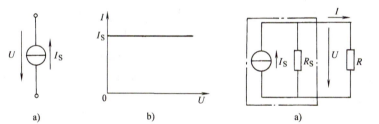

图 1-15　理想电流源
a）图形符号　b）伏安特性

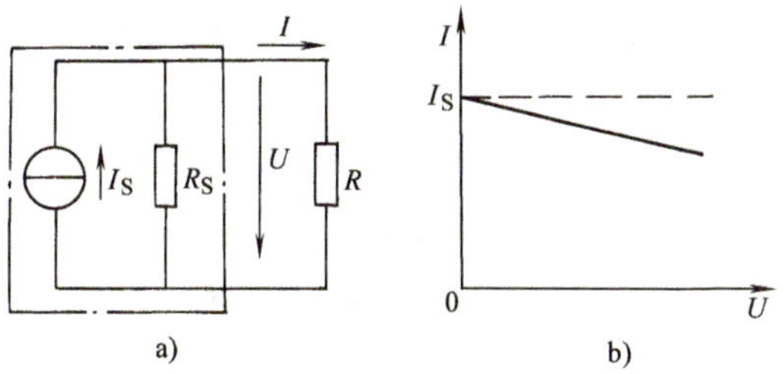

图 1-16　电流源及其伏安特性
a）图形符号　b）伏安特性

综合知识模块四　电路的工作状态

在实际工作中，根据不同的需要和负载情况，电路通常有三种工作状态，即负载状态、空载状态和短路状态。下面分别讨论电路工作在每一种状态的特点。

能力知识点一、负载状态

图 1-17 所示为一简单直流电路，图中 U_S 与 R_S 串联表示一个实际电源的电路模型，R_L 表示负载。当开关 S 闭合时，电源向负载提供电流，并输出电功率，这时电路处于负载状态，电路中的电流为

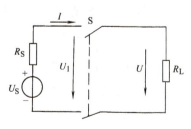

图 1-17　简单直流电路

$$I = \frac{U_S}{R_L + R_S} \tag{1-21}$$

式（1-21）说明，当电源的 U_S 和 R_S 为定值时，电路中的电流由负载 R_L 的大小所决定。

负载两端的电压为

$$U = R_L I = U_S - R_S I$$

如果忽略连接导线的电阻，则电源两端电压（U_1）和负载两端电压（U）相等，即 $U_1 = U$，表明电路处于负载状态时，由于电源存在内阻 R_S，负载两端的电压总是小于电源电压 U_S。

负载功率为

$$P = UI = U_S I - I^2 R_S = P_S - \Delta P$$

式中，P_S 为电源提供的功率；ΔP 为电源内阻上消耗的功率；P 为负载消耗（或电源输出）的功率。可见，电源输出的功率和负载消耗的功率是平衡的。

对于电源来说，可有"过载""满载""轻载""空载"等工作状态。

1）满载。负载电流等于额定电流时称为满载。

2）轻载。负载电流小于额定电流时称为轻载。

3）过载。负载电流大于额定电流时称为过载。

4）空载。负载电流为零时称为空载，即电路开路状态。

当电气设备（负载）工作时，如果电流、电压过高，会使电气设备损伤，甚至烧毁；反之，则会使电气设备不能正常工作。

为了保证电气设备能安全、可靠和经济地工作，设计电气设备时都规定了电压、电流及功率的使用数值，这些数值称为电气设备的额定值。额定值通常加下标 N 表示，如额定电压 U_N、额定电流 I_N、额定功率 P_N 等。它们常标于设备铭牌上或写在说明书中，使用时应满足电气设备各参数的额定要求。电气设备处于额定工作状态时，能保证其安全可靠、经济、合理地工作，并能确保电气设备的使用寿命。

能力知识点二、空载状态

在图 1-17 中，当开关 S 断开时，电源和外部负载断开，电路处于开路状态，又称空载状态。空载状态时，电源的端电压称为空载电压，用 U_0 表示。此时，电源不输出电功率。空载状态的特征为：$I = 0$；$U_0 = U_1 = U_S$；$P = P_S = \Delta P = 0$。

能力知识点三、短路状态

电路中不同电位的两点被导线连接，使两点间的电压为零，这种现象称为短路。图 1-18 所示为电源被短路的情况。

电源处于短路状态时，负载电阻 $R_L = 0$，此时电源电压全部降在内阻 R_S 上，短路状态的特征为

$$I = \frac{U_S}{R_S}；U = 0；P = 0；P_S = \Delta P = R_S I^2$$

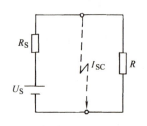

图 1-18 电源短路

因为电源内阻 R_S 很小，所以短路电流很大，电源产生的电功率全部被电源内阻吸收，并转化为热能使电源温度迅速升高，造成电气设备的损坏，甚至引起火灾。因此，常使用熔断器或断路器等对电路进行短路保护，以便在发生短路事故时能迅速切断故障电路，确保电源和其他电气设备的安全运行。

例 1-1 有一只 220V、60W 的白炽灯，接在 220V 的电源上，试求通过白炽灯的电流和

其电阻。如果白炽灯每天工作3h,问一个月（30天）消耗的电能为多少？

解：题中所给参数是白炽灯的额定参数，白炽灯在额定状态工作时：

$$I_N = \frac{P_N}{U_N} = \frac{60}{220}A = 0.273A \qquad R = \frac{U_N}{I_N} = \frac{220}{0.273}\Omega = 806\Omega$$

白炽灯一个月消耗的电能

$$W = Pt = 60 \times 3 \times 30 W \cdot h = 5.4 kW \cdot h = 5.4 度电$$

综合知识模块五　电路的基本定律

能力知识点一、欧姆定律

流过电阻的电流与电阻两端的电压成正比，这就是欧姆定律。它是确定电路中电压与电流关系的基本定律，揭示了电路中电压、电流和电阻三者的关系，是计算和分析电路最常用的定律。

1. 部分电路欧姆定律

图1-19所示为不含电源的部分电路。当在电阻R两端施加电压U时，在电阻中就有电流I通过。

部分电路的欧姆定律表达式在综合知识模块三电阻元件中已做介绍，在此不再赘述。

2. 全电路欧姆定律

图1-20所示为含电源的全部电路，R为负载电阻，R_i为电源的内阻。在忽略导线电阻时，在这样的闭合回路中，回路电流在电源内阻和负载电阻上产生的电压降分别为R_iI和RI，其电动势为R_iI和RI之和，即$E = R_iI + RI$，该式表示闭合回路中的电动势等于外电阻与内电阻上电压降的总和，经整理得

$$I = \frac{E}{R + R_i} \qquad (1-22)$$

式(1-22)说明，在闭合回路中，电流I与电动势E成正比，与电路中的总电阻$(R + R_i)$成反比，这就是闭合回路的欧姆定律或全电路欧姆定律。

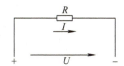
图1-19　不含电源的部分电路

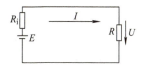
图1-20　含电源的全部电路

欧姆定律确定了电阻元件两端电压与电流之间的约束关系，而在实际电路中还存在另外一种约束关系。这种约束关系与元件本身的具体性质无关，只与电路中各元件相互连接的结构有关。表示电路连接结构约束关系的是基尔霍夫定律——基尔霍夫电流定律和基尔霍夫电压定律。

能力知识点二、基尔霍夫定律

在阐述基尔霍夫定律之前，首先介绍一下电路中的几个常用术语。

（1）支路　电路中没有分支的一段电路称为支路，支路中流过的电流称为支路电流。

图 1-21 中有 bad、bd、bcd 三条支路。

（2）节点　电路中三条或三条以上支路连接的点称为节点。图 1-21 中有 b、d 两个节点。

（3）回路　电路中的任意闭合路径称为回路。图 1-21 中有 abda、bcdb、abcda 三个回路。

（4）网孔　回路内不含支路的闭合回路称为网孔。图 1-21 中有 abda、bcdb 两个网孔。网孔也称单孔回路。

1. 基尔霍夫电流定律（KCL）

基尔霍夫电流定律简称 KCL，描述了连接在同一节点的各支路电流之间的关系：在任意时刻，流入任一节点的电流之和等于流出该节点的电流之和，即任一节点电流的代数和恒等于零，表达式为

$$\sum I = 0 \tag{1-23}$$

一般规定流入节点的电流取正号，流出节点的电流取负号。根据基尔霍夫电流定律，可列出图 1-21 中节点 b 的电流方程为

$$I_1 + I_2 - I_3 = 0$$

基尔霍夫电流定律除应用于节点外，还可推广应用于电路中任意一个封闭面。如图 1-22 所示晶体管电路，可以作一封闭面（点画线所示）包围晶体管，e、b、c 分别表示发射极、基极和集电极，其电流参考方向如图所示，应用基尔霍夫电流定律可列方程：$I_b + I_c - I_e = 0$，即流进封闭面的电流等于流出封闭面的电流。

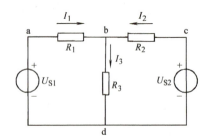

图 1-21　电路举例

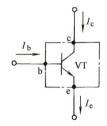

图 1-22　基尔霍夫电流定律的推广应用

在应用基尔霍夫电流定律时，均按电流的参考方向来列方程，根据计算出的电流的正、负，可判断电流的实际方向。

2. 基尔霍夫电压定律（KVL）

基尔霍夫电压定律简称 KVL，确定了电路中任意闭合回路中各段电压之间的关系：在任意时刻，沿任一闭合回路的各支路电压的代数和恒等于零，即

$$\sum U = 0 \tag{1-24}$$

在列 KVL 方程时，首先要假设各支路电压的参考方向和回路的绕行方向，凡电压参考方向与回路绕行方向一致的取正号，相反的取负号。图 1-21 中 abda 回路的绕行方向为顺时针方向，电压和电流为关联参考方向，它的 KVL 方程为

$$R_1 I_1 + R_3 I_3 - U_{S1} = 0$$

基尔霍夫电压定律不仅适用电路中任意闭合回路,同样也可以推广应用于假想回路,即广义回路。在图 1-23 中对 ABOA 广义回路按顺时针方向列 KVL 方程为

$$U_{AB} + U_B - U_A = 0$$

由于基尔霍夫定律反映了电路最基本的规律,所以它不仅适用于各种不同元件构成的直流电路,也适用于交流电路。

例 1-2 图 1-24 所示为某电路的一部分,各支路电流参考方向如图所示。已知:$I_1 = 2A$,$I_2 = -4A$,$I_3 = -1A$,试求 I_4。

解:由基尔霍夫电流定律可列方程

$$I_1 - I_2 + I_3 - I_4 = 0$$

则 $2 - (-4) + (-1) - I_4 = 0$,故 $I_4 = 5A$。

例 1-3 电路如图 1-25 所示,各支路元件是任意的,已知:$U_{AB} = 2V$,$U_{BC} = 3V$,$U_{ED} = -4V$,$U_{AE} = 6V$,试求 U_{CD} 和 U_{AD}。

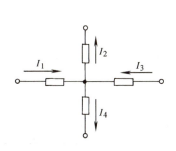

图 1-24 例 1-2 图

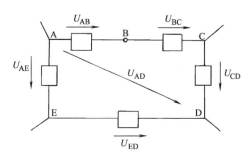

图 1-23 基尔霍夫电压定律的推广应用

图 1-25 例 1-3 图

解:选顺时针方向为回路的绕行方向,列 ABCDEA 回路的 KVL 方程

$$U_{AB} + U_{BC} + U_{CD} - U_{ED} - U_{AE} = 0$$
$$2 + 3 + U_{CD} - (-4) - 6 = 0$$
$$U_{CD} = -3V$$

把 ABCDA 看成假想回路,取顺时针方向为回路的绕行方向,列 KVL 方程

$$U_{AB} + U_{BC} + U_{CD} - U_{AD} = 0$$
$$2 + 3 + (-3) - U_{AD} = 0$$
$$U_{AD} = 2V$$

能力知识点三、基尔霍夫定律验证实验

1. 实验目的

1)验证基尔霍夫定律的正确性。
2)通过对电压、电流、电阻的测量,加深对欧姆定律的理解。
3)学习电压表、电流表、万用表和直流稳压电源的正确使用方法。

2. 实验装置及材料

1)稳压电源(双路):1 台。
2)直流电流表(或万用表)0~100mA:3 块。

基尔霍夫定律的仿真

3）直流电压表（或万用表）0～15V：1块。

4）电阻 R_1、R_2、R_3（60Ω、30Ω、100Ω）：3只。

5）自制实验电路板：1块。

3. 实验方法及步骤

1）适当选择万用表欧姆档的档位，并调零验证 R_1、R_2、R_3 的阻值。

2）断开稳压电源的电源开关，按图1-26所示连接电路。

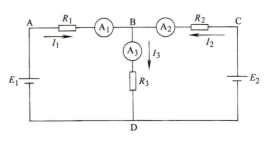

图1-26 实验电路

3）在指导教师复查后，接通电源，观察电流表。若发现电流表指针反向，应立即切断电源，调换电流表极性后，重新通电。

4）按照表1-1所列条件，用电压表（或万用表）调整电源输出电压 E_1、E_2 值，读出三块电流表的读数，并将其记录在表1-1中，用电压表（或万用表）分别测量三只电阻元件两端的电压 U_{AB}、U_{CB}、U_{BD}，并记录在表1-1中。

5）按表1-1要求改变 E_1、E_2 的值，将相应测量数据记录在表1-1中。

表1-1 实验数据

E_1/V	E_2/V	I_1/mA	I_2/mA	I_3/mA	U_{AB}/V	U_{CB}/V	U_{BD}/V
11	11						
10	12						
12	9						

4. 实验结果的整理及分析

1）计算各支路电流值，并与用电流表测量出的各支路电流值进行比较，验证基尔霍夫电流定律的正确性。

2）根据回路电压定律，对回路 ABDA、CBDC 进行计算，并与测量值进行比较，验证基尔霍夫电压定律的正确性。

3）判断实验结果与计算结果是否相同，若出现误差，试分析原因。

5. 思考题

1）用一块电流表分别测量三个支路的电流会造成什么误差？

2）自行设计一个验证电源外特性的实验方案，并选用实验装置及材料。

综合知识模块六　电阻的连接

能力知识点一、 电阻的串联

电路中有两只或多只电阻顺序相连，没有分支，称为电阻的串联。图1-27a所示为两只电阻的串联电路。串联电路的特点如下。

1）流过各串联电阻的电流相同。

2）串联电阻两端的总电压等于各电阻上电压的代数和，即 $U = U_1 + U_2$。

3）串联电路的总电阻等于各串联电阻之和，即
$$R = R_1 + R_2 \tag{1-25}$$
电阻 R 称为串联电阻 R_1、R_2 的等效电阻。所谓等效电阻就是把电路的一部分电阻用一个电阻来代替，电路的电压、电流关系不变，如图 1-27b 所示。电路中电流为
$$I = \frac{U}{R} = \frac{U}{R_1 + R_2}$$

4）各串联电阻的端电压为
$$U_1 = R_1 I = \frac{R_1}{R} U; \quad U_2 = R_2 I = \frac{R_2}{R} U \tag{1-26}$$

式（1-26）称为串联电路的分压公式。在串联电路中，电阻的电压降与阻值是成正比的，电阻值越大，电阻两端的电压越大；反之，电阻值越小，电阻两端的电压越小。

串联电路的分压原理在实际中有广泛的应用，如用万用表测量电压，在测量不同电压时，就是通过改变串联电路中不同的电阻来实现的。

能力知识点二、电阻的并联

电路中有两只或多只电阻连接在两个公共节点之间，承受相同的电压，称为电阻的并联。图 1-28a 所示为两只电阻的并联电路。并联电路的特点如下。

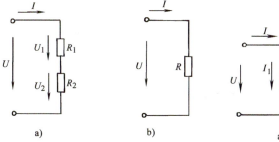

图 1-27 电阻的串联及其等效电路
a）电阻的串联 b）等效电路

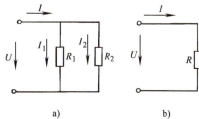

图 1-28 电阻的并联及其等效电路
a）电阻的并联 b）等效电路

1）各并联电阻两端的电压相等。
2）并联电路的总电流等于流过各电阻的电流之和，即
$$I = I_1 + I_2$$
3）并联电路的等效电阻（图1-28b）为
$$\frac{1}{R} = \frac{1}{R_1} + \frac{1}{R_2}; \quad R = \frac{R_1 R_2}{R_1 + R_2} \tag{1-27}$$
4）各分支电路的电流为
$$I_1 = \frac{U}{R_1} = \frac{R_2}{R_1 + R_2} I; \quad I_2 = \frac{U}{R_2} = \frac{R_1}{R_1 + R_2} I \tag{1-28}$$

式（1-28）称为并联电路的分流公式。在并联电路中，流过电阻的电流值与电阻成反比，电阻的阻值越大，流过的电流越小；反之，电阻的阻值越小，流过的电流越大。

并联电路分流原理在实际中也有广泛的应用，如用万用表测量电流，在测量不同的电流

时，就是利用改变其并联电阻实现的。

实际电路中，一般负载都是并联使用的。因为负载在并联状态工作时，各负载两端的电压相同，所以任何一个负载的工作情况都不会影响其他负载，也不受其他负载的影响。

能力知识点三、电阻的混联

既有电阻串联又有电阻并联的电路，称为混联电路。一般情况下，电阻混联电路组成的无源电路总可以用等效方法将电路中存在串联、并联部分的电路逐步化简，最后化简成一个等效电阻。

图1-29a 所示为电阻混联电路，图1-29b、c、d、e 所示为依次逐步化简的等效电路图，AB 间的等效电阻为 R_{AB}，根据串联、并联电路的特点，有

$R' = R_3 + R_4$

$R'' = R_5 \parallel R'$（"$\parallel$"表示电阻 R_5 和 R' 并联）

$R''' = R_2 + R''$

$R_{AB} = R''' \parallel R_1$

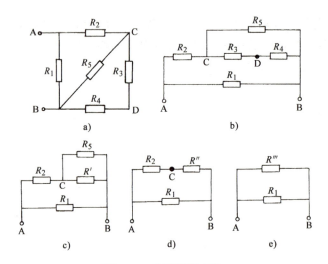

图1-29 电阻混联电路

例1-4 图1-30 所示为用万用表测量直流电压时的部分电路图，图中仅画出了测量电压的两个量程。其中 $U_1 = 10V$、$U_2 = 250V$，已知表头的等效电阻 $R_a = 10k\Omega$，允许通过的最大电流 $I_a = 50\mu A$，求各串联电阻的阻值。

解： 根据欧姆定律，可求出表头所能测量的最大电压为

$$U_a = R_a I_a = 10 \times 10^3 \times 50 \times 10^{-6} V = 0.5V$$

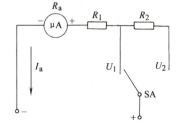

图1-30 串联电阻扩大电压表的量程

当用其测量大于0.5V 的电压时，就会把表头烧坏。根据题意要扩大量程，应在表头电路中串联电阻，各阻值为

$$U_{R1} = U_1 - U_a = (10 - 0.5)V = 9.5V$$

因

$$U_{R1} = R_1 I_a$$

故

$$R_1 = \frac{U_{R1}}{I_a} = \frac{9.5}{50 \times 10^{-6}} \Omega = 190 \text{k}\Omega$$

又因 $U_{R2} = U_2 - U_1 = (250 - 10)\text{V} = 240\text{V}$；$U_{R2} = R_2 I_a$

所以

$$R_2 = \frac{U_{R2}}{I_a} = \frac{240}{50 \times 10^{-6}} \Omega = 4.8 \text{M}\Omega$$

综合知识模块七　电路的分析方法

能力知识点一、支路电流法

实际电路结构多种多样，那些不能用串并联等效变换方法化简成单一回路的电路称为复杂电路。图1-31所示的电路就是一个最简单的复杂电路。

在计算复杂电路的多种方法中，支路电流法是求解电路的最基本方法。这种方法以支路电流为未知量，应用基尔霍夫电流定律、电压定律，对电路中的节点和回路列出求解支路未知电流所必需的方程，联立求解方程组，求出各支路未知电流。下面以图1-31所示的电路为例，说明支路电流法解题的具体步骤。

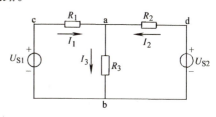

图1-31　支路电流法

列方程时，必须先在电路图上选定好电压及支路电流的参考方向。

根据各支路电流的参考方向，应用基尔霍夫电流定律列出节点电流方程。

节点a：$I_1 + I_2 - I_3 = 0$　　　　　　(1-29)

节点b：$-I_1 - I_2 + I_3 = 0$　　　　　　(1-30)

显然，上述两个式子是相同的，所以对具有两个节点的电路，只能列出一个独立的节点电流方程。由此推理，具有n个节点的电路，只能列出（$n-1$）个独立的节点电流方程。

根据基尔霍夫电压定律列回路电压方程：

cabc回路（绕行方向为顺时针方向）　　$R_1 I_1 + R_3 I_3 - U_{S1} = 0$　　(1-31)

dabd回路（绕行方向为逆时针方向）　　$R_2 I_2 + R_3 I_3 - U_{S2} = 0$　　(1-32)

cadbc回路（绕行方向为顺时针方向）　　$R_1 I_1 - R_2 I_2 + U_{S2} - U_{S1} = 0$　　(1-33)

不难看出，上面三个方程中的任意一个方程，都可以从其他两个方程中导出，因此只有两个方程是独立的，通常选网孔列电压方程。经推理，具有n个节点、b条支路的电路，只能列出[$b-(n-1)$]个独立的回路电压方程。

例1-5　在图1-31中，已知$U_{S1} = 130\text{V}$，$U_{S2} = 117\text{V}$，$R_1 = 1\Omega$，$R_2 = 0.6\Omega$，$R_3 = 24\Omega$，求各支路电流。

解：电流参考方向如图1-31所示，根据上述节点及网孔绕行方向列方程

$$\begin{cases} I_1 + I_2 - I_3 = 0 \\ R_1 I_1 + R_3 I_3 - U_{S1} = 0 \\ R_2 I_2 + R_3 I_3 - U_{S2} = 0 \end{cases}$$

代入数据得

$$\begin{cases} I_1 + I_2 - I_3 = 0 \\ I_1 + 24I_3 = 130 \\ 0.6I_2 + 24I_3 = 117 \end{cases}$$

解方程组得 $I_1 = 10\text{A}$，$I_2 = -5\text{A}$，$I_3 = 5\text{A}$。

综上所述，用支路电流法求解支路电流的步骤如下：

1) 在电路图中假定各支路电流的参考方向和网孔的绕行方向。

2) 根据基尔霍夫电流定律，列出独立的节点电流方程（如有 n 个节点，则有 $n-1$ 个独立的节点电流方程）。

3) 根据基尔霍夫电压定律，按照假定的绕行方向列出网孔的回路电压方程，如有 n 个节点，b 条支路，则有 $[b-(n-1)]$ 个独立的回路电压方程。

4) 联立求解方程组，求出各支路未知电流。

5) 检验结果。

能力知识点二、戴维南定理

1. 定理

任意线性有源二端网络，就其二端点而言，可用一个恒压源及一个与之相串联的电阻等效代替。其恒压源的电压等于该网络二端点的开路电压，相串联的内阻等于从二端点看入的等效电阻，如图 1-32 所示。

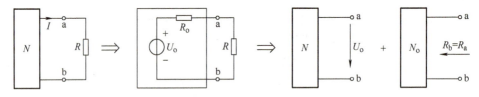

图 1-32 电路举例

2. 计算

利用戴维南定理计算支路电流的关键在于求开路电压和除源网络的等效内阻。求开路电压有两种方法：①断开 R 支路，使网络减少一条支路，电路得到某种程度的简化，利用电路分析的各种方法，可求出开路电压；②对于非常复杂的电路，可通过实验，把 R 支路断开，直接用电压表测量开路电压。求除源网络的等效电阻的方法：让电压源短路，电流源开路，对网络进行各种等效变换，求出 R_{ab}。

例 1-6 用戴维南定理，求图 1-33a 中流过 4Ω 电阻的电流 I。

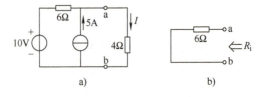

图 1-33 例 1-6 图

解：求入端电阻 R_i（电压源短接，电流源断开，从 a、b 二端看进去的电阻），如图 1-33b 所示。

$$R_i = 6\Omega$$

求开路电压（a、b 两端之间断开时的电压）U_o，如图 1-34a 所示。

$$U_o = (5 \times 6 + 10)\text{V} = 40\text{V}$$

求电流 I，如图 1-34b 所示。

$$I = \frac{U_o}{R_i + R} = \frac{40}{6+4}\text{A} = 4\text{A}$$

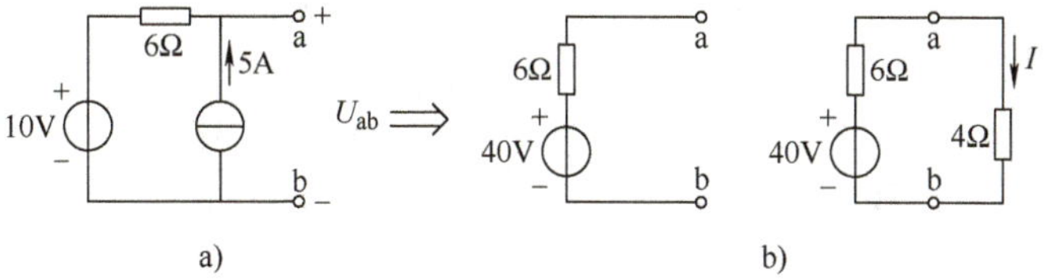

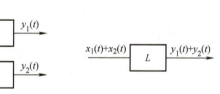

图 1-34　例 1-6 题解

能力知识点三、叠加定理

对含有两个或两个以上电源同时作用的线性网络，网络中任一支路所产生的响应，等于各个电源单独作用时在该支路中所产生响应的代数和。这个关于激励作用的独立性原理又称叠加定理。设 $y_1(t)$ 是网络对输入量 $x_1(t)$ 的响应，$y_2(t)$ 是网络对输入量 $x_2(t)$ 的响应，当输入量 $x_1(t)$ 和 $x_2(t)$ 同时作用时，网络的响应应是 $y_1(t) + y_2(t)$，即若

$$x_1(t) \longrightarrow y_1(t), x_2(t) \longrightarrow y_2(t)$$

则

$$x_1(t) + x_2(t) \longrightarrow y_1(t) + y_2(t)$$

如图 1-35 所示。

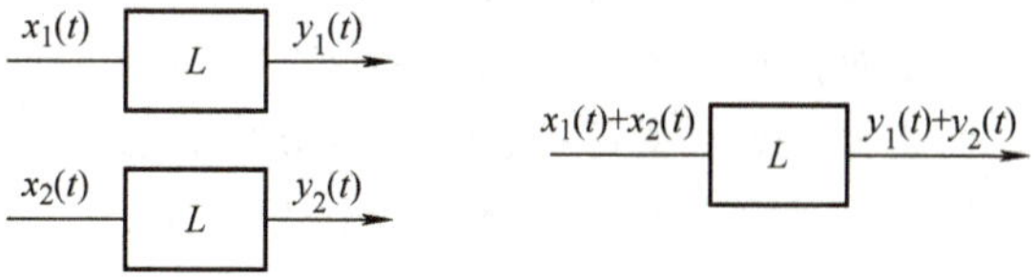

在应用叠加定理分析计算网络问题时应注意：

1）当某个独立源单独作用时，其他独立源应除去，即电压源短路、电流源开路，但要保留内阻。

2）在叠加时，分响应与总响应正方向一致时取正号，相反时取负号。

图 1-35　叠加定理分析网络举例

3）叠加定理不能用于计算功率，也不适用于非线性网络。

例 1-7　利用叠加定理求图 1-36 所示电路中的 U_o。

解：本题有三个电源，利用叠加定理可分别求出三个电源单独作用时在 R_o 支路产生的压降，如图 1-37 所示。

由图 1-37a，有

$$U_{o1} = \frac{R_1 R_o}{R_1 + R_2 + R_o} I_1$$

由图 1-37b，有

$$U_{o2} = \frac{R_2 R_o}{R_1 + R_2 + R_o} I_2$$

由图 1-37c，有

$$U_{o3} = \frac{R_o}{R_1 + R_2 + R_o} U_S + U_S = \frac{R_1 + R_2}{R_1 + R_2 + R_o} U_S$$

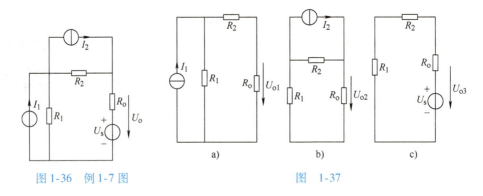

图 1-36 例 1-7 图   图 1-37

故

$$U_o = U_{o1} + U_{o2} + U_{o3} = \frac{I_1 R_o R_1 + I_1 R_o R_1 + U_S (R_1 + R_2)}{R_1 + R_2 + R_o}$$

【单元小结】

1. 任何一个完整的电路都由电源、负载和中间环节三部分组成。用理想元件代替实际元件构成的电路称为电路模型。

2. 电流的实际方向是指正电荷的运动方向，电压的实际方向是指电位降的方向，电动势的方向是指电位升的方向。电压和电流的参考方向可任意选定，二者参考方向相同称为关联参考方向，反之为非关联参考方向。电压、电流为正时，实际方向和参考方向相同；电压、电流为负时，实际方向和参考方向相反。

3. 理想电路元件特点及其电压和电流的关系（关联参考方向）：

电阻元件：耗能元件，$U = RI$；电感元件：储存磁场能，$u = L\dfrac{di}{dt}$；电容元件：储存电场能，$i = C\dfrac{du}{dt}$。

理想电压源：两端电压不变，通过的电流随外电路改变。
理想电流源：流出的电流不变，两端的电压随外电路改变。

4. 电路有负载、短路、空载三种状态。
负载时电源输出的功率减去内阻消耗的功率等于外电路消耗的功率。
短路时电源端电压为零，短路电流特别大，电功率全部消耗在电源内阻上，容易引起火灾。
空载即电源开路，电流为零，电源端电压等于理想电压源电压，电路不消耗功率。

5. 欧姆定律确定了电阻元件两端电压与电流之间的约束关系。基尔霍夫定律反映了电路连接结构的一种约束关系。根据基尔霍夫电流定律，在任意时刻，任一节点电流的代数和恒等于零；根据基尔霍夫电压定律，在任意时刻，沿任一闭合回路的各支路电压的代数和恒等于零。

6. 电阻串联时，流经每只电阻的电流相同，电阻两端的电压和阻值成正比；电阻并联时，并联电阻两端的电压相等，流经电阻的电流和阻值成反比。

7. 支路电流法求解的基本步骤：①假设各支路电流的参考方向和网孔的绕行方向；②根据基尔霍夫定律，列出独立的节点电流方程和网孔的回路电压方程；③解方程组，求出支路电流。

8. 利用戴维南定理计算支路电流的关键在于求开路电压和除源网络的等效内阻。求开路电压有两种方法：①断开 R 支路，使网络减少一条支路，电路得到某种程度的简化，利用电路分析的各种方法，可求出开路电压；②对于非常复杂的电路，可通过实验，把 R 支路断开，直接用电压表测量开路电压。

9. 在应用叠加定理分析计算网络问题时应注意：①当某个独立源单独作用时，其他独立源应除去，即电压源短路、电流源开路，但要保留内阻；②在叠加时，分响应与总响应正方向一致时取正号，相反时取负号；③叠加定理不能用于计算功率，也不适用于非线性网络。

【综合训练】

1-1 已知：$U_{AB} = -20V$，$V_B = 30V$，则 $V_A = ?$ 如果 $V_A = -30V$，$V_B = 20V$，则 $U_{AB} = ?$

1-2 在图 1-38 所示电路中，已知 $E = 12V$，$R_1 = 3\Omega$，$R_2 = 5\Omega$，$R_3 = 4\Omega$，$R_4 = 12\Omega$，试计算电流 I_1、I_2 和电压 U。

1-3 有 110V、60W 及 110V、40W 的白炽灯灯泡各一个，问能否将它们串联接到 220V 电源上使用？为什么？

1-4 要把一个额定电压为 24V、电阻为 240Ω 的指示灯接到 36V 电源上使用，问应串联多大的电阻？

1-5 某车间原使用 50 只额定电压为 220V、功率为 60W 的白炽灯照明。现改为 40 只额定电压为 220V、额定功率为 47W 的荧光灯（灯管 40W，镇流器 7W），不但提高了亮度而且省电。若每天照明 8h，问一年（按 260 个工作日计算）可节约多少度电？

1-6 在图 1-39 所示的电路中，已知 $R_1 = 10\Omega$，$R_2 = 20\Omega$，$R_3 = 5\Omega$。求 U_1/U_2、I_2/I_1 各等于多少。

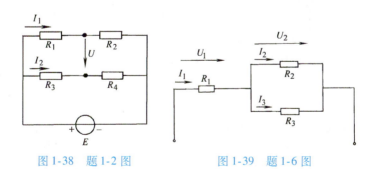

图 1-38　题 1-2 图　　　图 1-39　题 1-6 图

1-7 在图 1-40 所示的电路中，已知 $I_1 = 3A$，$I_2 = -1A$，$I_5 = 4A$，试求 I_3、I_4 和 I_6。

1-8 在图 1-41 所示的电路中，已知 $U_1 = 24V$，$E_1 = 4V$，$E_2 = 2V$，$R_1 = 6\Omega$，$R_2 = 4\Omega$，$R_3 = 10\Omega$，求开路电压 U_{12}。

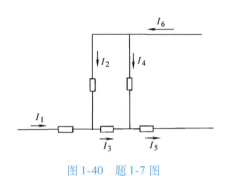

图 1-40　题 1-7 图

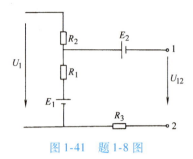

图 1-41　题 1-8 图

1-9　如图 1-42 所示，已知 $R_1 = R_2 = R_3 = R_4 = 10\Omega$，$E_1 = 12V$，$E_2 = 9V$，$E_3 = 18V$，$E_4 = 3V$，用基尔霍夫电压定律求回路中的电流及 EA 两端的电压。

1-10　在图 1-43 所示的电路中，已知 $E_1 = 8V$，$E_2 = 20V$，$R_1 = 4\Omega$，$R_2 = 5\Omega$，$R_3 = 20\Omega$，试用支路电流法求各支路电流。

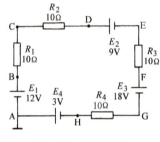

图 1-42　题 1-9 图

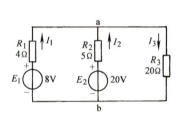

图 1-43　题 1-10 图

1-11　求图 1-44 所示电路的戴维南等效电路。

1-12　求图 1-45 所示电路的电压 U_o。

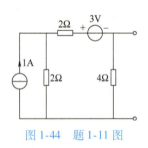

图 1-44　题 1-11 图

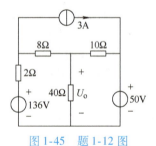

图 1-45　题 1-12 图

【焊接劳模工匠】

高凤林，男，汉族，生于 1962 年 3 月，河北东光人，1980 年 9 月参加工作，1991 年 12 月加入中国共产党，大学学历，学士学位，特级技师，全国劳动模范，"全国五一劳动奖章"获得者，全国国防科技工业系统劳动模范，全国道德模范，全国技术能手，首次月球探测工程突出贡献者，"中华技能大奖"获得者，

"中国质量奖"获奖者,2018年"大国工匠年度人物",2009年获国务院政府特殊津贴。

大国工匠高凤林:人生无悔献航天 工匠常怀"大国"心

在他的手中,焊枪是针,弧光是线,他追寻着焊光,在火箭发动机的"金缕玉衣"上焊出了一片天。他就是中国航天科技集团有限公司第一研究院首都航天机械有限公司特种熔融焊接工、火箭发动机焊接车间班组长、特级技师——高凤林。

说高凤林是"金手天焊",不仅因为早期人们把比用金子还贵的氩气培养出来的焊工称为"金手";还因为他焊接的对象十分金贵,是有火箭"心脏"之称的发动机;更因为他在火箭发动机焊接专业领域达到了常人难以企及的高度。"金手天焊"是高凤林技艺高超、屡屡攻克焊接技术难关的写照,更是新时代航天高技能工人风采的体现。

在"长二捆"运载火箭研制生产中,高度超80m的全箭振动试验塔是"长二捆"研制中的关键,而塔中用于支撑火箭振动大梁的焊接是关键的关键,该材料特殊,要求一级焊缝。高凤林经过反复试验,提出了多层快速连续堆焊加机械导热等一系列保证工艺性能的工艺方法,出色地完成了振动大梁的焊接攻关,保证了振动塔的按时竣工和"长二捆"运载火箭的如期试验,保证了"澳星"的成功发射,该工程获得部级项目一等奖。目前,在载人航天工程升级测试中,振动大梁焊接质量依然良好,承力从360t提高到420t,大梁安然无恙。

为"长三甲""长三乙""长三丙"运载火箭设计的新型大推力氢氧发动机,由于使用了新技术、新材料,给焊接加工带来诸多难题,尤其在发动机大喷管的大、小端焊接中,超厚与超薄材质在复杂结构下的对接焊,出现多次泄漏。高凤林经过反复分析和摸索,终于找出了以高强脉冲焊,配以打眼补焊的最佳工艺措施,攻克了难关。在首台发动机大喷管生产的关键时刻,高凤林化险为夷,将第一台大喷管推上了试车台,保证了"长三甲"等型号火箭的研制进度。后连续生产多台,气密试验均一次通过,作为主要完成人,该喷管的制造工艺荣获"航天总公司科技进步一等奖"和"国家科技进步二等奖"。

在国家某重点型号任务研制中,高凤林多次受命攻克难关,保证了我国重点型号武器的顺利研制;在国家某特种车的研制中,高凤林充分运用焊接系统控制理论,出色地攻克了一系列部组件的生产工艺难关,保证了国防急需,其中后梁和起竖臂分别获院科技进步一等奖和阶段成果二等奖。某型号发动机试车多次失败,致使生产试验中断。高凤林应邀参加,采取气保护双面成形和局部自由收缩焊接等措施,解决了难题,试车得以成功。某型号发动机隔板焊接后易出现裂缝、堵塞等缺陷,有时100%返修。针对这种情况,高凤林大胆提出工艺改进措施,使焊出的产品X射线检测合格率连续三年达到100%。该技术获厂、院科技进步奖。在某型号引射筒的焊接攻关中,在公司总经理的亲自授命下,高凤林大胆改进,突破难关,使有关单位近一年没有解决的难题得以解决,且大幅度提高了效率和质量,仅三天就生产出6件一次合格率100%的工艺试件,156件产品的生产也只用了一个半月,100%一次合格,保证了近一亿元产值的产品交付。

在公司民用产品真空炉的生产中,高凤林提出的新焊接工艺比原方法提高工效5倍多,节约原材料50%,实现系统批量化生产。仅此一项(节约原材料和提高效率),多年来就为国家节约资金400多万元(该产品也是填补国内空白的项目,已销往美国、波兰、俄罗斯、新加坡、马来西亚、泰国、巴基斯坦等国家)。在承接国家"七五"攻关项目,东北哈汽轮

机厂（哈尔滨汽轮机厂有限责任公司）大型机车换热器生产中，技术人员一年多未攻克的熔焊难关，高凤林凭着多年的实践经验和反复摸索，终于找到了解决办法，使滞压了生产单位一年多的两组18台产品顺利交付。经试验，产品的换热率达75%，达到了设计要求，为我国新型节能机车的发展铺平了道路。钛合金自行车架焊接是国内的一项技术空白，兄弟单位组织技术攻关一直未找到解决办法。临时授命的高凤林经过大量试验，按期焊出了样车，检测结果大大超过了设计指标，填补了该技术的国内空白。此产品多次参加法国、意大利、德国、美国、中国、马来西亚等自行车博览会，受到好评，该产品已全部销往欧美、东南亚各国，为国家赚取了大量外汇。

高凤林是航天特种熔融焊接工，为我国多发火箭焊接过"心脏"，占总数近四成。他曾攻克"疑难杂症"200多项，包括为16个国家参与的国际项目攻坚，被美国宇航局委以特派专家身份督导实施。2014年年底，他携3项成果参加德国纽伦堡国际发明展，3个项目全部摘得金奖。

在高凤林心中事业为天，技能是地。他把美好的人生年华与国家、集体的荣誉和利益，与祖国的航天事业紧密联系在一起，并以卓尔不群的技艺和劳模特有的人格魅力、优良品质，成为新时代智能工人的时代坐标。

第二单元
交流电路

 学习目标

本单元主要介绍正弦交流电的特征，讨论正弦交流电路中不同于直流电路的一些特有的概念和分析方法，重点介绍不同参数和不同结构的一些基本交流电路中电压和电流的关系以及能量的转换和功率的计算方法。

综合知识模块一　正弦交流电的基本概念

能力知识点一、正弦交流电的产生

正弦交流电是指随时间按照正弦规律发生变化的电压或电流。正弦交流电通常可以由交流发电机来产生。如图 2-1 所示，线圈在磁场中旋转，切割磁力线，在线圈中会产生感应电流。

如果在线圈转动时外接负载，那么线圈和负载就可以构成闭合回路，电路中就会有正弦电流通过。

实际的交流发电机常采用集电环、电刷等结构将转动线圈中的电动势引出。

在对正弦交流电路进行分析时，有时需要画出电压、电流的波形，或写出它们的解析式。因此，应该了解这些正弦量变化的快慢、大小和初始值，以确定每个正弦量的特征。而正弦量变化的快慢是由其周期（或频率）来决定的，大小是由其幅值（或有效值）决定的，初始值是由其初相位（或相位）决定的，所以称周期（或频率）、幅值（或有效值）、初相位（或相位）为表征某一正弦量特征的三要素。

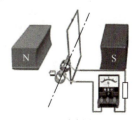

图 2-1　交流发电

能力知识点二、正弦交流电的三要素

1. 幅值

交流电在变化过程中，每一时刻的值都不同。正弦量在任一瞬时的值称为瞬时值，用小

写字母表示，例如 i、u、e 分别表示电流、电压和电动势的瞬时值。瞬时值是时间的函数。瞬时值中最大的值称为幅值或最大值，用带下标 m 的大写字母表示，如 I_m、U_m、E_m 分别表示电流、电压、电动势的最大值。

图 2-2 所示为正弦电流的波形，它的数学表达式为

$$i = I_m \sin\omega t \tag{2-1}$$

2. 角频率

正弦量按正弦规律完整变化一周所需的时间称为周期，用 T 表示，其单位是秒（s），如图 2-2 所示。每秒内变化的周期数称为频率，用 f 表示，单位是赫兹（Hz）。周期与频率互为倒数，即

$$f = \frac{1}{T} \tag{2-2}$$

我国和大多数国家采用 50Hz 的正弦交流电，这种频率在工业上应用最广，所以也称工业频率（工频）。有些国家（如美国、日本）采用的正弦交流电频率为 60Hz。通常的交流电动机、交流弧焊机、交流电器和照明负载都采用这种频率。

正弦交流电变化的快慢除用周期和频率表示外，还可用角频率 ω 表示。角频率 ω 表示正弦量在单位时间内变化的弧度数，即 $\omega = \theta/t$，因为 1 个周期经历了 2π 的电角度（图 2-2），所以角频率为

$$\omega = \frac{2\pi}{T} = 2\pi f \tag{2-3}$$

角频率的单位是弧度/秒（rad/s）。

3. 初相位

正弦电流一般表示为

$$i = I_m \sin(\omega t + \varphi_i) \tag{2-4}$$

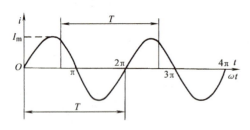

图 2-2　正弦交流电的波形

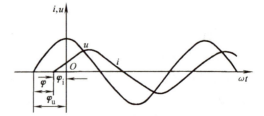

图 2-3　u 与 i 的相位差

其中 $\omega t + \varphi_i$ 叫作相位或相位角，反映了正弦量随时间变化的进程。$t = 0$ 时的相位角 φ_i 称为初相位，简称初相。初相位表示正弦量的初始状态，在波形图中，正弦波从负到与横轴的交点再到坐标原点的距离就是初相位，如图 2-3 所示。

在同一个正弦电路中，电压 u 和电流 i 的频率是相同的，但初相位不一定相同，图 2-3 中 u 和 i 的波形可用下式表示

$$u = U_m \sin(\omega t + \varphi_u)，i = I_m \sin(\omega t + \varphi_i)$$

两个同频率正弦量的相位角或初相位之差称为相位差，用 φ 表示。图 2-3 中 u 和 i 的相位差为

$$\varphi = (\omega t + \varphi_u) - (\omega t + \varphi_i) = \varphi_u - \varphi_i \tag{2-5}$$

当两个同频率正弦量的计时起点改变时，即图 2-3 的纵轴左右移动时，u 和 i 的相位和初相位都跟着改变，但两者之间的相位差仍保持不变。

两个同频率正弦量的相位差可以理解为两个正弦量到达最大值的先后顺序。当 $\varphi > 0$ 时，说明电压比电流先达到最大值，此时称电压比电流超前 φ；当 $\varphi < 0$ 时，表明电压比电流滞后 φ。如果两个正弦量具有相同的初相位，即 $\varphi = 0$，则称两者同相。如果 $\varphi = \pm\pi$，则称两者反相，如果 $\varphi = \pm\dfrac{\pi}{2}$，则称两者正交，如图 2-4 所示。

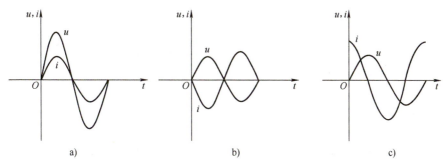

图 2-4 正弦量的同相、反相与正交关系

a) $\varphi = 0$ b) $\varphi = \pm\pi$ c) $\varphi = \pm\dfrac{\pi}{2}$

能力知识点三、正弦交流电的有效值

在工程应用中，正弦电流、电压和电动势的大小往往不是用它们的幅值，而是常用有效值（均方根值）来计量和表示的。常用的交流电表指示的电压、电流读数，就是被测物理量的有效值。

有效值是根据电流的热效应来规定的，即某一交流电流通过电阻 R 在一个周期内产生的热量，与另一直流电流通过相同电阻在相同的时间内产生的热量相等，则此直流电流的数值就作为交流电流的有效值。按照规定，交流电的有效值用相应的大写字母表示，如交流电流的有效值、交流电压的有效值和交流电动势的有效值分别用 I、U 和 E 表示。

交流电流的有效值等于直流电流的数值，但不是直流电流，其本质与直流电流不同。

根据理论推导，正弦量有效值与最大值的关系为

$$I = \frac{I_m}{\sqrt{2}} = 0.707 I_m, \quad U = \frac{U_m}{\sqrt{2}} = 0.707 U_m, \quad E = \frac{E_m}{\sqrt{2}} = 0.707 E_m \tag{2-6}$$

例 2-1 已知 $i_1 = 10\sin\left(314t + \dfrac{\pi}{2}\right)\text{A}$，$i_2 = 6\sin\left(314t - \dfrac{\pi}{4}\right)\text{A}$，求 i_1 与 i_2 的角频率、周期、频率、幅值、有效值、初相位和相位差，并作图。

解：根据题意可得

$\omega = 314\text{rad/s}$，$T = 2\pi/\omega = 2 \times 3.14/314\text{s} = 0.02\text{s}$，$f = 1/T = 1/0.02\text{Hz} = 50\text{Hz}$，

$I_{1m} = 10\text{A}$，$I_1 = 10/\sqrt{2}\text{A} = 7.07\text{A}$，$I_{2m} = 6\text{A}$，$I_2 = 6/\sqrt{2}\text{A} = 4.24\text{A}$

$\varphi_1 = \pi/2$，$\varphi_2 = -\pi/4$，$\varphi = \varphi_1 - \varphi_2 = \pi/2 - (-\pi/4) = 3\pi/4$

作图如图 2-5 所示。

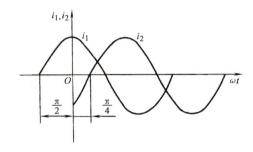

图 2-5　例 2-1 图

通常所说的正弦电流或电压指的是有效值。如我们说的照明电压 220V，就是交流电压的有效值。若不加说明，交流量的大小指的都是有效值。

综合知识模块二　正弦交流电的表示方法

一个正弦量有幅值、频率和初相位三个要素，这些要素都可以用一定的方法表示出来。正弦量的表示方法是分析与计算正弦交流电路的必要工具。

能力知识点一、 波形图表示法

波形图能够表示正弦量，是因为它能反映出正弦量的三个要素。波形图的最高点即是正弦量的幅值，从波形图与横轴的交点可以求出正弦量的周期，正弦波从负到正过零点的地方与坐标原点的距离就是初相位。当零点在原点的左侧时，初相位 $\varphi > 0$；当零点在原点的右侧时，初相位 $\varphi < 0$。用波形图表示正弦量形象、直观，但不便于计算。

能力知识点二、 三角函数表示法

三角函数即正弦量的解析表达式，它是表示正弦量最基本的方法，如

$$i = I_m \sin(\omega t + \varphi_i)$$

给出该正弦量的三个要素，就可以计算出正弦量在任一时刻的瞬时值。

能力知识点三、 相量表示法

正弦量的解析式和波形图虽然能说明正弦量随时间的变化规律，但用来分析或计算电路却不是很方便，尤其是较复杂的交流电路，有必要引出正弦量的第三种表示方法，即相量表示法。

1. 相量表示法概述

相量表示法的基础是复数，就是用复数来表示正弦量。下面简要复习复数的几种表示形式及其相互间的转换关系。

令直角坐标系的横轴表示复数的实轴，以 +1 为单位；纵轴表示复数的虚轴，以 +j（$j^2 = -1$）为单位（这里为避免与电流 i 相混淆）。实轴与虚轴构成的平面称为复平面。复平面中从原点引一有向线段 A 即表示一个复数，其实部为 a，虚部系数为 b，该复数的代数

式为

$$A = a + jb \tag{2-7}$$

由图 2-6 可知，该有向线段的长度为

$$r = \sqrt{a^2 + b^2} \tag{2-8}$$

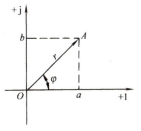

图 2-6 复数表示法

r 表示复数的大小，称为复数的模。

φ 角是该有向线段与实轴正向之间的夹角，称为复数的幅角，其大小为

$$\varphi = \arctan\frac{b}{a} \tag{2-9}$$

因为 $a = r\cos\varphi$，$b = r\sin\varphi$

所以 $$A = a + jb = r\cos\varphi + jr\sin\varphi = r(\cos\varphi + j\sin\varphi) \tag{2-10}$$

式(2-10)称为复数的三角函数表达式。

已知复数的模和幅角，就可以写出复数的指数表达式，其形式为

$$A = re^{j\varphi} = r\underline{/\varphi} \tag{2-11}$$

复数的指数表达式可以简单记为

$$A = r\underline{/\varphi} \text{（极坐标式）} \tag{2-12}$$

相量表示法就是用复数的模表示正弦量的有效值或幅值，用复数的幅角表示正弦量的初相位。这样，在特定频率的交流电路中，一个复数就完整地表示了电路中某一正弦量的特征。

为了与一般的复数相区别，我们把表示正弦量的复数称为相量，并在表示该正弦量有效值或幅值的大写字母上打"·"，作为该正弦量代表相量的书写符号，如 $\dot{U}$、$\dot{I}$。

例 2-2 试写出电压 $u = 10\sin(314t + \frac{\pi}{6})$ V、电流 $i = 10\sqrt{2}\sin(314t - 30°)$ A 及电动势 $e = 5\sin314t$ V 的幅值相量和有效值相量表达式。

解： $\dot{U}_m = 10e^{j\frac{\pi}{6}}$ V $= 10e^{j30°}$ V 或 $\dot{U}_m = 10\underline{/\frac{\pi}{6}}$ V $= 10\underline{/30°}$ V

$\dot{U} = 7.07e^{j\frac{\pi}{6}}$ V $= 7.07e^{j30°}$ V 或 $\dot{U} = 7.07\underline{/\frac{\pi}{6}}$ V $= 7.07\underline{/30°}$ V

$\dot{I}_m = 14.14e^{-j30°}$ A $= 14.14e^{-j\frac{\pi}{6}}$ A 或 $\dot{I}_m = 14.14\underline{/-30°}$ A $= 14.14\underline{/-\frac{\pi}{6}}$ A

$\dot{I} = 10e^{-j30°}$ A $= 10e^{-j\frac{\pi}{6}}$ A 或 $\dot{I} = 10\underline{/-30°}$ A $= 10\underline{/-\frac{\pi}{6}}$ A

$\dot{E}_m = 5e^{j0°}$ V $= 5e^{j0}$ V 或 $\dot{E}_m = 5\underline{/0°}$ V $= 5\underline{/0}$ V

$\dot{E} = \frac{5}{\sqrt{2}}e^{j0°}$ V $= 3.536e^{j0}$ V 或 $\dot{E} = \frac{5}{\sqrt{2}}\underline{/0°}$ V $= 3.536\underline{/0}$ V

2. 同频率正弦量相加减

线性正弦交流电路中，各支路的电流、电压的频率都和电源的频率相同。这些电流、电压之间的加、减运算可以归结为同频率正弦量的加、减问题。可以证明，两个同频率正弦量

相加减，其结果仍然是一个同频率的正弦量。同频率的几个相量可以画在同一张图中，这种图称为相量图。

例 2-3　在图 2-7 所示的电路中，设 $i_1 = 100\sin(\omega t + 45°)$ A，$i_2 = 60\sin(\omega t - 30°)$ A，试求总电流 i，并画出 i_1、i_2 和 i 的相量图。

解：
$$\dot{I}_m = \dot{I}_{1m} + \dot{I}_{2m} = I_{1m}e^{j\psi_1} + I_{2m}e^{j\psi_2} = 100e^{j45°} + 60e^{-j30°}$$
$$= (100\cos45° + j100\sin45°)\text{A} + (60\cos30° - j60\sin30°)\text{A}$$
$$= (70.7 + j70.7)\text{A} + (52 - j30)\text{A} = (122.7 + j40.7)\text{A} = 129e^{j18.3°}\text{A}$$

故得　$i = 129\sin(\omega t + 18.3°)$ A

由 i_1、i_2 和 i 的解析式可画出相量图，如图 2-8 所示。

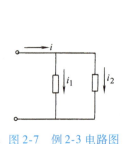
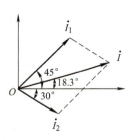

图 2-7　例 2-3 电路图　　　　图 2-8　例 2-3 相量图

综合知识模块三　正弦交流电路中的元件

在直流电路里，参与电路作用的只有电阻元件。电流、电压的计算对电阻来说，符合欧姆定律，其计算比较简单，但交流电路就不同了。

在交流电路里，除电阻元件外，还有电感元件与电容元件。因此，电阻、电感和电容是交流电路的三个基本参数。为了分析由这三种元件所组成的各种电路，应先弄清楚单一元件电路的特征。

实际上，任何交流电路都具有电阻 R、电感 L 及电容 C。例如以绕线电阻来说，导线具有电阻；两线匝间用绝缘物质隔离开来，相当于电容器；导线中通过电流时必在线匝中及周围产生磁通，这就意味着电感的存在。显然，这三个参数在电路中的作用程度不会是一样的。譬如说其中电阻参数 R 的作用比较突出，而参数 L 或 C 相对来说对电路的作用很微弱，其影响可以忽略不计，一般可以认为这个电路中只有单一参数 R 的作用，将它用集中参数 R 表示出来。这种只有某一个参数（R、L 或 C）单独作用的电路，称为单一元件电路。

能力知识点一、纯电阻元件交流电路

1. 电阻中电压与电流的关系

图 2-9a 所示为一个纯电阻元件的交流电路，电压和电流的参考方向如图所示，两者之间的关系由欧姆定律确定，即

$$u = iR \text{ 或 } i = \frac{u}{R} \tag{2-13}$$

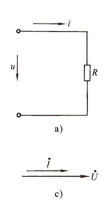
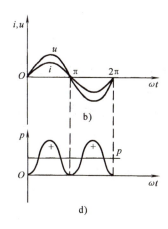

图 2-9 纯电阻元件的交流电路

a) 电路图 b) 电压、电流波形图 c) 电压、电流相量图 d) 功率波形图

为分析方便起见,选择正弦电流过零值并将向正值增加的瞬时作为计时起点,即令 i 的瞬时值初相位为零,则有

$$i = I_m \sin\omega t$$

所以

$$u = iR = I_m R\sin\omega t = U_m \sin\omega t \qquad (2\text{-}14)$$

也是一个正弦量。式中,$U_m = I_m R$。比较上两式可以看出,在纯电阻元件的交流电路中,电流与电压同相位(即相位差 $\varphi = 0$),表示电压和电流的正弦波形如图 2-9b 所示。

由上述分析可知,电阻在交流电路中的电压和电流有如下关系:

1)u 和 i 同频率且同相位;

2)电压与电流的幅值(或有效值)之比等于电阻 R,即

$$R = \frac{U_m}{I_m} = \frac{U}{I} \qquad (2\text{-}15)$$

2. 电阻上的功率

(1)瞬时功率 在任意瞬间,电压的瞬时值 u 与电流的瞬时值 i 的乘积,称为瞬时功率,用小写字母 p 表示,即

$$p = ui = U_m I_m \sin^2\omega t = \frac{U_m I_m}{2}(1-\cos2\omega t)$$

$$= UI(1-\cos2\omega t) = UI - UI\cos2\omega t \qquad (2\text{-}16)$$

由式(2-16)可见,p 由两部分组成,第一部分是常数 UI,第二部分是幅值为 UI、以 2ω 的角频率随时间变化的交变量 $UI\cos2\omega t$。p 随时间变化的波形如图 2-9d 所示。

由于在纯电阻元件的交流电路中,u 与 i 同相,它们同时为正、同时为负,因此瞬时功率总是正值,即 $p \geq 0$。说明电阻在任一瞬间都在消耗电能,属于耗能元件。

瞬时功率是不断变化的,使用起来不是很方便,故在交流电路中通常采用平均功率来描述功率的大小。

(2)平均功率 平均功率为瞬时功率在一个周期内的平均值,用大写字母 P 来表示。平均功率的大小为瞬时功率曲线在一个周期内所包围的面积除以周期。

经计算，在纯电阻元件电路中，平均功率为

$$P = UI = I^2 R = \frac{U^2}{R} \tag{2-17}$$

纯电阻正弦交流电路平均功率的表达式与直流电路中电阻功率的表达式形式相同，式中 U、I 是交流电的有效值。

例 2-4 把一个 100Ω 的电阻元件接到频率为 50Hz、电压有效值为 220V 的正弦电源上，问电流为多大？功率为多少？如电压保持不变，而电源的频率改为 50000Hz，这时电流将为多大？功率为多少？

解：因为纯电阻元件的状态与频率无关，所以电压值保持不变时，电流有效值与平均功率均不变，即

$$I = \frac{U}{R} = \frac{220}{100}\text{A} = 2.2\text{A}$$

$$P = UI = 220 \times 2.2\text{W} = 484\text{W}$$

能力知识点二、纯电感元件交流电路

一个线圈的电阻若小到可以忽略不计，则这种线圈可以被认为是纯电感线圈。当把它与电源相接后，就组成了纯电感电路。

1. 电感中电压与电流的关系

纯电感电路中如果加直流电压，则因其电阻为零，所以将呈现短路状态；如果加正弦交流电压，则电路中将有正弦电流通过。

当电感线圈中通过交流 i 时，会产生自感电动势 e_L。设电流 i、自感电动势 e_L 和电压 u 的参考方向如图 2-10a 所示。

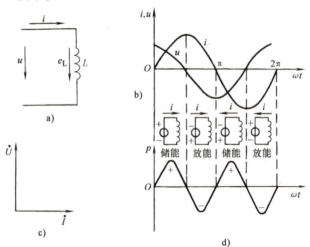

图 2-10 纯电感元件的交流电路

a）电路图 b）电压与电流波形图 c）电压与电流相量图 d）功率波形

根据基尔霍夫电压定律，有

$$u = -e_L = L\frac{\mathrm{d}i}{\mathrm{d}t}$$

设电流相量为参考相量，令其初相位为零，有

$$i = I_m \sin\omega t$$

则

$$u = L\frac{d(I_m\sin\omega t)}{dt} = I_m\omega L\cos\omega t = U_m\sin(\omega t + 90°) \quad (2\text{-}18)$$

表示电压 u 与电流 i 的波形如图 2-10b 所示。

由以上分析可知电感元件中电压与电流的关系为

1）u 和 i 同频率，电压 u 的相位比电流 i 超前 $90°$；

2）电压的幅值（或有效值）与电流的幅值（或有效值）的关系为

$$U_m = I_m\omega L \text{ 或 } U = I\omega L \quad (2\text{-}19)$$

2. 感抗

由式(2-19)可知，在纯电感元件的交流电路中，电压的幅值（或有效值）与电流的幅值（或有效值）之比为 ωL。显然，它的单位是欧姆（Ω）。当电压 U 一定时，ωL 越大，电流 I 越小。可见它具有阻碍交流电流的性质，故称为感抗，用 X_L 表示，即

$$X_L = \omega L = 2\pi f L \quad (2\text{-}20)$$

感抗 X_L 与 L 成正比，与频率 f 成正比。因此，当 L 一定时，电感对频率越高的电流阻碍作用越大，而对直流电流，因 $f=0$，$X_L=0$，故电感对直流电流相当于短路，这就是电感的所谓"通直隔交"作用。

3. 电感电路中的功率

知道了电感电路中电压 u 和电流 i 的变化规律和相互关系后，便可找出瞬时功率的变化规律，即

$$p = ui = U_m\sin(\omega t + 90°)I_m\sin\omega t = UI\sin2\omega t \quad (2\text{-}21)$$

由式(2-21)可见，p 是一个幅值为 UI、以 2ω 的角频率随时间变化的交变量，其波形如图 2-10d 所示。

由图 2-10d 可知，纯电感元件交流电路的平均功率 $P=0$。这说明在纯电感元件的交流电路中，没有能量消耗，只有电源与电感元件间的能量交换。这种能量交换的规模用无功功率 Q_L 来衡量，定义为

$$Q_L = U_L I = I^2 X_L = \frac{U_L^2}{X_L} \quad (2\text{-}22)$$

无功功率的单位是乏（var）或千乏（kvar）。相对于无功功率 Q_L，平均功率 P 也可称为有功功率。

在交流电路中，一般不采用电阻作为限流元件，因为电阻消耗电能，而多采用电感作为限流元件，如荧光灯、电焊机、交流电动机起动器都采用电感线圈作为限流元件。

例 2-5 已知工频电流 $i = 5\sqrt{2}\sin(314t + 30°)\text{A}$，通过 $L=0.05\text{H}$ 的电感线圈，求电感线圈两端的电压 u，并画出相量图。

解：$\dot{I} = 5\underline{/30°}\text{A}$

$X_L = \omega L = 314 \times 0.05\Omega = 15.7\Omega$

$\dot{U} = \text{j}\dot{I}X_L = \underline{/90°} \times 5\underline{/30°} \times 15.7\text{V} = 78.5\underline{/120°}\text{V}$

$$u = 78.5\sqrt{2}\sin(314t + 120°)\text{ V}$$

本题的相量图如图 2-11 所示。

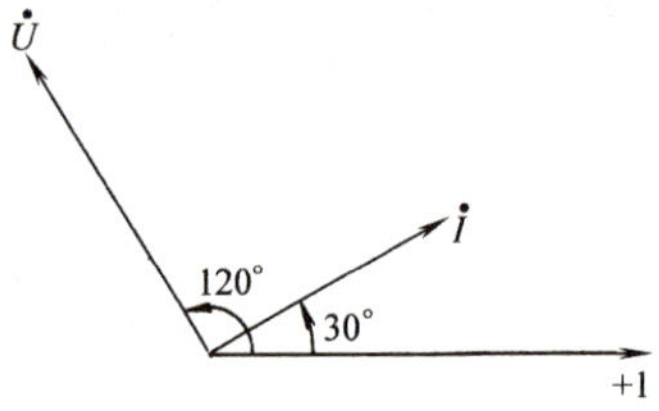

能力知识点三、纯电容元件交流电路

纯电容元件是指具有电容 C、完全没有能量损耗的元件。

1. 电容中电压与电流的关系

图 2-12a 所示是一个电容器与正弦电源连接的电路。当电容器两端的电压发生变化时，电容器极板上的电荷量也要随着发生变化，在电路中就形成电流

$$i = \frac{dq}{dt} = C\frac{du}{dt}$$

如果在电容器的两端加一正弦电压

$$u = U_m \sin\omega t$$

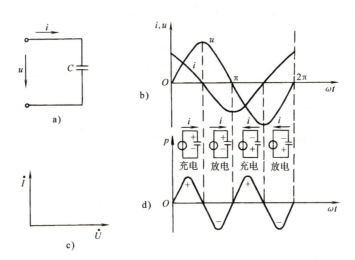

图 2-11 例 2-5 的相量图

图 2-12 纯电容元件的交流电路
a）电路图 b）电压与电流波形图 c）电压与电流相量图 d）功率波形

则

$$i = C\frac{d(U_m\sin\omega t)}{dt} = U_m\omega C\cos\omega t$$

$$= I_m\sin(\omega t + 90°) \tag{2-23}$$

表示电压 u 与电流 i 的波形如图 2-12b 所示。

由以上分析可知，电容元件中电压和电流的关系为

1) u 和 i 同频率，电压 u 的相位比电流 i 滞后 90°。
2) 电压的幅值（或有效值）与电流的幅值（或有效值）的关系为

$$I_m = U_m\omega C \quad 或 \quad I = U\omega C \tag{2-24}$$

2. 容抗

由式（2-24）可知，在纯电容元件交流电路中，电压的幅值（或有效值）与电流的幅值

(或有效值)之比为 $1/(\omega C)$。显然，它的单位为欧姆（Ω）。当电压 U 一定时，$1/(\omega C)$ 越大，则电流 I 越小。可见它具有阻碍交流电流的性质，故称为容抗，用 X_C 表示，即

$$X_C = \frac{1}{\omega C} = \frac{1}{2\pi f C} \tag{2-25}$$

容抗 X_C 与 C 成反比，与频率 f 成反比。因此，当 C 一定时，频率越高的电流越易通过电容，即电容元件对高频电流呈现的容抗很小，而对直流电流，因 $f=0$，所呈现的容抗 $X_C \to \infty$，可视为开路，这就是电容的所谓"通交隔直"作用。

3. 电容电路中的功率

知道了电容电路中电压 u 和电流 i 的变化规律和相位关系后，便可找出瞬时功率的变化规律，即

$$p = ui = U_m \sin\omega t I_m \sin(\omega t + 90°) = UI\sin 2\omega t \tag{2-26}$$

由式(2-26)可见，p 是一个幅值为 UI、以 2ω 的角频率随时间变化的交变量，其波形如图 2-12d 所示。

由图 2-12d 可知，纯电容元件交流电路的平均功率 $P=0$。这说明在纯电容元件的交流电路中，没有能量消耗，只有电源与电容元件间的能量交换。这种能量交换的规模用无功功率 Q_C 来衡量，定义为

$$Q_C = -U_C I = -I^2 X_C = -\frac{U_C^2}{X_C} \tag{2-27}$$

例 2-6 已知 $C = 50\mu F$ 的电容元件上外加电压为 $u = 220\sqrt{2}\sin(\omega t - 30°)$ V，频率为 50Hz，求电流 i，并画出相量图。

解：$\dot{U} = 220\underline{/-30°}$ V

$$X_C = \frac{1}{\omega C} = \frac{1}{2\pi f C} = \frac{1}{2\pi \times 50 \times 50 \times 10^{-6}}\Omega = 63.7\Omega$$

$$\dot{I} = \frac{\dot{U}}{-jX_C} = \frac{220\underline{/-30°}}{63.7\underline{/-90°}} A = 3.45\underline{/60°} A$$

$i = 3.45\sqrt{2}\sin(314t + 60°)$ A

其相量图如图 2-13 所示。

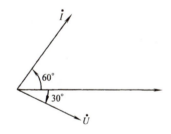

图 2-13 例 2-6 的相量图

综合知识模块四　电阻、电感、电容元件串联的交流电路

前面讨论了由电阻、电感、电容单个元件组成的最简单的交流电路，下面将对电阻、电感、电容元件组成的串联电路，简称 RLC 串联电路，进行讨论，其电路图如图 2-14 所示。

能力知识点一、 电压与电流有效值的关系

电路中各元件通过同一电流，电流与各个电压的参考方向如图 2-14 所示。

由基尔霍夫电压定律可列出

$$u = u_R + u_L + u_C$$

设电流为参考相量，令其初相位为零，有

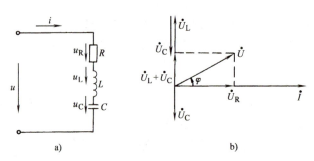

图 2-14 电阻、电感与电容串联的交流电路
a) 电路图　b) 相量图

$$i = I_m \sin\omega t$$

根据前文可知，电阻元件上的电压 u_R 与电流 i 同相，电感元件上的电压 u_L 比电流 i 超前 90°，电容元件上的电压 u_C 比电流 i 滞后 90°。作出电压与电流的相量图，如图 2-14b 所示。

由相量图可得

$$U = \sqrt{U_R^2 + (U_L - U_C)^2} = \sqrt{(IR)^2 + (IX_L - IX_C)^2} = I\sqrt{R^2 + (X_L - X_C)^2} \qquad (2\text{-}28)$$

能力知识点二、阻抗与阻抗三角形

令 $|Z| = \sqrt{R^2 + (X_L - X_C)^2}$，则式(2-28)也可以写为

$$\frac{U}{I} = \sqrt{R^2 + (X_L - X_C)^2} = |Z| \qquad (2\text{-}29)$$

$|Z|$ 称为 RLC 串联电路的阻抗，它具有对交流电流起阻碍作用的性质，其单位也是欧姆（Ω）。

式(2-29)中 $|Z|$、R 及 $(X_L - X_C)$ 三者之间的关系也可用一个直角三角形——阻抗三角形来表示，如图 2-15a 所示。

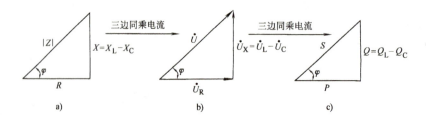

图 2-15 RLC 串联电路中的三个三角形
a) 阻抗三角形　b) 电压三角形　c) 功率三角形

能力知识点三、电压与电流的相位关系

电源电压 u 与电流 i 之间的相位差 φ 可以从电压三角形（图 2-15b）或阻抗三角形得出，即

$$\varphi = \arctan\frac{U_L - U_C}{U_R} = \arctan\frac{X_L - X_C}{R} \qquad (2\text{-}30)$$

显然，φ 角的大小是由电路的参数决定的。在一定的频率下：
1) 如果 $X_L > X_C$，则 $\varphi > 0$，说明电路总电压 u 超前电流 i，此种情况电路呈电感性。
2) 如果 $X_L < X_C$，则 $\varphi < 0$，电路总电压 u 滞后电流 i，电路呈电容性。
3) 如果 $X_L = X_C$，则 $\varphi = 0$，电路总电压 u 与电流 i 同相，电路呈纯电阻性。

例 2-7 在 RLC 串联电路中，已知 $R = 5\text{k}\Omega$，$L = 60\text{H}$，$C = 10\mu\text{F}$，$u = 10\sin 100t \text{V}$。求电流 i 的解析式，并判断电路的性质。

解： 电路的感抗和容抗分别为

$$X_L = \omega L = 6\text{k}\Omega$$
$$X_C = 1/(\omega C) = 1\text{k}\Omega$$

则电路的总阻抗为

$$|Z| = \sqrt{R^2 + (X_L - X_C)^2} = \sqrt{5^2 + (6-1)^2}\text{k}\Omega = 5\sqrt{2}\text{k}\Omega$$

电路中电流的有效值为 $I = \dfrac{U}{|Z|} = \dfrac{10/\sqrt{2}}{5\sqrt{2}}\text{mA} = 1\text{mA}$

电压与电流的相位差为

$$\varphi = \arctan\frac{X_L - X_C}{R} = 45°$$

故电路呈现电感性。

电流 i 的解析式为

$$i = \sqrt{2}\sin(100t - 45°)\text{mA}$$

能力知识点四、RLC 串联交流电路的功率

下面讨论 RLC 串联交流电路的功率。

（1）瞬时功率 在知道电压 u 和电流 i 的变化规律和相互关系后，便可求出瞬时功率，即

$$p = ui = U_m\sin(\omega t + \varphi)I_m\sin\omega t$$

因为

$$\sin(\omega t + \varphi)\sin\omega t = \frac{1}{2}\cos\varphi - \frac{1}{2}\cos(2\omega t + \varphi)$$

及

$$\frac{U_m I_m}{2} = UI$$

所以

$$p = UI\cos\varphi - UI\cos(2\omega t + \varphi)$$

（2）有功功率、无功功率和视在功率 有功功率是电路中的元件消耗的功率，电路中只有电阻元件是消耗能量的，因而电路的有功功率等于电阻元件所消耗的平均功率，即

$$P = \frac{1}{T}\int_0^T p\,\text{d}t = UI\cos\varphi$$

由电压三角形（图 2-15b）可得出

$$U\cos\varphi = U_R = IR$$

所以

$$P = U_R I = I^2 R = UI\cos\varphi \qquad (2\text{-}31)$$

而电感元件与电容元件要储放能量，即它们与电源之间要进行能量的交换。考虑到 U_L 与 U_C 相位相反，于是 RLC 串联交流电路的无功功率为

$$Q = Q_L - Q_C = U_L I - U_C I = (U_L - U_C)I = I^2(X_L - X_C)$$
$$= I^2 X = U_X I = U\sin\varphi I = UI\sin\varphi \tag{2-32}$$

式中，$X = X_L - X_C$ 称为电抗；$U_X = U_L - U_C$ 为电抗电压。

由此可见，电路所具有的参数不同，则电压与电流之间的相位差 φ 就不同，在电压 U 和电流 I 相同的情况下，电路的有功功率（平均功率）和无功功率也就不同。式(2-31) 中的 $\cos\varphi$ 称为功率因数。

在交流电路中，平均功率一般不等于电压有效值与电流有效值的乘积，但定义二者的乘积为视在功率 S，即

$$S = UI = I^2|Z| \tag{2-33}$$

视在功率的单位是伏安（V·A）或千伏安（kV·A）。

变压器的容量就是以额定视在功率定义的。

有功功率 P、无功功率 Q、视在功率 S 之间的关系为

$$S = \sqrt{P^2 + Q^2} \tag{2-34}$$

显然，它们也可用一个三角形——功率三角形表示，如图 2-15c 所示。

综合知识模块五　三相交流电路

三相交流电路在生产中应用最为广泛，目前几乎全部的电能生产、输送和分配都采用三相交流电路。其原因是三相交流电路与单相交流电路相比有两大优点：首先，在输送功率相同、电压相同、距离和线路损失相等的情况下，采用三相交流电路可以节省大量的输电线；其次，生产上广泛使用的三相交流电动机是以三相交流电作为电源的。这种电动机与单相电动机相比，具有结构简单、工作可靠、价格低廉等优点。

因此，在单相交流电路的基础上，进一步研究三相交流电路，具有重要意义。

能力知识点一、　三相对称电动势

三相交流电路是由三个单相交流电路组成的。将三个幅值相等、频率相同、初相位彼此相差 120° 的正弦电动势的组合称为对称三相正弦电动势，即

$$e_U = E_m \sin\omega t, e_V = E_m \sin(\omega t - 120°), e_W = E_m \sin(\omega t + 120°) \tag{2-35}$$

式中，E_m 为电动势的幅值。

三相电动势的相量图和正弦波形图如图 2-16 所示。由图可知，三相对称电动势的瞬时值之和恒等于零，即 $e_U + e_V + e_W = 0$。用平行四边形法则，也可得到三相电动势的相量之和恒为零，即 $\dot{E}_U + \dot{E}_V + \dot{E}_W = 0$。

三相交流电动势的频率相同、初相位不同，意味着各相电动势达到峰值的时刻不同，这种先后顺序称为相序。图 2-16 中三相电动势达到峰值的顺序是 $e_U \rightarrow e_V \rightarrow$

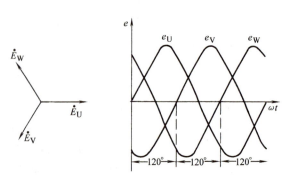

图 2-16　三相电动势的相量图与正弦波形图

$e_W \to e_U$,这种相序称为正序,反之为负序。三相电源的相序一般指正序,通常在三相电源的裸铜排上,刷有黄、绿、红三种颜色,分别表示第一相、第二相、第三相。

能力知识点二、三相电源绕组的联结

如果把三相电源分别通过输电线向负载供电,则需六根输电线,这显示不出三相制的优越性。目前广泛采用两种联结:星形联结和三角形联结。

1. 星形联结

将三相电源中三相绕组的末端连接在一起,从三相绕组首端引出三根导线以连接负载或电网,这种接法称为三相电源绕组的星形联结,如图 2-17 所示。

三相绕组末端相连的公共点称为中性点,如需要公共点接地,则接地后的公共点称为零点,用 N 表示。从中性点引出的导线称为中性线,接地后的中性点(即零点)引出的导线称为零线。从三相电源绕组的三个始端 U、V、W 引出的三根导线称为相线,俗称火线。相线与中性线之间的电压称为相电压,其有效值分别用 U_U、U_V、U_W 表示,或一般用 U_p 表示。相线与相线之间的电压称为线电压,其有效值分别用 U_{UV}、U_{VW}、U_{WU} 表示,或一般用 U_l 表示。

下面确定相电压与线电压之间的关系。由图 2-17 可以得出

$$u_{UV} = u_U - u_V, u_{VW} = u_V - u_W, u_{WU} = u_W - u_U$$

因为各个电压均为同频率的正弦量,所以可用相量表示上述关系,有

$$\dot{U}_{UV} = \dot{U}_U - \dot{U}_V, \dot{U}_{VW} = \dot{U}_V - \dot{U}_W, \dot{U}_{WU} = \dot{U}_W - \dot{U}_U \tag{2-36}$$

由于电源绕组的内阻抗压降同相电压比较可以忽略不计,因此可以认为相电压和对应的电动势基本相等,故三个相电压也是对称的。根据式(2-36)可作出线电压与相电压的相量图,如图 2-18 所示。由图可见,线电压也是对称的,且在相位上线电压比相应的相电压超前 30°。

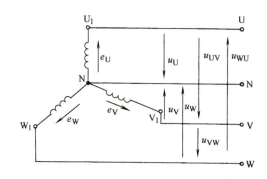

图 2-17 三相电源绕组的星形联结

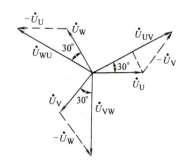

图 2-18 电源绕组星形联结时线电压与相电压的相量图

线电压与相电压的大小关系也可从相量图上得出,即

$$\frac{1}{2}U_l = U_p \cos 30° = \frac{\sqrt{3}}{2}U_p \text{ 或 } U_l = \sqrt{3}U_p \tag{2-37}$$

发电机或变压器等电源绕组连接成星形时,可引出四根导线,称为三相四线制。这样,

电源可提供两种输出电压,即相电压和线电压。通常在低压供电系统中相电压为220V,线电压为380V($380 = \sqrt{3} \times 220$)。

发电机、变压器等电源绕组连接成星形时,不一定都引出中性线。如果只引出三根相线,则称为三相三线制。有时三相变压器的三个绕组也连接成三角形(即各相绕组彼此首尾相连),这种只引出三根相线的方法也称为三相三线制,此时线电压等于相电压。

2. 三角形联结

将三相电源绕组依次首尾相连,从三个连接点引出三根端线以连接负载,这种接法称为三相电源的三角形联结,如图 2-19 所示。三角形连接时,相电压与线电压相等。

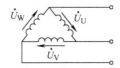

图 2-19 三相电源绕组的三角形联结

能力知识点三、三相负载的联结

三相电路中三相负载的连接方法有两种,即星形(Y)联结和三角形(△)联结。下面先讨论星形联结。

1. 三相负载的星形联结

负载星形联结的三相四线制电路可用图 2-20 表示。每相负载的复阻抗分别为 Z_U、Z_V、Z_W,它们的大小(模)分别表示为 $|Z_U|$、$|Z_V|$、$|Z_W|$,电压和电流的参考方向已在图中标出。

三相电路每相负载中的电流称为相电流,记为 I_p;每根相线中的电流称为线电流,记为 I_l。在三相负载为星形联结时,显然,相电流即为线电流,即

$$I_p = I_l \tag{2-38}$$

2. 三相负载的三角形联结

有时根据额定电压的要求,三相负载也可以采用三角形(△)联结,即把各相负载依次接在两根相线之间,如图 2-21 所示,电压和电流的参考方向已在图中标出。

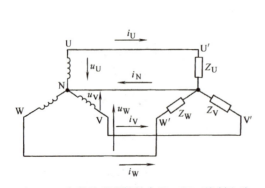

图 2-20 负载星形联结的完整三相四线制电路

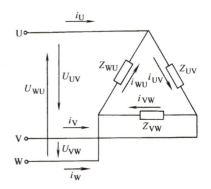

图 2-21 三相负载的三角形联结

因为各相负载直接接在电源的线电压上,所以负载的相电压与电源的线电压相等。因此,不论负载对称与否,其相电压总是对称的,即

$$U_{UV} = U_{VW} = U_{WU} = U_p = U_l \tag{2-39}$$

在三相负载为三角形联结时,相电流和线电流是不一样的。各相负载相电流的有效值分

别为

$$I_{UV} = \frac{U_{UV}}{|Z_{UV}|}, \quad I_{VW} = \frac{U_{VW}}{|Z_{VW}|}, \quad I_{WU} = \frac{U_{WU}}{|Z_{WU}|} \quad (2-40)$$

各相负载的电压与电流之间的相位差分别为

$$\varphi_{UV} = \arctan\frac{X_{UV}}{R_{UV}}, \quad \varphi_{VW} = \arctan\frac{X_{VW}}{R_{VW}}, \quad \varphi_{WU} = \arctan\frac{X_{WU}}{R_{WU}} \quad (2-41)$$

不论负载对称与否，根据基尔霍夫电流定律，线电流与相电流均有如下关系

$$\dot{I}_U = \dot{I}_{UV} - \dot{I}_{WU}, \quad \dot{I}_V = \dot{I}_{VW} - \dot{I}_{UV}, \quad \dot{I}_W = \dot{I}_{WU} - \dot{I}_{VW} \quad (2-42)$$

如果三相负载对称，即 $|Z_{UV}| = |Z_{VW}| = |Z_{WU}| = |Z|$ 和 $\varphi_{UV} = \varphi_{VW} = \varphi_{WU} = \varphi$，则负载的相电流也是对称的，即

$$I_{UV} = I_{VW} = I_{WU} = I_p = \frac{U_p}{|Z|}$$

$$\varphi_{UV} = \varphi_{VW} = \varphi_{WU} = \varphi = \arctan\frac{X}{R}$$

三相负载对称时的相量图如图 2-22 所示。由图可见，线电流也是对称的，线电流在相位上比对应的相电流滞后 30°。

线电流与相电流在大小上的关系很容易从相量图中得出，即

$$\frac{1}{2}I_l = I_p\cos\varphi = \frac{\sqrt{3}}{2}I_p$$

所以

$$I_l = \sqrt{3}I_p \quad (2-43)$$

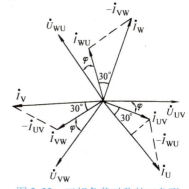

图 2-22　三相负载对称的三角形联结时电压与电流的相量图

由上述分析可以得出以下结论：当三相对称负载为三角形联结时，如果三相电源对称，则三相负载的相电压、相电流也对称；负载相电压为对应的电源线电压，相线中的线电流是负载中相电流的 $\sqrt{3}$ 倍，各线电流在相位上比对应的相电流滞后 30°。

三相负载究竟采用星形联结还是三角形联结，要根据每相负载的额定电压与电源线电压的关系而定，与电源的连接方式无关。

3. 三相功率

三相交流电路可以看成是三个单相电路的组合。因此，三相交流电路总的有功功率必等于各相有功功率之和，即 $P = P_U + P_V + P_W$。当负载对称时，每相有功功率相等，有

$$P = 3P_p = 3U_pI_p\cos\varphi$$

式中，U_p 为相电压；I_p 为相电流；φ 为 U_p 与 I_p 之间的相位差。

当三相对称负载为星形联结时，$U_l = \sqrt{3}\,U_p$，$I_l = I_p$；当三相对称负载为三角形联结时，$U_l = U_p$，$I_l = \sqrt{3}\,I_p$。可见，无论三相对称负载为星形联结还是三角形联结，三相电路总的有功功率均为

$$P = \sqrt{3}\,U_lI_l\cos\varphi \quad (2-44)$$

同理可以得出，对称负载三相无功功率和视在功率的计算公式为

$$Q = \sqrt{3}\,U_1 I_1 \sin\varphi \tag{2-45}$$

$$S = \sqrt{3}\,U_1 I_1 \tag{2-46}$$

综合知识模块六　安全用电

在生产和生活中如果不注意安全用电，可能会产生严重的后果。例如，触电可造成人身伤亡，设备漏电产生的电火花可能酿成火灾、爆炸，高频用电设备可产生电磁污染等。因此在日常的生产劳动中，不仅要提高劳动生产率，而且要尽一切可能保护劳动者的人身安全。安全用电是劳动保护教育和安全问题中的重要组成部分。

能力知识点一、 触电事故

用电中可能发生各种不同形式的触电事故，从总的情况来看，常见的触电形式有如下几种。

1）接触了带电体。这种触电往往是由于用电人员缺乏用电知识或在工作中不注意，不按有关规章和安全工作距离办事等，直接触碰裸露在外面的导电体。这种触电是最危险的。

2）由于某些原因，电气设备绝缘受到了破坏而漏电，用电人员没有及时发现或是疏忽大意，触碰了漏电的设备。

3）由于外力的破坏等原因，使送电的导线断落在地上，导线周围有大量扩散电流向大地流入，人行走时跨入了有危险电压的范围，造成跨步电压触电。

4）高压送电线路处于大自然环境中，由于风力的摩擦或与其他带电导线并架等原因而受到感应，导线上带了静电，工作人员工作时不注意或未采取相应措施，在上杆作业时触碰带有静电的导线而触电。

能力知识点二、 影响触电伤害程度的因素

根据大量触电事故资料的分析和实验证实，触电所引起的伤害程度与下列因素有关。

1. 人体电阻的大小

人体的电阻越大，通入的电流越小，伤害程度也越轻。研究结果表明，当皮肤有完好的角质外层并很干燥时，人体的电阻为 $10^4 \sim 10^5 \Omega$。当角质层破坏时，则降到 $800 \sim 1000 \Omega$。

2. 电流的大小

通过人体的电流在 0.05mA 以上时，就有生命危险。一般而言，接触 36V 以下的电压时，通过人体的电流不会超过 0.05mA，故把 36V 的电压作为安全电压。如果在潮湿的地方，安全电压还应该规定得再低一些，通常是 24V 或 12V。

3. 电流通过时间的长短

电流通过人体的时间越长，对人体的伤害越严重。

除此之外，影响触电伤害程度的因素还有电流通过人体的路径及与带电体接触的面积等。

能力知识点三、 触电方式

1. 单相触电

人体的某一部分与一相带电体及大地（或中性线）构成回路，当电流通过人体流过该

回路时，即造成人体触电，这种触电称为单相触电。这种情况人体处于相电压之下，危险性很大。如果此时人体与地面之间的绝缘良好，则危险性就可以大大减低。

2. 两相触电

人体某一部分介于同一电源两相带电体之间并构成回路所引起的触电，称为两相触电。这种触电最为危险，因为人体处于线电压之下，但这种情况很少出现。

3. 跨步电压触电

当带电体接地时，有电流向大地扩散，其电位以接地点为圆心向圆周扩散，在不同位置形成电位差。若人站在这个区域内，则两脚之间的电压称为跨步电压，由此所引起的触电称为跨步电压触电。

4. 接触电压触电

当运行中的电气设备绝缘损坏或由于其他原因而造成接地短路故障时，接地电流通过接地点向大地流散，在以接地点为圆心的一定范围内形成分布电位。当人触及漏电设备外壳时，电流通过人体和大地形成回路，由此造成的触电称为接触电压触电。

5. 感应电压触电

当人触及带有感应电压的设备和线路时，造成的触电事故称为感应电压触电。例如，一些不带电的线路由于大气变化（如雷电活动），会产生感应电荷。此外，停电后一些可能感应电压的设备和线路如果未接临时地线，则这些设备和线路对地均存在感应电压。

6. 剩余电荷触电

当人体触及带有剩余电荷的设备时，带有电荷的设备对人体放电所造成的触电事故称为剩余电荷触电。例如，在检修中用绝缘电阻表测量停电后的并联电容器、电力电缆、电力变压器及大容量电动机等设备时，如检修前没有对其充分放电，将造成剩余电荷触电。又如，并联电容器因电路发生故障而不能及时放电，退出运行后又未进行人工放电时，会使电容器储存着大量的剩余电荷，当人员接触电容或电路时，就会造成剩余电荷触电。

能力知识点四、家庭安全用电措施

随着家用电器的普及，正确掌握安全用电知识，确保用电安全至关重要。

1）不要购买"三无"的假冒伪劣家电产品。
2）使用家电时应有完整可靠的电源线插头，金属外壳的家用电器都要采取接地保护措施。
3）不能在地线和零线上装设开关和熔丝，禁止将接地线接到自来水、煤气管道上。
4）不要用湿手接触带电设备，不要用湿布擦抹带电设备。
5）不要私拉乱接电线，不要随便移动带电设备。
6）检查和修理家用电器时，必须先断开电源。
7）家用电器的电源线破损时，要立即更换或用绝缘布包扎好。
8）家用电器或电线发生火灾时，应先断开电源再灭火。

1. 如何防止烧损家用电器

常用的家用电器的额定电压是220V，正常的供电电压在220V左右。当因雷击等自然灾害造成供电线路的供电电压瞬时升高、三相负载不平衡、接户线年久失修而断零线，或因人为错接线等引起相电压升高，就会使电流增大，导致家用电器因过热而烧损。要防止烧损家用电器,就要从以下三方面入手:一是用电设备不使用时应尽量断开电源;二是改造陈旧失修的接户线;三是安装带过电压保护的漏电保护开关。

2. 如何选配家庭用的熔丝

家庭用的熔丝应根据用电容量的大小来选用。如使用容量为 5A 的电表时,熔丝应大于 6A 小于 10A;如使用容量为 10A 的电表时,熔丝应大于 12A 小于 20A,也就是选用的熔丝应是电表容量的 1.2~2 倍。选用的熔丝应是符合规定的一根,而不能小容量的熔丝多根并用,更不能用铜丝代替熔丝使用。

3. 漏电保护器的基本要求

漏电保护器又称漏电保护开关,是一种新型的电气安全装置,其主要用途如下:

1)防止由于电气设备和电气线路漏电引起的触电事故。

2)防止用电过程中的单相触电事故。

3)及时切断电气设备运行中的单相接地故障,防止因漏电引起的电气火灾事故。

4)随着人们生活水平的提高,家用电器的不断增加,在用电过程中,由于电气设备本身的缺陷、使用不当和安全技术措施不利而造成的人身触电和火灾事故,给人民的生命和财产带来了不应有的损失,而漏电保护器的出现,对预防各类事故的发生,及时切断电源,保护设备和人身安全,提供了可靠而有效的技术手段。

漏电保护器在技术上应满足以下几点要求。

1)触电保护的灵敏度要正确合理,一般起动电流应在 15~30mA 范围内。

2)触电保护的动作时间一般情况下应不大于 0.1s。

3)触电保护器应装有必要的监视设备,以防运行状态改变时失去保护作用,如对电压型触电保护器,应装设零线接地装置。

每个家庭必须备有一些必要的电工工具,如验电笔、螺钉旋具、胶钳等,还必须备有适合家用电器使用的各种规格的熔丝具和熔丝。

能力知识点五、焊接安全用电措施

如前所述,比较干燥而触电危险较大的环境,安全电压为 36V;潮湿而触电危险较大的环境,安全电压为 12V。而在焊接工作中,所用设备大都采用 380V 或 220V 的网路电压,焊机的空载电压也在 50V 以上,这都超过了国家规定的安全电压,所以应采取必要的安全防护措施并进行安全教育,以防人身触电事故及设备损坏事故的发生。特别是阴雨天或潮湿的地方,更要注意防护,主要应注意以下几个方面问题。

1)所有焊接中使用的各种焊机应放在通风、干燥的地方,且放置平稳。需露天作业的,要做好防雨、防雪工作。

2)焊接设备的安装、修理和检查应由电工进行,焊工不得私自拆修。焊机发生故障时,应立即断开电源,通知电工检修。

3)焊接作业前,应先检查焊机外壳接地(或接零)是否可靠,电缆接线是否良好,否则不得合闸作业。

4)推拉电源刀开关时,必须戴绝缘、干燥的皮手套且头部偏斜,站在左侧,推拉动作要快,以防面部被电火花灼伤。

5)起动焊机时,焊钳与焊件不能接触,以防短路。调节电流及极性接法时,应在空载情况下进行。

6）为了防止电焊钳与工件之间发生短路而烧坏焊机，焊接工作结束时，先将电焊钳放在可靠的地方，然后断开电源。

7）电焊钳应有可靠的绝缘，特别在容器、管道等设备内部作业焊接时，不允许采用简易无绝缘外壳的电焊钳，以防发生意外。

8）焊接地线电缆与工件的连接必须可靠，严禁使用工地、厂房的金属结构、管道、导轨作为焊接回路。

能力知识点六、触电急救常识

发生触电事故时，在保证救护者本身安全的同时，必须首先设法使触电者迅速脱离电源，然后进行相应的抢救工作。

对于低压触电事故，可采用下列方法使触电者脱离触电电源。

1）如果触电地点附近有电源开关或电源插座，可立即断开开关或拔出插头，断开电源。断开电源时应注意，断开的开关可能只是控制一根线，有可能只切断中性线而没有断开电源的相线。

2）如果触电地点附近没有电源开关或电源插座，可用有绝缘柄的电工钳或有干燥木柄的斧头切断电线，断开电源，或用干木板等绝缘物插到触电者身下，以阻断电流。

3）当电线搭落在触电者身上或被触电者压在身下时，可用干燥的衣服、手套、绳索、皮带、木棍等绝缘物作为工具，拉开触电者或挑开电线，使触电者脱离电源。

4）如果触电者的衣服是干燥的，又没有紧缠在身上，可以用一只手抓住他的衣服，将其拉离电源。但因触电者的身体是带电的，其鞋的绝缘也可能遭到破坏，所以救护人员不得接触触电者的皮肤，也不能抓他的鞋。

5）若触电发生在低压带电的架空线路上或配电台架、进户线上，对可立即切断电源的，应迅速断开电源，救护者在做好自身防触电、防坠落措施的情况下，迅速登杆或登至可靠的地方，用绝缘工具使触电者脱离电源。

对于高压触电事故，可采用下列方法尽快使触电者脱离触电电源。

1）立即通知有关部门断电。

2）戴上绝缘手套，穿上绝缘鞋，用相应电压等级的绝缘工具按顺序断开开关。

3）抛掷金属裸线使线路短路接地，迫使保护装置动作，断开电源。注意抛掷金属线之前先将金属线的一端可靠接地，然后抛掷另一端；注意抛掷的一端不可触及触电者和其他人。

当触电者脱离电源后，应根据触电者的具体情况，迅速对症救护。现场应用的主要救护方法是人工呼吸法和胸外心脏按压法。对于需要救治的触电者，大体按以下三种情况分别处理。

1）如果触电者伤势不重、神志清醒，但有些心慌、四肢发麻、全身无力，或者触电者在触电过程中曾一度昏迷，但已经清醒过来，应使触电者安静休息，不要走动，严密观察并请医生前来诊治或送往医院。

2）如果触电者伤势较重，已失去知觉，但还有心脏跳动和呼吸，应使触电者舒适、安静地平卧，周围不围人，使空气流通，解开他的衣服以利呼吸。如天气寒冷，要注意保温，

并速请医生诊治或送往医院。如果发现触电者呼吸困难、微弱，或发生痉挛，应随时准备好当心脏跳动或呼吸停止时立即做进一步的抢救。

3）如果触电者伤势严重，呼吸停止或心脏跳动停止，或二者都已停止，应立即施行人工呼吸和胸外心脏按压，并请医生诊治或送往医院。应当注意，急救要尽快地进行，不能只等候医生的到来。在送往医院的途中，也不能中止急救。如果现场仅一个人抢救，则应口对口人工呼吸和胸外心脏按压交替进行，每次吹气 2～3 次，再按压 10～15 次。而且吹气和按压的速度都应比双人操作的速度提高一些，以不降低抢救效果。

实验研究和统计表明，如果从触电后 1min 开始救治，则 90% 可以救活；如果从触电后 6min 开始抢救，则仅有 10% 的救活机会；而从触电后 12min 开始抢救，则救活的可能性极小。因此当发现有人触电时，应争分夺秒，采用一切可能的办法进行抢救。

【单元小结】

1. 正弦量的三要素。

正弦电流 $i = I_m \sin(\omega t + \varphi_i)$，正弦电压 $u = U_m \sin(\omega t + \varphi_u)$。把 I_m（或 U_m）、ω、φ_i（或 φ_u）称为正弦量的三要素。

由于 $I_m = \sqrt{2}I$，$U_m = \sqrt{2}U$，则

$$i = \sqrt{2}I\sin(\omega t + \varphi_i), \quad u = \sqrt{2}U\sin(\omega t + \varphi_u)$$

式中，$\omega = \dfrac{2\pi}{T} = 2\pi f$，所以我们同样把 I（或 U）、f、φ_i（或 φ_u）称为正弦量的三要素。

2. 相位差。

相位差 φ 是两个同频率正弦量的初相位之差，经常表示为电流与电压之间的初相位之差，即 $\varphi = \varphi_u - \varphi_i$。

3. 正弦交流电作为正弦量可以用三角函数和正弦波形图来表示。但三角函数法不便于进行分析运算，如用三角函数将几个同频率的正弦量进行加减运算，是相当复杂的；若用作图法（即画出波形图后，按纵坐标逐点相加）进行分析，虽然从图形上看起来直观、清晰，但作图不便，结果不准确，画图较麻烦。为了对交流电路，特别是较复杂的交流电路进行分析或计算，有必要采用相量表示法。

相量表示法就是用复数的模表示正弦量的有效值或幅值，用复数的幅角表示正弦量的初相角。

4. 各种交流电路中电压与电流的关系见表 2-1。

表 2-1　各种交流电路中电压与电流的关系

电　路	一般关系式	相位关系	大小关系	相量式
R	$u = iR$	$\dot{U}$ → $\dot{I}$　$\varphi = 0$	$I = \dfrac{U}{R}$	$\dot{I} = \dfrac{\dot{U}}{R}$
L	$u = L\dfrac{di}{dt}$	$\dot{U}$ ↑　$\dot{I}$ →　$\varphi = +90°$	$I = \dfrac{U}{X_L}$	$\dot{I} = \dfrac{\dot{U}}{jX_L}$

(续)

电路	一般关系式	相位关系	大小关系	相量式
C	$u = \dfrac{1}{C}\int i\,dt$	$\varphi = -90°$	$I = \dfrac{U}{X_C}$	$\dot{I} = \dfrac{\dot{U}}{-jX_C}$
R、L 串联	$u = iR + L\dfrac{di}{dt}$		$I = \dfrac{U}{\sqrt{R^2 + X_L^2}}$	$\dot{I} = \dfrac{\dot{U}}{R + jX_L}$
R、C 串联	$u = iR + \dfrac{1}{C}\int i\,dt$		$I = \dfrac{U}{\sqrt{R^2 + X_C^2}}$	$\dot{I} = \dfrac{\dot{U}}{R - jX_C}$
R、L、C 串联	$u = iR + L\dfrac{di}{dt} + \dfrac{1}{C}\int i\,dt$	$\varphi \begin{array}{c}>\\=0\\<\end{array}$	$I = \dfrac{U}{\sqrt{R^2 + (X_L - X_C)^2}}$	$\dot{I} = \dfrac{\dot{U}}{R + j(X_L - X_C)}$

5. 正弦交流电路的功率。

有功功率：$P = UI\cos\varphi$ 是电路实际消耗的功率，即电路中所有电阻消耗的功率之和。

无功功率：$Q = UI\sin\varphi$。

视在功率：$S = UI$。

有功功率、无功功率、视在功率存在如下关系

$$S = \sqrt{P^2 + Q^2}$$

6. 对称三相电源是三个频率相同、幅值相同、初相位依次相差 120°的正弦电源，按一定方式(星形或三角形) 联结组成的供电系统；对称三相负载即三相负载相同，$Z_U = Z_V = Z_W = Z$；三相电源对称，三相负载对称，相线的复阻抗相等，由此组成的供电系统，称为对称三相电路。日常生活中经常遇到三相负载不对称的情况，为了保证负载能正常工作，在低压配电系统中，通常采用三相四线制，即三根相线、一根中性线。为了保证每相负载正常工作，中性线不能断开，所以中性线是不允许接入开关或熔丝的。

7. 对称三相电源的联结特点如下：

　　　　星形联结　　$U_l = \sqrt{3}\,U_p$；三角形联结　　$U_l = U_p$

对称三相负载的联结特点是

　　　　星形联结　　$U_l = \sqrt{3}\,U_p$，$I_l = I_p$；三角形联结　　$U_l = U_p$，$I_l = \sqrt{3}\,I_p$

8. 对称三相电路中，三相负载的总功率为

$$P = \sqrt{3}\,U_l I_l \cos\varphi\,；\quad Q = \sqrt{3}\,U_l I_l \sin\varphi\,；\quad S = \sqrt{3}\,U_l I_l$$

式中，φ 是相电压与相电流之间的相位差，$\cos\varphi$ 是每相负载的功率因数。

9. 安全用电是劳动保护教育和安全问题中的重要组成部分，应采取必要的安全防护措施并进行安全教育，以防止人身触电事故及设备损坏事故的发生。

【综合训练】

2-1　在图 2-23 中，$i = 100\sin\left(6280t - \dfrac{\pi}{4}\right)$ A。(1) 求 f、T、ω、I_m、I 及 φ；(2) 画出波形图；(3) 如果 i 的参考正方向选得与图相反，问 (1) 中各项有无变化，写出三角函数式，画出波形图。

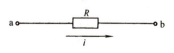

图 2-23　题 2-1 图

2-2 已知 $i_1 = 4\sin(314t + 45°)$A，$i_2 = 6\sin(314t - 30°)$A。(1) 比较 i_1 和 i_2 的相位；(2) 求 i_1 和 i_2 的相位差 φ；(3) 画出 i_1 和 i_2 的波形图。

2-3 分别写出 $u = 10\sqrt{2}\sin\omega t$V，$i = 10\sin(\omega t + \dfrac{\pi}{6})$A，$e = 141.4\sin(\omega t - 30°)$V 正弦量的最大值相量和有效值相量。

2-4 已知 $i_1 = 10\sin 100\pi t$A，$i_2 = 10\sin(100\pi t - \dfrac{\pi}{2})$A。求：(1) $\dot{I}_1$、$\dot{I}_2$、$\dot{I} = \dot{I}_1 + \dot{I}_2$，并作出相量图；(2) i。

2-5 在电压为 220V、频率为 50Hz 的电源上，接一组白炽灯，其等效电阻为 11Ω。(1) 画出电路图；(2) 试求电灯组取用电流的有效值；(3) 试求电灯组取用的功率；(4) 画出电流、电压波形图。

2-6 一个 100Ω 的电阻，接在 $u = 622\sin(314t + 45°)$V 的电源上，求电阻中电流的解析式，并求电阻上所消耗的功率。

2-7 已知电感 $L = 0.8$H，接到 $u = 220\sqrt{2}\sin(628t - 60°)$V 的电源上，求电流 i 的解析式和无功功率 Q，并画出相量图。

2-8 在电压为 220V、频率为 50Hz 的电源上，接入电容 $C = 38.5\mu$F 的电容器。求 X_C 和 I 的值，画出相量图。如将此电容接入电压为 220V、频率为 1000Hz 的电源上，求 $I = ?$

2-9 如图 2-24 所示的 RLC 串联电路，电压表 V_1、V_2、V_3 和 V 分别指示电阻电压、电感电压、电容电压和总电压的有效值。试问：

(1) 当 $V_1 = 3$V，$V_2 = 8$V，$V_3 = 12$V 时，$V = ?$

(2) 当 $V = 10$V，$V_1 = 8$V，$V_3 = 7$V 时，$V_2 = ?$

(3) 当 $V = 10$V，$V_2 = V_3 = 100$V 时，$V_1 = ?$

2-10 三相对称电源接成星形。已知 U 相电压 $u_U = 220\sqrt{2}\sin 314t$V，试写出其他各相电压的瞬时值表达式和各线电压的瞬时值表达式。

2-11 在图 2-25 中，电源线电压 $U_l = 380$V，U 相的电阻 $R = 10$Ω，V 相的感抗 $X_L = 10$Ω，W 相的容抗 $X_C = 10$Ω。(1) 问三相负载是否可以说是对称负载？(2) 试求各负载的相电流 $\dot{I}_U$、$\dot{I}_V$、$\dot{I}_W$ 及中性线电流 $\dot{I}_N$。

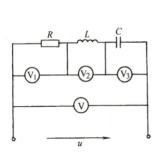

图 2-24 题 2-9 图

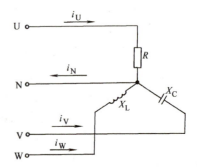

图 2-25 题 2-11 图

2-12 有一次某楼电灯发生故障：第二和第三层楼的所有电灯突然都暗淡下来，而第一层楼的电灯亮度未变，试问这是什么原因？这楼的电灯是如何连接的？同时又发现第三层楼的电灯比第二层楼的还要暗些，这又是什么原因？

2-13 在图 2-26 所示的电路中，$R = 5$Ω，$X_C = 10$Ω，$X_{L1} = 10$Ω，$X_{L2} = 5$Ω，接于线电压 $U_l = 220$V 的对称三相电源上。求相电流 $\dot{I}_{UV}$、$\dot{I}_{VW}$、$\dot{I}_{WU}$ 和线电流 $\dot{I}_U$、$\dot{I}_V$、$\dot{I}_W$。

第二单元　交流电路

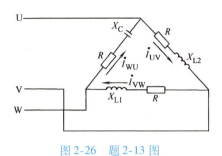

图 2-26　题 2-13 图

【焊接劳模工匠】

李万君，中共党员，中车长春轨道客车股份有限公司首席焊工，"全国五一劳动奖章"获得者，"中华技能大奖"获得者，享受国务院特殊津贴，吉林省高级专家、吉林省技能传承师、吉林省第十次党代会代表，被称为"中国第一代高铁工人"。2017 年 2 月 8 日，李万君被评为"感动中国"2016 年度人物。2019 年 1 月 18 日被评为 2018 年"大国工匠年度人物"。

"工人院士"李万君：焊好高铁"两条腿"　保障日行千里

转向架是高铁的两条腿，是车轮和车体连接最重要的部件。高铁能否跑得又快又稳，全靠转向架和它的零部件。转向架制造技术，是高速动车组的九大核心技术之一。我国的高速动车组之所以能跑出如此高的速度，其主要原因之一就是转向架技术取得了重大突破。转向架制造中，转向架环口焊接历来是最关键的工序之一。李万君就工作在环口焊接岗位上，他先后参与了我国几十种城铁车、动车组转向架的首件试制工作，总结并制定了 30 多种转向架焊接操作方法，技术攻关 150 多项，其中 37 项获得国家专利，代表了中国轨道车辆转向架构架焊接的世界最高水平。

2007 年，作为全国铁路第六次大提速主力车型，法国的时速 250km 动车组在长客股份公司试制生产。由于转向架环口要承载重达 50t 的车体重量，因此成为高速动车制造的关键部位，其焊接成形要求极高。试制初期，因焊接段数多，焊接接头极易出现不熔合等严重质量问题，一时成为制约转向架生产的瓶颈。关键时刻，李万君凭着一股子钻劲，终于摸索出了"环口焊接七步操作法"，成形好，质量高，成功突破了批量生产的难题。这项令法国专家十分惊讶的"绝活"，现已经被纳入到生产工艺当中。

2008 年，中国北车股份有限公司从德国西门子引进了时速达 350km 的高速动车组技术。由于外方此前也没有如此高速的运营先例，转向架制造成了双方共同攻关的难题。带着领导的重托，李万君参加了转向架焊接工艺评定专家组，并发挥了高技能人才的特殊作用。以李万君试制取得的有关数据为重要参考，企业编制的《超高速转向架焊接规范》在指导批量生产中解决了大问题。

2017 年 9 月 21 日起，全国铁路实施新的列车运行图，7 对"复兴号"动车组将在京沪

高铁率先实现时速 350km 的运营，调整运行图后，中国成为世界上高铁商业运营速度最高的国家。

李万君介绍，2015 年起，他带领的攻关团队就开始紧锣密鼓地开展"复兴号"动车组试制工作，当时没有国外技术可借鉴，一开始就遇到了困难。"当时我们生产 2 节车，4 个转架，8 个扭杆座，关系到列车运行当中每天上万次的摆动。扭杆座弯道极多，刚开始焊了 8 个扭杆座都不合格。"李万君回忆，最初他们想过改设计，可这是既定图纸，很难改动；他们也想过放宽质量，可动车组 350km 的时速跟飞机起跑速度接近，质量关系着旅客的生命安全。李万君便带领徒弟们刻苦摸索，不断试验，最终成功突破了转向架侧梁扭杆座不规则焊缝等多项技术难题，保证了"复兴号"的如期生产。

李万君至今清晰地记得，2017 年 6 月 26 日"复兴号"中国标准动车组在京沪高铁首发那天，他看到乘客们买到第一趟车票纷纷自拍时，一种祖国强大的自豪感油然而生。"中国高铁终于从追赶走到了领跑的新时代！"李万君说。

凭借精湛的技术，李万君在参与填补国内空白的几十种高速车、铁路客车、城铁车，以及出口澳大利亚、新西兰、中国香港等国家和地区的列车生产中，攻克了一道又一道技术难关。

李万君在本职岗位上取得的一个个成绩，并非偶然。在 30 多年的长期工作中，他勤于钻研，勇于创新，练就了过硬的焊接本领。他同时拥有碳钢、不锈钢焊接等 6 项国际焊工（技师）资格证书。手弧焊、二氧化碳气体保护焊及 MAG 焊、TIG 焊等多种焊接方法，平、立、横、仰和管子等各种焊接形状和位置，他样样精通。

2005 年，李万君根据异种金属材料焊接特性发明的"新型焊钳"，已经获得国家专利并被推广使用。

李万君针对澳大利亚不锈钢双层铁路客车转向架焊接加工的特殊要求总结出的"拽枪式右焊法"等 20 余项转向架焊接操作方法，在生产中得到广泛应用，累计为企业节约资金和创造价值 800 余万元。

2010 年，李万君在出口伊朗的单层轨道客车转向架横梁环口焊接中，首次使用氩弧焊焊接方法，并成功总结出一套焊接操作步骤，从而弥补了我国氩弧焊焊接铁路客车转向架环口的空白，同时也为我国以后开发和生产新型高铁提供了宝贵依据。

从 1997 年到 2007 年，李万君先后 3 次代表中车长春轨道客车股份有限公司出征"吉林长春市焊工大赛"，3 次获得冠军。2011 年，因他"代表了车辆转向架构架焊接的世界最高水平"，荣膺"中华技能大奖"。通过比赛，他为集体争了光，自己也大有收获。通过参加大赛，李万君破格晋升了高级技师。自建厂以来，通过比赛获得技师、高级技师的，李万君是第一人。

2018 年，因为李万君团队的成功攻关，中车长春轨道客车股份有限公司成为我国首家成功拿到美国纽约地铁转向架生产资质的企业。纽约地铁拥有北美地区最繁忙、规模最大的轨道交通网络。纽约交通局负责运营 25 条地铁线路，6418 辆地铁列车，年载客量近 25 亿人次，同时这里也拥有全球准入门槛最高的资格审查程序。李万君回忆道，他们刚开始接到的任务是试制 4 个纽约地铁的转向架，材料都是美国本土空运过来的，是国内高铁钢板厚度的 4 倍，耗资近亿元。实验过程中三个转向架检测完全合格，而剩余一个转向架的两个焊口已经修补两次了，再修补一次不合格，就只能报废。领导出于对李万君的保护，不让他焊，建议转交他人，但李万君不愿意退，"宁愿战死在战场上，也不能被困难吓倒！"他把两个焊缝全部返工，修补到半夜。第二天，国内专家检测通过。一周后，美国聘请来的国际专家来检测，足足检测了一上午，结果全部合格。

2017年7月至2018年6月，中车长春轨道客车股份有限公司相继通过了车体、系统集成、转向架的资格认证，最终获得了纽约地铁的整车供货资格。在签署合格证书时，纽约交通局代表用一句中国谚语形容中车长春轨道客车股份有限公司的产品和团队——"没有打虎艺，不敢上山岗"。

磨砺至今，李万君靠耳朵就能知道焊得好不好。通过实践积累，他发现二氧化碳在焊接的时候，不同的焊接规范能传出不同的声音。就是在20m以外焊接，他根据听到的声音，就能判断焊得好不好。"把工作当成一门艺术，就不是简单的工作，而是一种享受。"李万君说。

为高速动车组生产培养新生力量，是李万君对中国高铁制造的又一大贡献。为确保时速250km和350km动车组的生产，以及时速380km超高速动车组的试制，李万君肩负起了为企业培养后备技术工人的重任。在不到两年的时间里，他一边工作，一边编写教材、承担培训任务，创造了400余名新工提前半年全部考取国际焊工资质证书的"培训奇迹"。随后，公司在此基础上成立了"焊工首席操作师工作室"，李万君以此为载体，专注焊工培养。2010年至今，他负责该工作室具体工作，采取"大""小"穿插、"横""纵"结合的方式，组织集中培训400多次，累计培训焊工2万多人次，帮助公司焊工考取国际、国内焊工资质证书6000多项，满足了中国高铁、出口车等20多种车型的生产需要。他本人也多次被长春市总工会聘为"高技能人才传艺项目技能指导师"。2010年，他又因为传授技艺成绩显著，被聘为"长春市高技能人才传承师"。

接踵而来的荣誉，记录了李万君从一名普通焊工成长为"高铁焊接大师"的发展历程。面对这些，李万君没有满足，他始终保持着焊接工人的本色，用实际行动实现人生的最大价值，为企业、为中国高铁事业继续做着不懈努力，争做更大的贡献。

第三单元
磁路及变压器

 学习目标

本单元首先阐述磁路的基本概念，介绍铁磁材料的磁性能，分析交流铁心线圈电路的基本电磁关系，在此基础上重点叙述变压器的运行原理及其应用，最后简要介绍了三相变压器。

综合知识模块一　磁路及其应用

变压器和电动机等都是以电磁感应为基础的常见电气设备，因此磁与电的关系及磁路的应用是电工技术中的重要内容。

能力知识点一、铁磁材料的分类及应用

物质按磁导率的大小可分为铁磁材料和非铁磁材料两大类。

铁磁材料有带自然磁性的小区域，没有外磁场作用时，各个小区域的磁场方向总体上不规则，宏观不显磁性，如图 3-1a 所示。在外加磁场的作用下，铁磁材料将产生一个与外磁场同方向的附加磁场，这种现象叫作磁化，如图 3-1b 所示。在电气设备中，外加磁场通常由套在铁磁材料上的线圈产生。

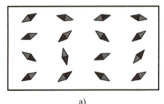
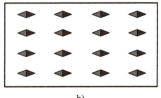

a)　　　　　　　　　　　b)

图 3-1　铁磁材料的磁化

a）铁磁材料未被磁化　b）铁磁材料被磁化

利用铁磁材料的磁化现象，可以将其制成具有较强磁性的电磁铁。根据铁磁材料的电磁

性能，可以将其分为以下三类。

（1）软磁材料　其主要特点是磁导率高、容易磁化和退磁、磁滞损耗小，如硅钢片、铸钢和铁氧体等。软磁材料由于磁滞损耗小，容易磁化和退磁，常用于制造电机、变压器和电器的铁心；坡莫合金常用于制作高频变压器及脉冲变压器的铁心。

（2）硬磁材料　其主要特点是剩磁大，如钴钢、锰钢和钨钢等。硬磁材料由于剩磁大，常用于制造永久磁铁。特别是钕铁硼永磁材料，由于其具有很高的剩磁，目前被广泛应用于制作各种永磁电机的磁钢，能有效地减少电能的损耗，提高电机效率，在航空航天技术中得到了广泛的应用。

（3）矩磁材料　其特点是受较小的磁场作用就可以达到饱和，而去掉磁场后仍能保持饱和状态，如锰镁铁氧体、锂锰铁氧体和某些铁镍合金等。矩磁材料具有一定的"记忆"功能，常用于制造存储数据的磁心、磁鼓、磁带和磁盘等，广泛用于电子技术和计算机技术中。

近年来，随着纳米技术的发展，用纳米微粒做成的磁性液体，在磁场的作用下被磁化而运动，同时又具有液体的流动性，可用于无声快速的磁印刷、磁性液体发电和医疗中的照影剂等。纳米微粒做成的磁记录材料，可以大大提高信息的记录速度、提高信噪比、改善图像质量。

能力知识点二、 铁磁材料中的能量损耗

1. 磁滞损耗

当铁心在交变磁场作用下反复磁化时，内部磁畴由于反复取向，克服磁畴之间阻力而产生发热损耗，这种能量损失称为磁滞损耗。可以证明，铁磁材料的磁滞损耗与该材料磁滞回线包围的面积成正比。磁滞回线越宽，剩磁越大，磁滞损耗也就越大；励磁电流频率越高，磁滞损失也越大。当励磁电流频率一定时，磁滞损耗与铁心磁感应强度最大值的二次方成正比。

由于磁滞损耗使铁心发热，对电机、变压器等电气设备是有害的，因此交流铁心应选择磁滞回线狭窄的软磁材料，如硅钢等制成。

2. 涡流损耗

如图 3-2a 所示，当线圈中通入交流电流时，铁心中的交变磁通在铁心中产生感应电动势和感应电流，由于感应电流在铁心中自然形成闭合回路，且成旋涡状，故称其为涡流。

因铁心有一定的电阻，故铁心内产生涡流时，使铁心发热，造成能量损失，由涡流造成的电能损失称为涡流损耗。另一方面，涡流在铁心中产生的磁通对线圈通过电流在铁心中产生的磁通有去磁作用，这对电机和变压器的运行是不利的，因此在交流铁心线圈电路中必须设法减少涡流。

为了减少涡流，电工设备的铁心采用彼此绝缘的硅钢片叠成，如图 3-2b 所示。由于硅钢片具有较高的电阻率，且把涡流限制在较小的截面内流动，增大

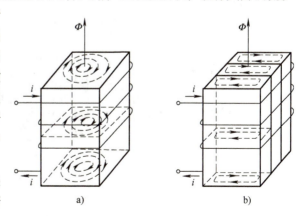

图 3-2　涡流（方向按 Φ 增加时画出）
a）涡流的产生　b）涡流的减少

了涡流回路的电阻,减少了涡流损耗。涡流引起能量损耗,使电机、变压器等设备效率降低,但涡流也有可利用的一面,例如工业用中频炉,可以利用涡流的热效应来冶炼金属。

能力知识点三、磁路

磁力线(磁通)通过的闭合路径称为磁路。在电工设备中,为了能够在较小的磁场强度下得到较大的磁感应强度,或者说在较小的励磁电流下得到较多的磁通,常把线圈绕在用铁磁材料制成一定形状的铁心上,以使磁通能够集中在规定的路径内。当绕在铁心上的线圈通电后,铁心内就形成磁路。几种常见的磁路如图3-3所示。

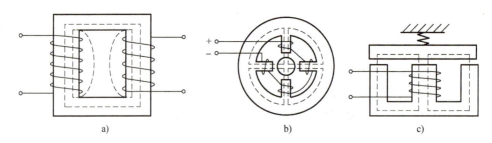

图3-3 几种常见的磁路
a)单相变压器磁路 b)直流电动机磁路 c)电磁铁磁路

如果磁路是由同一种铁磁材料制成,而且各处截面积相等,磁通密度相同,这样的磁路称为均匀磁路,如图3-3a中的单相变压器磁路。

在图3-3b所示的直流电动机磁路中,磁通要通过两种不同的材料,各处截面积也不同,两种材料之间还有气隙存在,这样的磁路称为非均匀磁路。

能力知识点四、电磁铁

图3-3c所示为电磁铁的磁路。电磁铁主要由铁心、线圈和衔铁三部分组成,如图3-4所示。其中铁心和衔铁通常用整块钢材制成。当线圈通过电流时,铁心磁化产生电磁吸力将衔铁吸合,带动与之联动的其他机构动作。根据线圈所接电源的不同,电磁铁可分为直流电磁铁和交流电磁铁两种。

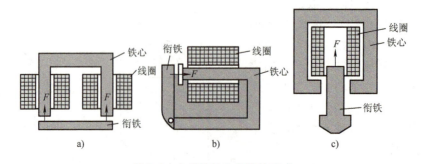

图3-4 电磁铁的几种结构型式
a)马蹄式 b)拍合式 c)螺管式

电磁铁是电工技术中广泛使用的一种电磁部件。起重电磁铁、制动电磁铁是起重、制动等设备的重要部件;利用电磁铁制成的电磁卡盘可作为固定工件的夹具;交流接触器、电磁继电器等电器借助电磁力带动触点接通或断开电路，实现自动控制。

综合知识模块二　磁路的基本物理量及磁路定律

能力知识点一、磁路的基本物理量

磁路问题实质上就是局限在一定路径内的磁场问题，磁场的特性可以用磁场的基本物理量来描述。

1. 磁感应强度 B

磁感应强度 B 是表示磁场内某点磁场强弱和方向的物理量，它是一个矢量。磁场内某一点的磁感应强度可用该点磁场作用于 1m 长通有 1A 电流的导体上的力 F 来衡量，该导体与磁场方向垂直。磁感应强度 B 与电流之间的方向可用右手螺旋定则来判断，其计算公式为

$$B = \frac{F}{IL} \tag{3-1}$$

式中，F 为磁场作用于导体上的力；I 为导体中的电流，L 为导体长度。

如果磁场内各点的磁感应强度大小相等、方向相同，这样的磁场称为均匀磁场。在国际单位制中，磁感应强度的单位为特斯拉（T）。

2. 磁通 Φ

在均匀磁场中，磁感应强度 B 与垂直于磁场方向的面积 S 的乘积，称为通过该面积的磁通，用 Φ 表示，即

$$\Phi = BS \text{ 或 } B = \frac{\Phi}{S} \tag{3-2}$$

由此可见，磁感应强度 B 在数值上等于与磁场方向垂直的单位面积上通过的磁通，故 B 又称磁通密度。磁通的单位为韦伯（Wb）。

3. 磁导率 μ

磁导率 μ 是表示物质导磁性能的物理量，不同物质的磁导率 μ 不同。磁导率的单位是亨/米（H/m），由实验测得真空中的磁导率 μ_0 是一个常数，$\mu_0 = 4\pi \times 10^{-7}$ H/m。

某种物质的磁导率 μ 与真空中磁导率 μ_0 的比值，称为该物质的相对磁导率，用 μ_r 表示，即

$$\mu_r = \frac{\mu}{\mu_0} \tag{3-3}$$

自然界中大多数物质（非铁磁材料）对磁感应强度影响很小，其相对磁导率 $\mu_r \approx 1$，如铜、银、空气、木材等。而铁、镍、钴及其合金等铁磁材料的相对磁导率 $\mu_r \gg 1$，并且 μ_r 不是常数。铁磁材料被广泛应用于制造电磁设备，如电机、电焊机、变压器等。

4. 磁场强度 H

磁场强度是反映磁场强弱和方向的辅助物理量。磁场中某一点的磁场强度 H 等于磁场中该点的磁感应强度 B 与媒介质磁导率 μ 的比值，方向与所在点的磁感应强度方向一致，其表达式为

$$H = \frac{B}{\mu} \tag{3-4}$$

磁场强度的单位为安/米（A/m）。

能力知识点二、磁路定律

1. 安培环路定律

安培环路定律是磁路的基本定律，它反映了磁场与产生磁场的电流之间的关系。该定律指出：在磁场中，任意选择一条闭合路径，若该路径上各点的磁场强度大小相等，方向与各点的切线方向相同，则磁场强度 H 与闭合路径长度 l 的乘积等于被该闭合线包围的各导体电流的代数和，其表达式为

$$Hl = \sum I \tag{3-5}$$

2. 磁路的欧姆定律

图 3-5 所示为一无分支的均匀磁路，磁路各点的磁感应强度为

$$B = \mu H = \mu \frac{NI}{l}$$

通过各截面的磁通为

$$\Phi = BS = \mu \frac{NI}{l} S = \frac{NI}{l/(\mu S)} = \frac{F}{R_m} \tag{3-6}$$

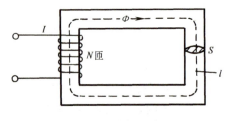

图 3-5　均匀磁路

式中，$F = NI$ 称为磁动势，是产生磁通的原动力，单位为安匝；$R_m = l/(\mu S)$ 称为磁阻，单位为 A/Wb。

式 (3-6) 在形式上与电路的欧姆定律相似，所以称为磁路欧姆定律。

应该指出，磁路与电路虽然有许多相似之处，但它们的实质是不同的，而且由于铁心磁路的非线性，其磁导率 μ 是随工作状态剧烈变化的，因此一般不宜直接用磁路欧姆定律和磁阻公式进行定量计算，但在很多场合可以用来进行定性分析。

综合知识模块三　变压器

变压器是用来将某一数值的交流电压转换成同频率另一数值交流电压的电气设备。变压器的种类很多，按用途分为电力变压器和特种变压器。电力变压器主要用于输电和配电系统中，有升压变压器、降压变压器和配电变压器。虽然变压器种类很多，但它们的基本结构和基本工作原理相同。

能力知识点一、变压器的结构

变压器由铁心和绕组等部分组成，图 3-6 所示为单相双绕组变压器。

铁心构成了变压器的磁路部分。为了减小磁滞损耗和涡流损耗，大部分变压器的铁心用 0.27~0.35mm 厚的硅钢片叠制而成，硅钢片的两面涂有绝缘漆，使叠片之间相互绝缘。

绕组构成了变压器的电路部分，其中与电源相连的绕组称为一次绕组 W_1（匝数为 N_1，旧称原边、初级绕组），与负载相连的绕组称为二次绕组 W_2（匝数为 N_2，旧称副边、次级

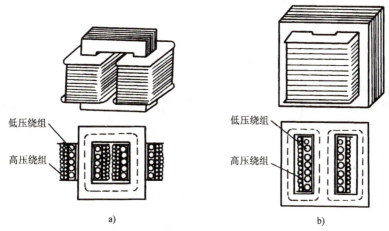

图 3-6 单相变压器的基本结构
a）心式变压器 b）壳式变压器

绕组）。一次、二次绕组在电路上是相互绝缘的，但它们同处于同一磁路中。小功率变压器的绕组都采用高强度漆包线绕制而成，绕组之间及绕组与铁心之间都隔有绝缘材料。

根据绕组的安放位置不同，变压器分为心式变压器和壳式变压器，如图 3-6 所示。心式变压器低压绕组靠近铁心，高压绕组在低压绕组的外面，这样可降低绕组对铁心的绝缘要求。大型变压器除铁心和绕组外，还有油箱、散热装置、保护装置和出线装置等。

能力知识点二、变压器的工作原理及作用

变压器的一次绕组通过交变电流 i_0，在铁心中会形成大小和方向随 i_0 变化的交变磁通 Φ，Φ 的变化在二次绕组中感应出大小和方向随 i_0 同频率变化的交变电动势 e_2，如图 3-7a 所示。

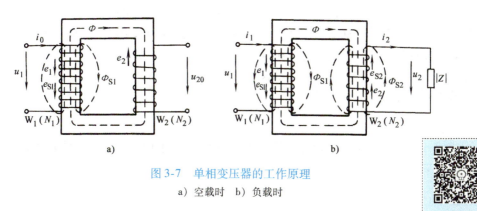

图 3-7 单相变压器的工作原理
a）空载时 b）负载时

变压器具有变换电压、电流和阻抗的作用。

1. 变压作用

当变压器一次绕组加额定交流电压 u_1，二次绕组开路时，称为变压器的空载运行，如图 3-7a 所示。由于二次绕组开路，二次电流 $i_2 = 0$。在外加电压 u_1 的作用下，一次绕组中有电流 i_0 通过，称为空载电流。通常变压器的空载电流为额定电流的 3%～8%。i_0 在一次绕组中建立磁动势 $N_1 i_0$，在这一磁动势作用下，铁心中产生交变的主磁通 Φ 与漏磁通 Φ_{S1}。主磁通同时与一次绕组和二次绕组交链，分别产生主磁感应电动势 e_1 和 e_2。漏磁通只与一次绕组交链，在一次绕组中产生漏磁感应电动势 e_{S1}。

经推导可知，e_1、e_2 的有效值分别为

$$E_1 = 4.44fN_1\Phi_m, \quad E_2 = 4.44fN_2\Phi_m \tag{3-7}$$

式中，Φ_m 为主磁通 Φ 的最大值。

若略去漏磁通的影响，不考虑绕组上电阻的压降，则可认为一次、二次绕组上感应电动势的有效值近似等于一次、二次绕组上电压的有效值，即

$$U_1 \approx E_1, \quad U_{20} \approx E_2$$

将式(3-7)代入得

$$\frac{U_1}{U_{20}} \approx \frac{E_1}{E_2} = \frac{4.44fN_1\Phi_m}{4.44fN_2\Phi_m} = \frac{N_1}{N_2} = k \tag{3-8}$$

由式(3-8)可见，变压器空载运行时，一次、二次绕组上电压的比值等于两者的匝数比，这个比值 k 称为变压器的电压比。当一次、二次绕组的匝数不同时，变压器就可以把某一数值的交流电压变换为同频率的另一数值的交流电压，这就是变压器的电压变换作用。当 $N_1 > N_2$ 时，$k > 1$，这种变压器称为降压变压器；当 $N_1 < N_2$ 时，$k < 1$，这种变压器称为升压变压器。

2. 变流作用

变压器一次绕组接电源，二次绕组接负载，二次侧输出电流 i_2，称为变压器的负载运行，如图 3-7b 所示。

变压器空载时，铁心中主磁通 Φ 是由一次绕组磁动势 $N_1 i_0$ 产生的。变压器负载时，二次侧有电流 i_2。根据电磁感应定律可知，二次绕组磁动势 $N_2 i_2$ 在磁路中产生的磁通阻碍原磁通的变化。当一次绕组外加电压 U_1 不变、电源频率 f 及匝数 N_1 不变时，根据 $U_1 = 4.44fN_1\Phi_m$ 可知，Φ_m 不变（恒磁通原理）。因此，当变压器二次电流为 i_2 时，变压器一次电流由 i_0 增加至 i_1，也就是说为了维持主磁通 Φ_m 不变，变压器一次电流产生磁动势 $N_1 i_1$，除了要维持一个不变的磁动势 $N_1 i_0$ 外，还要克服二次绕组磁动势 $N_2 i_2$ 的去磁影响。所以，变压器空载及负载运行时，磁动势应相等，即

$$N_1 i_1 + N_2 i_2 = N_1 i_0$$

相量表示式为

$$N_1 \dot{I}_1 + N_2 \dot{I}_2 = N_1 \dot{I}_0 \tag{3-9}$$

式(3-9)为变压器负载运行时磁动势平衡方程式。由于空载电流 i_0 值较小，故 $N_1 i_0$ 可忽略不计，于是得

$$N_1 \dot{I}_1 \approx -N_2 \dot{I}_2 \tag{3-10}$$

式中负号说明 $\dot{I}_1$ 和 $\dot{I}_2$ 相位相反，即 $N_2 i_2$ 对 $N_1 i_1$ 有去磁作用。

用有效值表示为

$$N_1 I_1 \approx N_2 I_2$$

$$\frac{I_1}{I_2} \approx \frac{N_2}{N_1} = \frac{1}{k} \tag{3-11}$$

式(3-11)表明，变压器一次、二次电流之比等于它们匝数比的倒数。改变一次、二次

绕组的匝数，可以改变一次、二次电流的比值，这就是变压器的电流变换作用。

3. 变压器的阻抗变换作用

变压器除有变换电压和电流的作用外，还有阻抗变换作用。在电子电路中，负载为了获得最大功率，应满足负载的阻抗与信号源的阻抗相等的条件，即阻抗匹配。但实际二者往往是不相等的，因此需要在负载与信号源之间加接一个变压器，以便实现阻抗的匹配。变压器的阻抗变换原理如图3-8 所示。

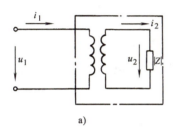 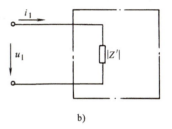

　　　　　　a)　　　　　　　　　　　　　　b)

图 3-8　变压器的阻抗变换

负载阻抗$|Z|$接在变压器二次绕组电路中，图3-8a中点画线框中的部分电路，在图3-8b 中可用等效阻抗$|Z'|$来代替。由图3-8b 可得

$$\frac{U_1}{I_1} = \frac{\frac{N_1}{N_2}U_2}{\frac{N_2}{N_1}I_2} = \left(\frac{N_1}{N_2}\right)^2 \frac{U_2}{I_2}$$

因为

$$|Z| = \frac{U_2}{I_2}$$

所以

$$|Z'| = \left(\frac{N_1}{N_2}\right)^2 |Z| = k^2 |Z| \tag{3-12}$$

式(3-12) 表明，当变压器二次侧接有负载阻抗时，折算到一次侧的等效阻抗$|Z'|$等于负载阻抗乘以电压比的二次方，这就是变压器的阻抗变换作用。实际中通过选择适当的匝数比，可将负载阻抗变换为一次侧所需的阻抗值，而负载的性质不变。

例3-1　某单相变压器接到电压$U_1 = 380V$的电源上，已知二次侧空载电压$U_{20} = 19V$，二次绕组匝数$N_2 = 100$匝，求变压器的电压比k及N_1。

解：

$$k \approx \frac{U_1}{U_{20}} = \frac{380}{19} = 20$$

$$N_1 = kN_2 = 20 \times 100 \text{ 匝} = 2000 \text{ 匝}$$

例3-2　有一台10000V/230V 的单相变压器，其铁心截面积$S = 120cm^2$，磁感应强度的最大值$B_m = 1T$，当一次绕组接到$f = 50Hz$的交流电源上时，求一次、二次绕组的匝数N_1、N_2。

解：铁心中磁通的最大值为

$$\Phi_m = B_m S = 1 \times 120 \times 10^{-4} \text{Wb} = 0.012\text{Wb}$$

一次绕组的匝数应为

$$N_1 = \frac{U_1}{4.44f\Phi_m} = \frac{10000}{4.44 \times 50 \times 0.012}\text{匝} = 3754 \text{ 匝}$$

二次绕组的匝数应为

$$N_2 = \frac{N_1}{k} = \frac{N_1}{U_1/U_2} = \frac{3754}{10000/230} 匝 = 86 匝$$

能力知识点三、 变压器的功率和效率

变压器负载运行时，二次侧输出功率 P_2 由二次绕组端电压 U_2、电流 I_2 和所接负载的功率因数 $\cos\varphi_2$ 决定，即

$$P_2 = U_2 I_2 \cos\varphi_2 \tag{3-13}$$

式中，φ_2 为 u_2 与 i_2 之间的相位差。

变压器的输入有功功率 P_1 是由一次绕组端电压 U_1、电流 I_1 和功率因数 $\cos\varphi_1$ 决定的，即

$$P_1 = U_1 I_1 \cos\varphi_1 \tag{3-14}$$

式中，φ_1 为 u_1 与 i_1 之间的相位差。

变压器负载运行时，内部损耗包含两部分，即铜损和铁损。铜损是变压器运行时，在其一次、二次绕组上所消耗的电功率 ΔP_{Cu}，它与负载电流大小有关。铁损是交变主磁通在铁心中产生的磁滞损耗和涡流损耗，它与铁心的材料、电源电压及电源频率有关。所以变压器输入功率

$$P_1 = \Delta P_{Cu} + P_{Fe} + P_2$$

变压器的效率为输出功率 P_2 与输入功率 P_1 的比值，通常用百分数表示，即

$$\eta = \frac{P_2}{P_1} \times 100\% = \frac{P_2}{\Delta P_{Cu} + \Delta P_{Fe} + P_2} \times 100\% \tag{3-15}$$

变压器的功率损耗很小，所以效率很高，大型变压器的效率可达 98%~99%，因此可以认为 $P_2 \approx P_1$。但从式（3-15）可以看出，变压器轻载运行或功率因数过低都会使变压器的效率降低，所以变压器应当尽可能接近满载运行。通常变压器的负载为额定负载的 50%~75% 时效率最高。

变压器的额定容量等于二次侧额定电压与额定电流的乘积，即

$$S_N = U_{2N} I_{2N}$$

S_N 的单位为 V·A，称为变压器的视在功率。如果忽略变压器的损耗，可以近似认为变压器一次、二次侧额定容量近似相等，即

$$S_N = U_{2N} I_{2N} \approx U_{1N} I_{1N}$$

能力知识点四、 三相变压器

现代电力系统中普遍采用三相制供电，三相变压器的基本结构如图 3-9 所示。

三相变压器铁心有三个心柱，每个心柱上都绕有一次、二次绕组，相当于一个单相变压器。三相变压器的高压绕组首端用 U_1、V_1、W_1 表示，末端用 U_2、V_2、W_2 表示。低压绕组首端用 u_1、v_1、w_1 表示，末端用 u_2、v_2、w_2 表示。三相变压

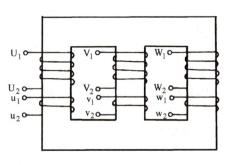

图 3-9 三相变压器的基本结构

器在对称运行时,每相工作情况和单相变压器相同,只是各变量(电压和电流)在时间上有固定的相位差,因此单相变压器分析得到的结论,也适用于三相变压器。

三相变压器的一次、二次绕组可以分别接成星形(用 Y 或 y 表示)和三角形(用 D 或 d 表示)。因此,三相变压器可组成星形—星形(有中性线)Yyn、星形(有中性线)—三角形 Yd 等。

三相变压器常用两种连接方式。图 3-10a 所示为 Yyn 联结,输出端为四线制,可输出两种电压,即线电压和相电压。图 3-10b 所示为 Yd 联结,适用于三相对称负载供电,因二次绕组为三角形联结,可输出较大的电流。

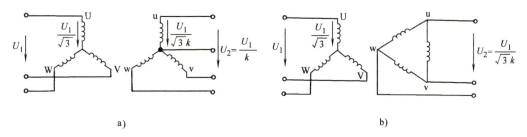

图 3-10　三相变压器的连接方式

当三相变压器为 Yyn 联结时

$$\frac{U_{l1}}{U_{l2}}=\frac{\sqrt{3}\,U_{p1}}{\sqrt{3}\,U_{p2}}=\frac{N_1}{N_2}=k \tag{3-16}$$

当三相变压器为 Yd 联结时

$$\frac{U_{l1}}{U_{l2}}=\frac{\sqrt{3}\,U_{p1}}{U_{p2}}=\sqrt{3}\,\frac{N_1}{N_2}=\sqrt{3}\,k \tag{3-17}$$

式(3-16)和式(3-17)中,U_{l1} 和 U_{l2} 分别表示一次、二次绕组的线电压;U_{p1} 和 U_{p2} 分别表示一次、二次绕组的相电压。

由式(3-16)和式(3-17)可知,三相变压器一次、二次绕组电压的比值,不仅与一次、二次绕组的匝数有关,而且与绕组的连接方式有关。

三相变压器额定运行时,额定电压与额定电流均指线电压和线电流,其额定容量为

$$S_N=\sqrt{3}\,U_{2N}I_{2N} \tag{3-18}$$

【单元小结】

1. 磁路是磁通集中通过的路径,由于磁性物质具有高导电性,所以很多电气设备均用铁磁材料。磁路的主要物理量有磁感应强度 B、磁通 Φ、磁导率 μ 和磁场强度 H 等。

2. 安培环路定律是磁路的基本定律,它反映了磁场与产生磁场的电流之间的关系,在电工技术中,通常只应用简单形式的安培环路定律,即 $Hl=\sum I$。在某些情况下,应用安培环路定律求解常见载流导体的磁场分布比较简便。

3. 磁路与电路具有对偶性,即磁通—电流、磁通势—电动势、磁阻—电阻——对应,并且磁路欧姆定律—电路欧姆定律也相对应。磁路欧姆定律表达式为

$$\Phi = \frac{NI}{\frac{l}{\mu S}} = \frac{F}{R_m}$$

它是分析磁路的基础，由于磁性物质的磁阻不是常数，故它常用于定性分析。

4. 交流铁心线圈电路外加电压的有效值 U 与铁心中主磁通 Φ_m 的关系为 $U \approx E = 4.44fN\Phi_m$，它是磁路的常用公式，表明在电源频率 f、线圈匝数 N、外加电源电压 U 一定的情况下，主磁通 Φ_m 的值不变，这就是恒磁通原理。

5. 变压器主要是由硅钢片叠成的铁心和套装在铁心柱上的线圈（绕组）构成的。变压器具有变电压、变电流、变阻抗的功能，即

$$\frac{U_1}{U_2} = \frac{N_1}{N_2} = k; \quad \frac{I_1}{I_2} = \frac{N_2}{N_1} = \frac{1}{k}; \quad |Z'| = \left(\frac{N_1}{N_2}\right)^2 |Z| = k^2 |Z|。$$

变压器的输入功率 $P_1 = \Delta P_{Cu} + \Delta P_{Fe} + P_2$，其中，$\Delta P_{Cu}$ 为铜损；ΔP_{Fe} 为铁损；P_2 为变压器的输出功率。变压器的效率 $\eta = \frac{P_2}{P_1} \times 100\%$。变压器的额定容量也称视在功率，其表达式为 $S_N = U_{2N} I_{2N}$。

现代电力系统都采用三相制，它由三相变压器获得经过变换的三相电压。三相变压器一次、二次绕组常采用星形—星形（Yyn）联结和星形—三角形（Yd）联结。三相变压器的额定容量 $S_N = \sqrt{3} U_{2N} I_{2N}$。

【综合训练】

3-1 铁磁材料可分成几类？它们各有什么用途？试列举几种你见过的铁磁材料。

3-2 交流电磁铁通电后，若衔铁被卡住不能吸合，会引起什么后果？

3-3 有一线圈，其匝数 $N_1 = 1000$ 匝，绕在铸钢制成的闭合铁心上。铁心的截面积 $S = 20cm^2$，平均长度 $l = 50cm$，如果要在铁心中产生磁通 $\Phi = 0.002Wb$，试求线圈应通入多大电流？

3-4 什么是变压器的电压比？确定电压比有哪几种方法？

3-5 既然变压器的电压比近似等于一次、二次绕组的匝数比，那么一台 220V/110V 变压器，其一次、二次绕组是否可以做成 2 匝/1 匝？

3-6 已知某单相变压器，接在电压 $U_1 = 6000V$ 的电源上。已知二次电流 $I_2 = 100A$，电压比 $k = 15$，求二次电压 U_2 和一次电流 I_1 各为多少。

3-7 某单相照明变压器的容量为 10kV·A，电压为 6000V/220V。今欲在变压器二次侧接入 40W、220V 的白炽灯。如果变压器在额定负载下运行，问可接多少只白炽灯？若在变压器二次侧接入 40W、220V、功率因数 $\cos\varphi = 0.8$ 的荧光灯，问最多可接多少只？

【焊接劳模工匠】

艾爱国，男，汉族，生于 1950 年 3 月，中共党员，湖南华菱湘潭钢铁有限公司焊接顾问，荣获"七一勋章"、2021 年"大国工匠年度人物""全国劳动模范""全国技术能手""全国十大杰出工人"等称号。

他在焊工岗位上工作 50 多年，攻克焊接技术难关 400 多个，改进工艺 100 多项，多次参与我国重大项目焊接技术攻关和特种钢材焊接性能试验。参与指导实施某试验型导弹焊接

工艺，将中碳调质钢弹壳与发射座焊接相连，X射线检验100%达到一级标准。

大国工匠艾爱国：一心一艺 焊花不熄

1950年3月，艾爱国出生在湖南攸县。1968年10月，艾爱国响应党中央"知识青年上山下乡"的号召，到攸县一个偏僻的小山村插队。

1969年，湘潭钢铁公司到攸县招工，艾爱国由全体社员推荐被招录进厂，到湘钢基建处管道队当配管工人。

1970年元月，数千人从北京南下支援湘钢建设，其中有不少技艺高超的焊接工人。艾爱国在做好一名管道工的本职工作之外，时常帮焊接师傅们挑水、扛氧气瓶、递工具和设备。不久，管道队因为焊工不够，要从管道工中挑几个年轻人跟着北京来的焊接师傅学习。"让小艾跟着我吧。"一位北京师傅生怕这个眼里有活儿的小伙子被其他师傅"抢"走，率先向湘钢领导提出来。

就这样，艾爱国拿上了焊枪，开始在焊花飞溅中燃烧梦想。漫长的岁月中，他焊接工人的身份一直没变，班长是他焊接职业生涯的最高职务。

成为学徒后，艾爱国白天钻研学艺，晚上学习专业书籍，先后系统阅读了《焊接工艺学》《现代焊接新技术》等100多本专业书籍。1982年，艾爱国以8项全优的成绩考取了气焊、电焊合格证，成为当时湘潭市唯一持有"两证"的焊工。

在焊接领域，一直存在一个令人头疼的问题。钢厂的轧辊、烧结厂的粉碎机等设备都需要在关键部位堆焊耐磨硬质合金材料，但这些堆焊在钢板表面的高硬度合金材料总会产生微裂纹，同时单面堆焊材料也会出现变形，严重影响设备的耐磨性，造成生产成本大增。多年来，这个问题也成了艾爱国的心头之患。他带领团队对相关技术进行了10多年的攻关，形成了一整套在普通钢板表面堆焊硬质合金材料的焊接工艺和方法理论。

湘钢一家公司制作镁砖的磨板需要堆焊硬质合金材料，要求表面堆焊硬度达到65HRC（注：洛氏硬度数值），远超工业领域对耐磨钢材的常规标准。如果能有办法达成这一标准，而且不会产生微裂纹，将实现焊接领域的一次重大突破。

机会难得，艾爱国决心啃下这块"硬骨头"。他推掉一切与焊接无关的事务，在10多年技术攻关的基础上，经过多轮试验和多次调整焊接方案，终于解决了堆焊硬质合金材料产生微裂纹和变形的问题。这一突破将设备耐磨周期从3个月提高到24个月，可大大降低企业生产成本，市场推广价值非常高。

长期跟踪，一朝突破，体现的正是艾爱国对技术的钻研精神。多年来，艾爱国为国内多家企业攻克400多项焊接技术难题，改进焊接工艺100多项。从世界最长跨海大桥——港珠澳大桥，到亚洲最大深水油气平台——南海荔湾综合处理平台，再到国家重点工程——深中通道，艾爱国都参与了施工难题攻坚环节，并出色完成任务。

艾爱国说："我的制胜法宝是不瞎干，总是先从理论上搞清门道，制定好焊接工艺，再就是靠日积月累的经验。"他喜欢做笔记，每次解决一个难题，他总要好好总结一番。几十年来，他记的焊接工艺案例笔记有十几本、50余万字。他说："那是我的财富，或者说是

'核心竞争力'。"

湘钢高级工以上级别的焊工，80%以上都跟艾爱国学过艺。他们当中有的享受国务院特殊津贴，有的获得了"全国五一劳动奖章"和"湖南省劳动模范""五一劳动奖章"等荣誉。这些年，艾爱国带过的徒弟总数不下600名。

已有10年工作经验的欧勇，刚到"艾爱国焊接实验室"当焊接试验员时，曾主动要求焊接一个20cm长的铜件。他当时并不觉得焊接眼前这个铜件会有多难。因为焊接温度高达700℃，欧勇将双手包了好几层帆布，又戴上手套，然后右手持焊枪，左手拿焊线，开始焊起来。然而，高温的炙烤还是让欧勇的手很快开始颤抖起来，20cm长的焊缝，对他来说也变得艰辛而漫长起来。

"你先休息一下，我来。"师父艾爱国把手套一戴，操起焊枪就焊了起来。没有颤抖，只有四溅的焊花、刺耳的吱吱声和焊条燃烧后的特殊气味。不一会儿，师父就将焊缝焊接完了。而当师父取下手套，露出满手的水泡和血泡时，欧勇的眼眶湿润了。

艾爱国不仅教欧勇焊接，还教他如何做人。"欧勇啊，你要时刻铭记，自己是一名焊接工人，要讲奉献、讲创新，也要讲科学。"当欧勇获得"湘钢焊工首席技师""湖南省劳动模范""全国五一劳动奖章"等荣誉时，师父总是谆谆告诫，语重心长。

艾爱国说："长江后浪推前浪，把我推在沙滩上我才高兴！""只有把徒弟带好了，国家的人才越来越多，整个行业才会越来越好，党和国家的事业才会更加繁荣昌盛。"

第四单元
半导体器件

  学习目标

半导体器件具有体积小、重量轻、耗电少、使用寿命长、输入功率小、功率转换效率高、成本低且工作可靠等优点,因此在计算机、工业自动检测、通信、航天等方面得到了广泛应用。本单元主要讲述二极管、晶体管、晶闸管、场效应晶体管、绝缘栅双极晶体管等常用半导体器件的特性和主要参数,并介绍由半导体器件组成的基本电路的应用。

综合知识模块一　半导体的基本知识

半导体材料是半导体工业的基础,它的发展对半导体技术的发展有极大的影响。半导体材料也是用来制作半导体器件和集成电子的电子材料。为了从电路的观点理解这些器件的性能,首先从物理的角度来了解它们。

能力知识点一、　物质的分类

在自然界中存在着许多不同的物质,根据其导电性能的不同大体可分为导体、绝缘体和半导体三大类。通常将很容易导电、电阻率小于 $10^{-4}\Omega\cdot cm$ 的物质,称为导体,例如铜、铝、银等金属材料;将很难导电、电阻率大于 $10^{10}\Omega\cdot cm$ 的物质,称为绝缘体,例如塑料、橡胶、陶瓷等材料;将导电能力介于导体和绝缘体之间、电阻率在 $10^{-3}\sim 10^{9}\Omega\cdot cm$ 范围内的物质,称为半导体。

能力知识点二、　半导体的基本特性

半导体的应用十分广泛,主要归因于半导体的下列特性:
1. 热敏性
所谓热敏性就是半导体的导电能力随着温度的升高而迅速增加。半导体的电阻率对温度的变化十分敏感。例如,纯净的锗从20℃升高到30℃时,它的电阻率几乎减小为原来的1/2。
2. 光敏性
半导体的导电能力随光照的变化产生显著改变的特性称为光敏性。一种硫化镉薄膜,在

暗处其电阻为几十兆欧姆，受光照后，电阻可以下降到几千欧姆，只有原来的1%。自动控制中用的光电二极管和光敏电阻，就是利用光敏特性制成的。而金属导体在阳光下或在暗处，其电阻率一般没有什么变化。

3. 掺杂性

所谓掺杂性，就是半导体的导电能力因掺入适量杂质而发生很大的变化。在半导体硅中，只要掺入亿分之一的硼，电阻率就会下降到原来的几万分之一。所以，利用这一特性，可以制造出不同性能、不同用途的半导体器件，而金属导体即使掺入千分之一的杂质，对其电阻率也几乎没有什么影响。

能力知识点三、 半导体的分类及导电特性

自然界中属于半导体的物质很多，用来制造半导体器件的材料主要是硅（Si）、锗（Ge）、硒（Se）以及大多数金属氧化物和硫化物。

重要的是，在纯净的半导体中掺入微量的某种杂质后，它的导电能力就可增加几十万乃至几百万倍。利用半导体的这种特性就可制成各种不同用途的半导体器件，如半导体二极管、晶体管、场效应晶体管及晶闸管等。当环境温度升高或光照加强时，半导体的导电性能也将随之增强，利用这种特性做成了各种热敏电阻。

根据半导体当中是否含有杂质，半导体通常分为本征半导体和杂质半导体。

1. 本征半导体

完全纯净的、具有晶体结构的半导体称为本征半导体。

用来制造半导体器件的纯硅和锗都是四价元素，其最外层原子轨道上有四个电子，称为价电子。在本征半导体的晶体结构中，每一个原子与相邻的四个原子结合。每一个原子的一个价电子与另一个原子的一个价电子组成一个电子对。这对价电子是两个相邻原子所共有的，它们把相邻的原子结合在一起，构成共价键结构。图4-1所示为硅单晶的共价键平面图。共价键具有较强的结合力，束缚着价电子。当价电子获得外界能量（如温度、光照或辐射等），某些价电子就会挣脱原子核的束缚而成为自由电子（又称电子载流子）。电子挣脱共价键的束缚成为自由电子后，共价键中就会留下一个空位，称为空穴（又称空穴载流子），如图4-2所示。

图4-1　硅单晶的共价键平面图

图4-2　形成空穴示意

自由电子和空穴都被称为载流子。

在电场作用下，半导体中自由电子和空穴将做定向运动，参与导电，分别形成电子电流和空穴电流。在半导体中，同时存在着电子导电和空穴导电，这是半导体导电方式的最大特

点,也是半导体和金属导电原理上的本质差别。本征半导体中自由电子和空穴总是成对出现,同时又不断复合。在一定温度下,载流子的产生和复合达到动态平衡。温度越高,载流子数目越多,本征半导体的导电性能也就越好。但因常温下本征半导体中的自由电子和空穴浓度很低,因此其导电能力很弱。

2. 杂质半导体

在本征半导体中,虽然有自由电子和空穴两种载流子,但由于其数量极少,因此其导电能力很弱。为了提高半导体的导电能力,可在本征半导体中掺入微量杂质元素,掺杂后的半导体称为杂质半导体。

按掺入的杂质不同,杂质半导体可分为两大类。

一类是在纯净的半导体硅(或锗)中掺入微量的五价元素磷(或砷等),掺入的磷原子取代了某些位置上的硅原子。由于所掺入的磷原子数量很少,因此整个晶体结构基本不变,即不会改变硅(或锗)单晶的共价键结构,如图 4-3a 所示。这样,每一个磷原子除有四个价电子与相邻硅原子组成共价键外,还多出一个电子,它不受共价键束缚,很容易挣脱原子核的束缚,成为自由电子,于是半导体中的自由电子数目大量增加。这种杂质半导体中电子是多数载流子,空穴是少数载流子,导电以电子为主,故称为电子半导体或 N 型半导体。

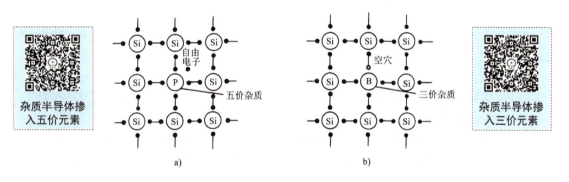

图 4-3 掺杂半导体平面示意
a) N 型半导体 b) P 型半导体

另一类是在纯净的半导体硅(或锗)中掺入微量的三价元素硼(或铟等),在组成共价键时,每个硼原子只有三个电子,在构成共价键结构时,因缺少一个电子而产生一个空位。这样在原位置则会留下一个空穴,再由其他价电子来填补,如图 4-3b 所示。这种价电子填补空穴的运动,相当于带正电荷的空穴朝相反方向运动。所以,在半导体中有大量空穴载流子,这种杂质半导体中空穴是多数载流子,电子是少数载流子,导电以空穴为主,故称为空穴半导体或 P 型半导体。

应注意,不论是 N 型半导体还是 P 型半导体,虽然它们都有一种载流子占多数,但是整个晶体仍然是不带电的。少数载流子的浓度主要与光照、温度有关,温度越高热运动越强烈,少数载流子数目越多。

能力知识点四、PN 结及其单向导电性

1. PN 结的形成

当通过一定的生产工艺,将 P 型半导体和 N 型半导体紧密结合在一起,

如图4-4所示，图中⊖代表得到一个电子的三价杂质（例如硼）离子，带负电；⊕代表失去一个电子的五价杂质（例如磷）离子，带正电，则在P型和N型半导体交界处，由于空穴和电子浓度差引起载流子运动，即扩散运动。首先是交界面附近的空穴扩散到N区，在交界面附近的P区留下一些带负电的三价杂质离子，形成负空间电荷区。同样，N区的自由电子要向P区扩散，在交界面附近的N区留下带正电的五价杂质离子，形成正空间电荷区。这样，在P型半导体和N型半导体交界面的两侧就形成了一个空间电荷区，这个空间电荷区就是PN结。

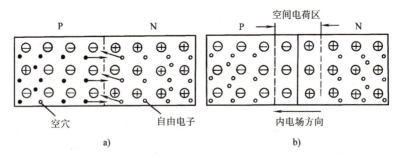

图4-4 PN结的形成

正负空间电荷在交界面两侧形成了一个电场，称为内电场，其方向从带正电的N区指向带负电的P区。

2. PN结的单向导电性

给PN结加上图4-5a所示的正向电压，即P端为正，N端为负。此时，外电场与PN结内电场方向相反，削弱了内电场，使空间电荷区变窄，扩散运动增强，形成了较大的正向电流（扩散电流），PN结正向导通，其正向导通电阻很小，相当于开关闭合。此时，称之为PN结正向偏置。

PN结外加正向电压时导通

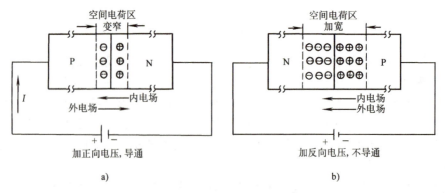

图4-5 PN结的单向导电性
a) 正向偏置　b) 反向偏置

相反，如果给PN结外加反向电压，即P端为负，N端为正，如图4-5b所示。这时外电场与PN结内电场的方向一致，使空间电荷区变宽，内电场增强，使扩散运动难以进行。少数载流子在电场作用下移动，形成极小的反向电流，反映出其反向电阻很大，相当于开关断开，称为PN结反向截止。

PN结外加反向电压时截止

此时,称之为 PN 结反向偏置。

可见,PN 结正向偏置时导通,反向偏置时截止,因此,PN 结具有单向导电特性。

综合知识模块二 半导体二极管

能力知识点一、基本结构及符号

半导体二极管(又称二极管)是在 PN 结两侧引出金属电极并用管壳封装而成的,如图 4-6 所示。按结构分,半导体二极管有点接触型和面接触型两类。点接触型二极管(一般为锗管)如图 4-6a 所示,它的 PN 结结面积很小,等效结电容小(PN 结具有电容效应),允许通过的电流较小,但其高频性能好,故一般用于脉冲数字电路和高频检波电路,也用作数字电路中的开关器件;面接触型二极管(一般为硅管)如图 4-6b 所示,它的 PN 结结面积大(结电容大),允许通过的正向电流大,但其工作频率较低,适用于低频整流电路。

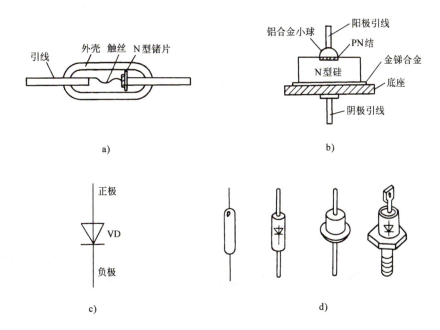

图 4-6 半导体二极管

a) 点接触型 b) 面接触型 c) 图形符号 d) 常见二极管的外形图

P 区引出的电极称为正极或阳极,N 区引出的电极称为负极或阴极,其图形符号如图 4-6c 所示。常见二极管的外形如图 4-6d 所示。

能力知识点二、伏安特性

伏安特性是描述二极管端电压与通过电流之间关系的特性曲线。二极管伏安特性如图 4-7 所示,特性曲线分为正向特性和反向特性两部分。

1. 正向特性

由图 4-7 可以看出,当二极管两端所加正向电压很低时,由于外电场太弱,还不能克服

PN结内电场对多数载流子扩散运动的阻力,故正向电流很小,几乎为零,二极管呈高阻状态,这段区域称为死区。正向电流开始呈明显增大时所对应的电压值,称为死区电压。常温下,硅管的死区电压约为0.5V,锗管的死区电压约为0.1V。当二极管两端的电压大于死区电压后,随着正向电压的增大,内电场被大大削弱,电流迅速增大,二极管正向电流在较大范围内变化,其端电压几乎维持不变。这个近似于恒定的电压对于二极管正向导通是

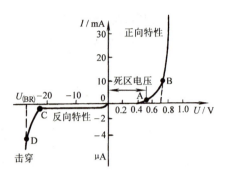

图4-7 二极管的典型伏安特性

必需的,因而称为二极管正向压降,简称管压降。由正向特性曲线中近似直线的部分作伏安特性曲线的切线,并与电压坐标轴相交,便可得到二极管导通时管压降的数值,如图4-7中虚线所示。在室温下,硅二极管的管压降为0.6~0.8V,锗二极管的管压降为0.2~0.3V。

2. 反向特性

当在二极管两端施加反向电压时,由于PN结反偏时电阻很大,所以只有很微小的反向电流,二极管处于截止状态。反向电流为少数载流子运动形成,只与温度有关,而与反向电压大小无关。反向电流越大,说明二极管的单向导电性越差。当反向电压增大到超过一定数值时,反向电流会急剧增大,这种现象称为二极管的反向击穿,发生反向击穿时的电压称为反向击穿电压,反向击穿将造成二极管永久损坏。

能力知识点三、 主要参数

二极管的参数是正确选择和使用二极管的依据,下面介绍二极管的主要参数。

1. 最大整流电流 I_F

最大整流电流是指二极管长时间使用时,允许流过二极管的最大正向平均电流。当电流超过允许值时,将由于PN结过热而使二极管损坏。

2. 最大反向工作电压 U_R

最大反向工作电压是指二极管允许外加的最大反向电压。它是保证二极管不被击穿而给出的反向峰值电压,使用时,超过此电压,容易发生反向击穿。为安全起见,一般取反向击穿电压的1/2或2/3。

3. 最大反向电流 I_R

最大反向电流是指二极管两端施加最大反向工作电压时的反向电流值。反向电流越大,表明二极管的单向导电性越差。反向电流受环境温度影响较大。

4. 最高工作频率 f_M

最高工作频率是指二极管正常工作时的上限频率。超过此值时,由于受二极管结电容的影响,二极管的单向导电性能变差。

能力知识点四、 特殊二极管

(一) 稳压管

1. 稳压管的工作特性

稳压管是一种用特殊工艺制造的面接触型半导体硅二极管。由于它在电路中与适当数值

的电阻配合后能起稳定电压的作用,故称为稳压管。稳压管伏安特性曲线与普通二极管类似。

当稳压管的两端加足够高的反向电压而被反向击穿后,其两端的反向电压维持在击穿电压值不变。当其端电压低于击穿电压时,稳压管会恢复截止状态。

稳压管的主要用途就是将与其并联的电路两端的电压稳定在其击穿电压值上。

2. 稳压管的主要参数

(1) 稳定电压 U_Z 即反向击穿电压,手册中所列的都是在一定条件(工作电流、温度)下的数值。但由于制造工艺的分散性,即使是同一型号的稳压管,其 U_Z 值也不完全相同。

(2) 稳定电流 I_Z 指稳压管保持稳定电压时的工作电流,当流过稳压管的电流大于 I_{Zmax} 时,稳压管将过热损坏。

(3) 动态电阻 r_Z 动态电阻是指稳压管端电压的变化量与相应的电流变化量的比值,即

$$r_Z = \frac{\Delta U_Z}{\Delta I_Z} \tag{4-1}$$

(4) 最大允许耗散功率 P_{ZM} 即稳压管所允许的最大功耗。超过此功耗,稳压管将因热击穿而损坏。$P_{ZM} = U_Z I_{Zmax}$。

(二) 发光二极管

发光二极管工作在正向偏置状态,正向导通时发出可见光,电路符号如图 4-8 所示。发光二极管正向工作电压比普通二极管高,一般不会超过 2V,正向电流一般为几毫安到几十毫安。

发光二极管常作为数字电路的数码及图形显示的七段式或阵列器件,也可作为电路板中的电源或信号指示灯。

(三) 光电二极管

光电二极管工作在反向偏置状态,是将光信号转换成电信号的半导体器件,其图形符号如图 4-9 所示。当有光照时,反向电流随光照强度的增加而增加;当无光照时,电路中的电流很小。

图 4-8 发光二极管电路符号

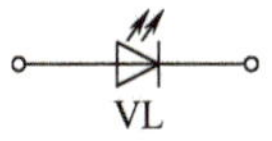

图 4-9 光电二极管图形符号

能力知识点五、 二极管应用电路

半导体二极管在电路中通常作为开关元件,常用于整流、限幅、钳位、检波、元器件保护等。下面主要介绍二极管的开关、限幅和钳位作用。

1. 二极管的开关作用

为简化分析,通常忽略二极管的正向导通压降和反向饱和电流,将其视为理想二极管。理想二极管在正向偏置时等效为一个闭合的开关,反向偏置时等效为一个断开的开关,如图 4-10 所示。

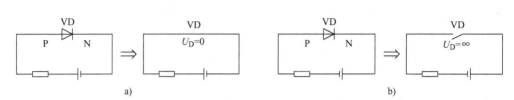

图 4-10 二极管的开关作用

a) 正向偏置 b) 反向偏置

2. 二极管的限幅作用

限幅电路是指限制信号输出幅度的电路。

例 4-1 如图 4-11 所示，$E=6V$，$u_i = 12\sin\omega t$ V，VD 为理想二极管，试画出输出电压 u_o 的波形。

分析：本题是二极管单向导电性的应用。二极管作为开关应用于电路中，对信号起到限幅作用。本题画出 u_o 波形的关键是判断二极管 VD 何时导通、何时截止。

解：当 $u_i \geq 6V$ 时，VD 截止，$u_o = 6V$；

当 $u_i < 6V$ 时，VD 导通，$u_o = u_i$，其输出波形如图 4-12 所示。

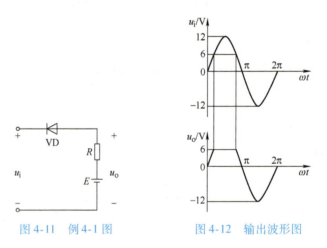

图 4-11 例 4-1 图   图 4-12 输出波形图

3. 二极管的钳位作用

钳位电路是将脉冲信号的某一部分固定在指定电压值上，并保持原波形形状不变的电路。

例 4-2 如图 4-13 所示电路，VD_A 和 VD_B 为硅二极管，求下列两种情况下的输出电压 U_F。

（1）$U_A = U_B = 3V$；（2）$U_A = 3V$，$U_B = 0V$。

分析：在多个二极管连接的电路中，如果正极连接在一起，称为共阳极电路。在电路中因各二极管正极电位相同，因此负极电位最低的二极管最先导通。反之，如果负极连接在一起，称为共阴极电路。在电路中因各二极管负极电位相同，因此正极电位最高的二极管最先导通。本题中为共阳极电路。

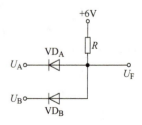

图 4-13 例 4-2 图

解：

（1）当 $U_A = U_B = 3V$ 时，VD_A 和 VD_B 同时导通，设硅二极管的正向压降为 $U_{VD} = 0.7V$（也可忽略管压降），则 $U_F = 3V + 0.7V = 3.7V$。

（2）当 $U_A = 3V$、$U_B = 0V$ 时，由于 $U_A > U_B$，因此 VD_B 最先导通，故 $U_F = 0V + 0.7V = 0.7V$。VD_B 导通后，使得 VD_A 承受反向电压而截止，从而隔断了 U_A 对 U_F 的影响，使 U_F 被钳制在 0.7V。

综合知识模块三　半导体晶体管

半导体晶体管是由两个 PN 结构成的三端半导体器件，也称晶体管。晶体管是一种最重要的半导体器件。它的放大作用和开关作用促使电子技术飞速发展。

能力知识点一、晶体管的结构

晶体管的外形如图 4-14 所示。晶体管可分为 NPN 型和 PNP 型两种类型，其结构和图形符号如图 4-15 所示。晶体管分为三个区域：发射区、基区和集电区。引出的三个管脚分别为发射极 E、基极 B 和集电极 C。靠近集电区的 PN 结称为集电结，靠近发射区的 PN 结称为发射结。发射极箭头方向代表晶体管中电流的方向。

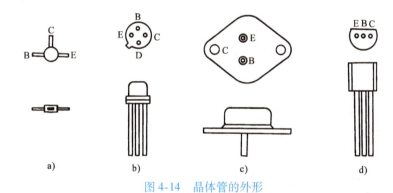

图 4-14　晶体管的外形

a）超小型管　b）小功率管　c）大功率管　d）塑封管

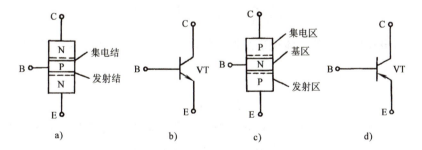

图 4-15　晶体管的结构和图形符号

a）NPN 型晶体管的内部结构图　b）NPN 型晶体管的图形和文字符号
c）PNP 型晶体管的内部结构图　d）PNP 型晶体管的图形和文字符号

能力知识点二、晶体管的电流放大作用

晶体管的电流放大作用可用图 4-16 所示的测试电路的测量结果来说明。

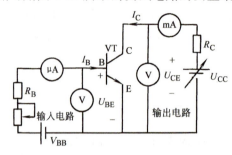

图 4-16 晶体管电流放大作用的测试电路

电路中，调节 R_B 使 I_B 依次为 $0\mu A$、$20\mu A$、$40\mu A$、$60\mu A$、$80\mu A$，同时读出对应的 I_E 值，记录于表 4-1 中。

表 4-1 晶体管电流测量数据

	测量组别				
	1	2	3	4	5
基极电流 $I_B/\mu A$	0	20	40	60	80
集电极电流 I_C/mA	<0.001	0.70	1.40	2.10	2.80
发射极电流 I_E/mA	<0.001	0.72	1.44	2.16	2.88
$\bar{\beta}=I_C/I_B$		35	35	35	35

分析表中数据，可得以下五个结论：

1）观察实验数据中的每一列，可得

$$I_E = I_C + I_B \tag{4-2}$$

此结果符合基尔霍夫电流定律。

2）基极电流 I_B 增大时，I_C 成比例相应增大，I_C 与 I_B 的比值为

$$\bar{\beta} = \frac{I_C}{I_B} \text{ 或 } I_C = \bar{\beta} I_B \tag{4-3}$$

$\bar{\beta}$ 称为直流电流放大系数，体现了晶体管的电流放大能力。将表 4-1 中第三组数据代入式(4-3)，得

$$\bar{\beta} = \frac{I_C}{I_B} = \frac{1.4}{0.04} = 35$$

3）集电极电流 I_C 会因基极电流 I_B 的变化而变化。集电极电流变化量 ΔI_C 与基极电流变化量 ΔI_B 的比值称为晶体管的交流电流放大系数，以 β 表示

$$\beta = \frac{\Delta I_C}{\Delta I_B} \tag{4-4}$$

可见，晶体管电流放大的实质是以较小的电流变化（ΔI_B）对较大电流变化（ΔI_C）的控制作用，并不是真正把微小电流放大。比较表 4-1 中 3、4 组数据

$$\Delta I_C = (2.16 - 1.44)\text{mA} = 0.72\text{mA}$$
$$\Delta I_B = (60 - 40)\mu\text{A} = 20\mu\text{A}$$
$$\beta = \frac{\Delta I_C}{\Delta I_B} = \frac{0.72}{0.02} = 36$$

可见，$\bar{\beta} \approx \beta$，因此实际中电流放大系数常用 β 表示。必须指出，β 值与晶体管工作区域及温度变化有关，在放大区域工作时，β 可视为一个常数。

4）晶体管的放大作用源自于其内部结构和必要的外部条件。这个外部条件是指外加电源使晶体管的发射结处于正向偏置，集电结处于反向偏置。

5）基极开路时，$I_B = 0$，$I_C < 0.001\text{mA}$，这个微小的集电极电流称为穿透电流，用 I_{CEO} 表示。该值越小，晶体管质量越好。

能力知识点三、晶体管的三种工作状态

晶体管的三种状态原理

（1）放大状态 工作在放大区的晶体管处于放大状态。此时满足晶体管发射结正偏（$U_{BE} > 0$），集电结反偏（$U_{BC} < 0$）。在这种情况下，I_C 受 I_B 控制，其控制量为 β，即 $I_C = \beta I_B$。

（2）截止状态 如图4-17所示，截止区为 $I_B = 0$ 曲线以下区域。该区域晶体管发射结反偏或零偏（此时集电结为反偏）。$I_C = I_{CEO}$ 几乎为零（在表4-1中，$I_{CEO} < 0.001\text{mA}$），U_{CE} 近似为电源电压 U_{CC}，集电极和发射极之间相当于一个断开的开关。

（3）饱和状态 饱和区发射结和集电结皆处于正偏，$I_C = \beta I_B$ 的关系不成立，I_B 失去了对 I_C 的控制能力。晶体管工作在饱和区，集电极和发射极之间完全导通，管压降很小，称为饱和压降。一般情况下，锗管的饱和压降为0.1V，硅管的饱和压降为0.3V，都可以近似看成0V。晶体管的集电极-发射极之间，相当于一个闭合的开关。

能力知识点四、晶体管的主要参数

晶体管参数可分成极限参数、静态参数和动态参数。

1. 极限参数

极限参数指由制造厂家给出的，不允许超过的最高参数。否则，将会引起器件参数的改变，缩短其使用寿命，甚至使其完全损坏。

（1）集电极最大允许电流 I_{CM} 它是指晶体管正常工作时，集电极所允许的最大电流，使用时不能超过此值，否则晶体管 β 值会降低，放大性能变差。

（2）集电极反向击穿电压 $U_{CEO(BR)}$ 基极开路时，集电极-发射极允许施加的最大电压。当实际值超过此值时，晶体管会被反向击穿而损坏。

（3）集电极最大允许耗散功率 P_{CM} 集电极电流流过集电结时要产生功率损耗，使结温升高，导致晶体管发热，引起晶体管参数变化。在参数变化不超过允许值时，集电极所消耗的最大功耗定义为 P_{CM}。根据功耗的公式 $P_{CM} = I_C U_{CE}$，可得出 P_{CM} 是一条双曲线，简称管耗线。P_{CM} 曲线如图4-17所示，图中，由 P_{CM}、$U_{CEO(BR)}$、

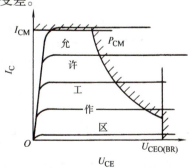

图4-17 晶体管的管耗线

I_{CM} 包围的区域称为晶体管的安全工作区。P_{CM} 与晶体管的材料、大小、散热条件及环境温度等因素有关。

2. 静态参数

静态参数表明晶体管的直流特性。静态参数有电流放大系数和穿透电流等。

（1）直流电流放大系数 $\bar{\beta}$　表征晶体管电流放大能力的参数。根据用途不同，$\bar{\beta}$ 常在 20~200 范围内选用。

（2）穿透电流 I_{CEO}　I_{CEO} 为基极开路、集电极-发射极间加上规定电压时，从集电极到发射极之间的电流。其值受环境温度影响较大，是衡量晶体管温度特性的最重要参数。其值越小，晶体管的温度特性越好。

3. 动态参数

描述晶体管在交流量激励控制下或脉冲驱动时的特性。动态参数有结电容、开关时间等。

能力知识点五、 晶体管的检测

1. 判别晶体管的基极和管型

晶体管内部有发射结和集电结两个 PN 结，PNP 类型的箭头朝内，犹如两个二极管负极接负极；NPN 类型的箭头朝外，犹如两个二极管正极接正极；基极为两个 PN 结公共的地方。用万用表分别测量两个二极管的导通压降，即可判断晶体管的基极。

判别晶体管基极和管型有以下方法：

1）将万用表切换到 $R×1k$ 档位，用黑表笔接触管脚 1，红表笔分别接触管脚 2 和管脚 3，测出两个电阻值 R_{11} 和 R_{12}；用黑表笔接触管脚 2，红表笔分别接触管脚 1 和管脚 3，测出两个电阻值 R_{21} 和 R_{22}；用黑表笔接触管脚 3，红表笔分别接触管脚 1 和管脚 2，测出两个电阻值 R_{31} 和 R_{32}。

2）将测量的三组电阻值进行比较，当某一组中的两个电阻值基本相等时，黑表笔所接的管脚为该晶体管的基极。如果该组两个阻值为三组中的最小值，说明是 NPN 型晶体管；如果该组两个阻值为最大值，说明是 PNP 型晶体管。

2. 判别晶体管的集电极和发射极

根据上述内容，在确定完晶体管的基极，并判断出晶体管的类型后，即可判别晶体管的集电极和发射极。

1）PNP 型晶体管。假定一个管脚是集电极，另一个管脚是发射极。红表笔接假定的集电极，黑表笔接假定的发射极，在基极和假定的集电极之间接入 $10k\Omega$ 的电阻，记录此时万用表的电阻值。反过来，将假定的管脚对调，同上操作，记录此时万用表的电阻值。两次测量中阻值较小的一次，红表笔所接管脚为集电极。

2）NPN 型晶体管。假定一个管脚是集电极，另一个管脚是发射极。黑表笔接假定的集电极，红表笔接假定的发射极，在基极和假定的集电极之间接入 $10k\Omega$ 的电阻，记录此时万用表的电阻值。反过来，将假定的管脚对调，同上操作，记录此时万用表的电阻值。两次测量中阻值较小的一次，黑表笔所接管脚为集电极。

综合知识模块四　晶闸管

晶闸管是硅晶体闸流管的简称，旧称可控硅。它是一种大功率变流器件，包括普通晶闸管、双向晶闸管、快速晶闸管、可关断晶闸管、光控晶闸管和逆导晶闸管等。这里主要介绍使用较广泛的普通晶闸管。

能力知识点一、晶闸管的结构及工作原理

晶闸管是一种大功率 PNPN 四层半导体器件，常用的晶闸管的外形结构如图 4-18 所示。图 4-18a 所示为螺栓式，用于大电流大功率电路；图 4-18b 所示为平板式，用于中小功率电路；图 4-18c 所示为塑料封装式，常制成小电流、小功率器件。大功率晶闸管工作时发热量较多，必须安装散热器。其中，螺栓式晶闸管是用螺栓固定在铝制散热器上的；平板式晶闸管则由两个彼此绝缘的散热器将晶闸管夹在中间。

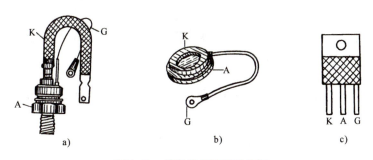

图 4-18 晶闸管的外形结构图
a）螺栓式 b）平板式 c）塑料封装式

晶闸管的内部结构如图 4-19 所示。管芯由四层半导体（$P_1N_1P_2N_2$）、三个 PN 结 J_1、J_2、J_3 组成，三个引出端分别为阳极 A、阴极 K 和门极（又称控制极）G。

实验结论证明，晶闸管像二极管一样，具有单向导电特性，电流只能从阳极流向阴极。当加上反向电压（A 端为负，K 端为正）时，J_1、J_3 结反偏，晶闸管中只有极小的反向漏电流从阴极流向阳极，晶闸管处于反向阻断状态。为晶闸管加上正向电压（A 端为正，K 端为负）时，J_2 结反偏，晶闸管仍不

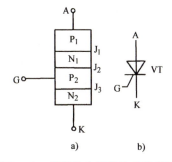

图 4-19 晶闸管内部结构及其符号
a）结构 b）符号

能导通，呈正向阻断状态。要使晶闸管正向导通，除加正向电压外，还必须同时在门极与阴极之间加上一定的正向门极电压 U_G。好像一条有闸门的河流，有水位差，河水还不能流通，还必须把控制闸门打开一样，门极就是起闸门控制作用，这就是晶闸管所特有的闸流特性，也就是可控特性。

为晶闸管加上正向阳极电压后，门极加上适当的正向门极电压，使晶闸管导通的过程称为触发。晶闸管一旦触发导通后，门极就对它失去控制作用，因此通常只要在门极加上一个正向脉冲电压即可，称之为触发电压。

要使已经导通的晶闸管恢复阻断，可降低阳极电压或增大负载电阻，使流过晶闸管的阳极电流 I_a 减小。当电流 I_a 减至一定值时（约几十毫安），晶闸管中的电流会突然降为零，之后再调高电压或减小负载电阻，电流也不会再增大，说明晶闸管已经恢复阻断。当门极断开时，维持晶闸管导通所需要的最小阳极电流称为维持电流 I_H。

能力知识点二、 晶闸管的主要参数

1. 正向阻断峰值电压 U_{DRM}

U_{DRM} 又称正向重复峰值电压，是在额定结温（100℃）、门极断路和晶闸管正向阻断的条件下，允许重复加在晶闸管阳极和阴极之间的正向峰值电压。

2. 反向阻断峰值电压 U_{RRM}

U_{RRM} 又称反向重复峰值电压，是在额定结温、门极断路时，允许重复加在晶闸管阳极和阴极之间的反向峰值电压。

3. 额定通态平均电流 I_T

指在环境温度不超过40℃和规定的散热及全导通条件下，晶闸管允许正向连续通过的工频正弦半波电流在一个周期内的平均值。

4. 门极电压 U_G

室温下，在晶闸管阳、阴极之间加正向直流电压为6V时，能使晶闸管导通的最小触发电压值。实际使用中应稍大于这个值。

目前，晶闸管正向高电压、大功率方向发展，目前已制造出电流在千安以上、电压达几十万伏的晶闸管。

综合知识模块五　场效应晶体管

场效应晶体管（简称MOS）是金属氧化物半导体绝缘栅场效应晶体管的简称。它是一种三端半导体器件，具有输入阻抗高、制造工艺简单、易于集成等特点，广泛用于大规模和超大规模的集成电路中。

能力知识点一、 结构特点

场效应晶体管的结构如图4-20所示，它由一个掺杂浓度低的P型（或N型）硅片作为衬底，在衬底上扩散两个掺杂浓度高的N区（或P区），并引出两个电极，分别称为源极S和漏极D。两个N（或P）区中间的半导体表面上有一层二氧化硅薄膜，称为绝缘栅，其上再覆盖一层金属薄膜，构成栅极G。

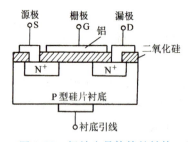

图4-20　场效应晶体管的结构

为了使两个N（或P）区导通，必有导电薄层在中间建立，其类型应与衬底相反，称其为反型层。根据反型层的类型不同，场效应晶体管可分为N沟道和P沟道两种。若反型层是在制造场效应晶体管时就形成的，称为耗尽型；若是在工作时加适当的电压后形成的，则

称为增强型。场效应晶体管的图形符号见表 4-2。

表 4-2 场效应晶体管的图形符号

N 沟道		P 沟道	
增 强 型	耗 尽 型	增 强 型	耗 尽 型
![N增强型]	![N耗尽型]	![P增强型]	![P耗尽型]

能力知识点二、导电原理

由于 N 沟道与 P 沟道两类场效应晶体管的工作原理相同,只是外接电源的极性相反,这里仅以 N 沟道增强型场效应晶体管为例说明其导电原理。

如图 4-21a 所示,在漏极 D 和源极 S 之间加上正向电压 U_{DS}(即 D 端为正,S 端为负),当 $U_{GS}=0$ 时,由于漏极与衬底之间的 PN 结处于反向偏置,漏源极间无导电沟道,漏极电流 $I_D=0$,场效应晶体管处于截止状态。当 $U_{GS}>0$ 时,如图 4-21b 所示,P 型衬底界面(靠绝缘栅一侧)就会感应出一层电子,即为 N 型层(或反型层)。当 U_{GS} 增加到某一临界电压时,两个分离的 N 区会接通,形成 N 型导电沟道,便产生漏极电流 I_D,场效应晶体管此时处于导通状态,这个临界电压即为开启电压 U_T。显然 U_{GS} 继续增大,导电沟道就会随之加宽,I_D 也就相应增大。

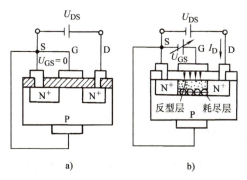

图 4-21 N 沟道场效应晶体管的工作原理

可见,场效应晶体管是一种电压控制器件,即利用栅极电压 U_{GS} 控制漏极电流 I_D,实质上就是控制导电沟道电阻的大小。与晶体管相比,场效应晶体管只有一种载流子参加导电,所以场效应晶体管也称为单极型晶体管。而晶体管中两种载流子(电子与空穴)都参与导电,所以晶体管也称为双极型晶体管。

能力知识点三、场效应晶体管的使用注意事项及其应用

场效应晶体管的正确使用和保管是一个十分重要的问题,如果不注意方式和方法,带来的后果可能是预想不到且严重的。由于绝缘栅型场效应晶体管的输入电阻非常高,在栅极感

应出来的电荷很难通过这个电阻释放掉，电荷的积累会使电压升高，以至于管子还没有使用或在焊接管子时就已经被击穿或是出现性能指标下降的现象。为防止这种事故发生，关键是要避免栅极悬空，即在栅极和源极之间必须保持直流通路。通常，在栅极和源极之间可接一个数千欧的电阻，以使电荷累积不致过多，从而保护管子；保存管子时，应使管子的三个极短路，以防止外电场作用而击穿绝缘栅；把管子焊接到电路板上或从电路板上取下时，应先将管子的各个极短路；安装、测试时所使用的电烙铁和仪器等要有良好的接地措施，如可使用有良好接地保护的内热式电烙铁，最好在拔掉电烙铁的供电电源后利用余热进行焊接或拆装元器件。另外，电烙铁的功率要小一些，最好小于30W，以防止高的温度损坏管子。

通常，场效应晶体管主要作为开关器件使用，也可作为放大器件使用。根据耗尽型MOS场效应晶体管的特点，它可以在正或负的栅源电压（正或负偏压）下工作，由于它的输入电阻非常高，因此栅极上基本无栅流，灵活性比晶体管要大。这是它获得广泛应用的另一原因。

VMOS电力场效应晶体管是近些年来出现的一种新型半导体器件，它也是利用栅极电压来控制漏极电流的，属于电压控制型器件。它的第一个显著特点是输入阻抗很高，驱动电路简单，需要的驱动功率小；第二个显著特点是开关速度极高，可达纳秒（ns）级，且工作频率高。此外，这种器件还有以下优点：由于器件是多子导电，没有双极型晶体管少子的存储效应，故漏极电流呈现负温度特性，并有自行镇定电流的作用；无二次击穿现象；线性好，失真小，增益高；电力场效应晶体管的热稳定性优于GTR（电力晶体管或巨型晶体管）。正是由于上述特点，这种器件一出现就获得了广泛的应用，目前已成为取代GTR的首选器件之一，特别是在一些大功率开关电源、逆变焊接电源以及逆变感应加热电源中就更是如此。当然，电力场效应晶体管也有一些不足之处，主要是其电流容量小，耐压低，一般只适用于功率不超过10~20kW的场合。随着技术的进一步发展，可以预见更大功率的场效应晶体管器件必将获得广泛的使用。

综合知识模块六　绝缘栅双极晶体管

能力知识点一、绝缘栅双极晶体管的结构及特点

绝缘栅双极晶体管（以下简称IGBT）是由场效应晶体管和双极型晶体管复合而成的一种器件，它融和了这两种器件的优点，既具有场效应晶体管器件驱动简单和快速的优点，又具有双极型器件容量大的优点，因此在现代电力电子技术中已逐步取代晶闸管或晶体管，得到了越来越广泛的应用。IGBT也是三端器件：栅极、集电极和发射极。IGBT的应用范围一般都在耐压600V以上、电流10A以上、频率为1kHz以上的区域，多用于工业用电机、民用小容量电机、变换器（逆变器）、照相机的频闪观测器、感应加热电饭锅等。目前，在全控型电力电子器件中，IGBT在国际上应用得非常广泛。

能力知识点二、绝缘栅双极晶体管的工作原理

IGBT的等效电路如图4-22所示。由图可知，若在IGBT的栅极和发射极之间加上驱动正电压，则场效应晶体管导通，这样PNP晶体管的集电极与基极之间成低阻状态而使得晶

体管导通；若 IGBT 的栅极和发射极之间电压为 0V，则场效应晶体管截止，切断 PNP 晶体管基极电流的供给，使得晶体管截止。

由此可知，IGBT 安全可靠与否主要由以下因素决定。

1）IGBT 栅极与发射极之间的电压。
2）IGBT 集电极与发射极之间的电压。
3）流过 IGBT 集电极-发射极的电流。
4）IGBT 的结温。

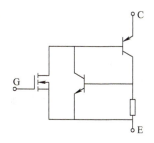

图 4-22 IGBT 的等效电路

如果 IGBT 栅极与发射极之间的电压即驱动电压过低，则 IGBT 不能稳定正常地工作；如果驱动电压过高，超过栅极-发射极之间的耐压，则 IGBT 可能永久性损坏；同样，如果加在 IGBT 集电极与发射极的电压超过集电极-发射极之间的耐压，流过 IGBT 集电极-发射极的电流超过集电极-发射极允许的最大电流，IGBT 的结温超过其结温的允许值，IGBT 都可能会永久性损坏。

2010 年，中国科学院微电子研究所成功研制出了国内首款可产业化的 IGBT 芯片，由中国科学院微电子研究所设计研发的 15-43A/1200V IGBT 系列产品（采用 Planar NPT 器件结构）在华润微电子工艺平台上流片成功，各项参数均达到设计要求，部分性能优于国外同类产品。这是我国首款自主研制可产业化的 IGBT 产品，标志着我国国产化 IGBT 芯片产业化进程取得了重大突破，拥有了第一条专业的完整通过客户产品设计验证的 IGBT 工艺线。

能力知识点三、 绝缘栅双极晶体管的应用

绝缘栅双极晶体管主要是作为中、高频开关器件使用，用于各种逆变焊接电源、开关电源和感应加热电源等电力电子设备中。随着 IGBT 制造技术水平的提高，特别是电流和耐压等性能指标的提高，IGBT 器件的应用范围将进一步扩展到更大功率控制变换的场合，最终将取代其他电力电子器件（如晶闸管等）。

综合知识模块七 光电器件

能力知识点一、 光电晶体管

光电晶体管是一种能将光信号转换成电信号的半导体器件（受光器件）。一般光电晶体管只引出两个引脚（E、C）极，基极 B 不引出，管壳上也开有方便光线射入的窗口。电路符号如图 4-23 所示。

与普通晶体管一样，光电晶体管也有两个 PN 结，且有 PNP 和 NPN 之分。使用时，必须使发射结正偏，集电结反偏，以保证管子工作在放大状态。在无光照时，流过管子的电流为

$$i_C = i_{CEO} = (1+\beta)i_{CBO} \quad (4-5)$$

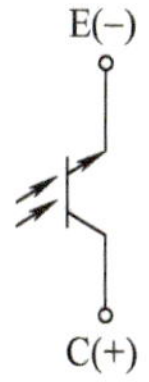

图 4-23 光电晶体管的符号

式中，i_{CBO} 为集电结反向饱和电流，i_{CEO} 为穿透电流。当有光照时，流过集电结的反向电流增大到 i_L，此时，流过管子的电流（光电流）为

$$i_C = (1+\beta)i_L \quad (4-6)$$

因为光电晶体管有电流放大作用，所以在相同光照条件下，光电晶体管的电流比光电二

极管约大 β 倍。通常，值在 100～1000 之间。可见，光电晶体管的灵敏度远大于光电二极管。

光电晶体管的部分参数与普通晶体管相似，如 I_{CM}、P_{CM} 等。其他主要参数还有暗电流、光电流、最高工作电压等。其中暗电流、光电流均是指集电极电流，最高工作电压是指集电极和和发射极之间允许施加的最高电压。

能力知识点二、光电耦合器

光电耦合器是一种光电结合的半导体器件，它是将一个发光二极管和光电晶体管封装在同一个管壳内组成的。其符号如图 4-24 所示。

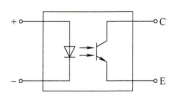

图 4-24　光电耦合器的符号

当在光电耦合器的输入端加电信号时，发光二极管发光，光电晶体管受到光照后产生光电流，由输出端引出，于是实现了电-光-电的传输和转换。

光电耦合器的主要特点是：以光为媒介实现电信号传输，输入端与输出端在电气上是绝缘的，因此能有效地抗干扰、隔噪声。此外，它还具有工作稳定可靠、寿命长、传输信号失真小等优点，并具有完成电平转换、实现电位隔离等功能。因此，在电子技术中得到越来越广泛的应用。

【单元小结】

1. 本征半导体。完全纯净的、具有晶体结构的半导体称为本征半导体。自由电子和空穴都称为载流子。在半导体中，同时存在着电子导电和空穴导电，这是半导体导电方式的最大特点，也是半导体和金属导电原理上的本质差别。

2. N 型半导体和 P 型半导体。导电以电子为主的杂质半导体称为电子半导体或 N 型半导体；导电以空穴为主的杂质半导体称为空穴半导体或 P 型半导体。应注意，不论是 N 型半导体还是 P 型半导体，虽然它们都有一种载流子占多数，但是整个晶体仍然是不带电的。少数载流子的浓度主要与光照、温度有关，温度越高热运动越强烈，少数载流子数目越多。

3. PN 结的形成。在 P 型和 N 型半导体交界处，由于空穴和电子浓度差引起载流子发生扩散运动，进而会在 P 型半导体和 N 型半导体交界面的两侧形成一个空间电荷区，这个空间电荷区就是 PN 结。正负空间电荷在交界面两侧形成了一个电场，称为内电场，其方向从带正电的 N 区指向带负电的 P 区。

4. PN 结的单向导电性。外电场与 PN 结内电场方向相反，削弱了内电场，使空间电荷区变窄，扩散运动增强，形成了较大的正向电流（扩散电流）。PN 结正向导通，其正向导通电阻很小，相当于开关闭合，此时称为 PN 结正向偏置。反之，如果外电场与 PN 结内电场的方向一致，则称为 PN 结反向偏置。

PN 结正向偏置时导通，反向偏置时截止，因此 PN 结具有单向导电特性。

5. 半导体二极管。P 区引出的电极称为正极或阳极，N 区引出的电极称为负极或阴极。在室温下，硅二极管的管压降为 0.6～0.8V，锗二极管的管压降为 0.2～0.3V。当反向电压继续增大超过一定数值时，反向电流会急剧增大，这种现象称为二极管反向击穿。发生反向击穿时的电压称为反向击穿电压。二极管反向击穿将造成二极管永久损坏。

6. 稳压管。稳压管工作于反向击穿区。把最小击穿电压 U_{Zmin} 到最大击穿电压 U_{Zmax} 的变化范围称为稳压管的击穿区。只要稳压管反向电流不超过允许值 I_{Zmax}，其击穿是可逆的。

7. 晶体管的电流放大作用。集电极电流变化量 ΔI_C 与基极电流变化量 ΔI_B 的比值称为晶体管交流电流放大系数，以 β 表示

$$\beta = \Delta I_C / \Delta I_B$$

晶体管电流放大的实质是以较小电流变化（ΔI_B），对较大电流变化（ΔI_C）的控制作用，并不是真正把微小电流放大。晶体管的放大作用必须具备的外部条件是外加电源使晶体管的发射结处于正向偏置，集电结处于反向偏置。

8. 晶体管的三种工作状态。

（1）放大状态。工作在放大区的晶体管处于放大状态。此时晶体管发射结正偏（$U_{BE} > 0$）、集电结反偏（$U_{BC} < 0$）。在这种情况下，I_C 受 I_B 控制，其控制量为 β，即 $I_C = \beta I_B$。

（2）截止状态。如图 4-17 所示，截止区为 $I_B = 0$ 曲线以下区域。该区域晶体管发射结反偏或零偏（此时集电结为反偏）。$I_C = I_{CEO}$ 几乎为零（在表 4-1 中，$I_{CEO} < 0.001\text{mA}$），U_{CE} 近似为电源电压 U_{CC}，集电极和发射极之间相当于一个断开的开关。

（3）饱和状态。饱和区发射结和集电结皆正偏，$I_C = \beta I_B$ 的关系不成立，I_B 失去了对 I_C 的控制能力。晶体管工作在饱和区，集电极和发射极之间完全导通，管压降很小，饱和时管压降称为饱和压降。一般情况下，锗管的饱和压降为 0.1V，硅管的饱和压降为 0.3V，都可以近似看成 0V。晶体管的集电极－发射极之间，相当于一个闭合的开关。

9. 晶闸管。要使晶闸管正向导通，除加正向电压外，还必须同时在门极与阴极之间加上一定的正向门极电压 U_G；要使已经导通的晶闸管恢复阻断，可降低阳极电压或增大负载电阻。

10. 场效应晶体管。场效应晶体管是一种电压控制器件，即利用栅极电压 U_{GS} 控制漏极电流 I_D，实质上就是控制导电沟道电阻的大小。与晶体管相比，场效应晶体管只有一种载流子参加导电，所以场效应晶体管也称为单极型晶体管。而晶体管中两种载流子（电子与空穴）都参与导电，所以晶体管也称为双极型晶体管。

11. 绝缘栅双极晶体管。绝缘栅双极晶体管是由场效应晶体管和双极型晶体管复合而成的一种器件，它融和了这两种器件的优点，既具有场效应晶体管器件驱动简单和快速的优点，又具有双极型器件容量大的优点，因此在现代电力电子技术中已逐步取代晶闸管或晶体管，得到了越来越广泛的应用。IGBT 也是三端器件：栅极，集电极和发射极。

【综合训练】

4-1　PN 结具有哪些重要的特性？

4-2　二极管按结构形式主要分几种？各有什么用途？

4-3　晶闸管、二极管与晶体管在开关特性上有何区别？

4-4　选用二极管时主要考虑哪些参数？它们各自的含义如何？

4-5　如何用万用表判断二极管的正负极与二极管的好坏？

4-6　晶体管输出特性曲线可以分成哪几个区域？其工作在各区域时的偏置情况如何？

【焊接劳模工匠】

陈景毅，男，生于1970年11月，中共党员，江南造船（集团）有限责任公司（以下简称江南造船）船舶电焊工特级技师、制造一部首席专家，上海市焊接首席技师，"上海市五一劳动奖章""全国五一劳动奖章"获得者，荣获"全国劳动模范""上海工匠""全国技术能手"称号，享受国务院特殊津贴。

从业30余年，他凭着精湛的技艺，对事业的不懈追求，攻克焊接工艺难题50余项，申报多项专利，成为电焊行业的领跑者和创新者。他手下的焊缝精致漂亮，被称为"钢板上的焊接书法家"。

全国劳动模范陈景毅：国之重器的"焊"卫者

在中国船舶集团公司所属的江南造船，有这样一个传说："每一艘江南重点舰船里都能找到'陈氏焊缝'，每一个焊接难题下都有一个'陈氏焊法'"，这里提到的"陈氏"就是江南造船的第二代"焊王"、全国劳动模范、船舶电焊工高级技师陈景毅。

为何会有这样的传说？

万吨大驱南昌舰、"雪龙2"号极地破冰船、"远望"号航天测量船、"东方红3"号科考船……国家重大战略产品、水上水下海军装备、公务科考船、集装箱船、化学品船等。

在这些耳熟能详的江南重点产品背后，都有陈景毅攻克的重大工程关键技术难题，都有陈景毅留下的汗水和故事……

陈景毅出生在一个党员工人家庭，自小就耳濡目染的他内心深埋了一颗"爱党报国"的种子，而这颗种子在他进入江南造船后迎来了开花结果。

从业30余年，面对江南造船承造的国家重大工程，陈景毅总是责无旁贷，冲锋最前。

今年年初正式入列的首艘国产万吨级驱逐舰南昌舰向世界再次展示了中国力量，但这型船的建造过程并不轻松。尤其是焊接方面，很多新型设备可谓是前所未见，焊接方法也无法参照以往。

为了这型船，陈景毅可是没少花心思，革新改进了多项焊接工艺。

当时有一型新设备基座，为提升舰船性能从原本的露天安装方式改为内嵌上建外壁方式，但该基座尺寸较大，外壁板厚又较薄，极易发生焊接变形状况。

这个难题摆在了陈景毅面前，他仔细研究了基座和外板的钢材以及安装方式的细节，并进行了数次讨论和模拟试验，最终决定通过优化焊接顺序和方法来寻得破题之法。

一次成功，焊缝探伤合格率100%，平整度良好，几乎没有火工，陈景毅最终交出了完美答卷，他却总谦虚地说："能在这艘船上留点自己的痕迹是我的荣幸。"

"雪龙2"号，我国第一艘自主建造的极地科考破冰船，强大的破冰能力可谓是该船的重要标签，而100mm高强钢冰刀区域装焊，是"雪龙2"号能够实现1.5m厚冰环境连续破冰航行的关键结构。但厚度超高、结构密、应力集中的破冰刀与外板连接处的焊接极易出现裂纹，国内也尚无此类材质的焊接先例，无经验可借鉴，这个前所未有的挑战愁坏了众人。而痴迷焊接技术的陈景毅却干劲十足,"传统办法不灵光了,给'雪龙'装钢牙得出新招。""江南焊王"苦思数日竟真想出一"技",他创新性地研究出独特焊接工艺,采用"同人数、同参数、同速度"的"三同"分段淬火退焊法确保钢材不会因受热不均而产生裂纹。

27天,冰刀结构完美焊接,不禁让人感叹:"'江南焊王'出奇招,高,实在是高!"

陈景毅的奇招可不止一两个,他是国内解决07MnNiCrMoVDR低温钢乙烯球罐焊接难题的第一人;他是国内应用MIG焊接方式采用无间隙一次单面焊双面成形焊接技术,成功焊接5mm厚度不锈钢管的第一人。

面对水下产品某设备多处出现连续性环状裂纹的情况,他多次牵头试验,确定了合金调质钢焊接工艺并成功修复裂纹,节约成本约197万元,并填补了国内该领域的技术空白。

在某大型产品主机中间轴承瓦盖断裂抢修中,他研究材料特性,自主探索焊材匹配,成功修复了裂纹,为公司节约了设备返修费约200万元。

在某舟桥科研项目中,他突破了3mm薄板高强钢气保焊单面焊双面成形关键技术,解决了碳刨易穿透及未焊透的难题,并将MIG自动焊全方面推广应用。

陈景毅虽然战功赫赫,却没有停止前进的步伐,这位"江南焊王"仍然在攻克着一个又一个难关,用独特的"陈氏焊法"、用初心和梦想"焊"卫着国之重器的荣耀。

每一个大师背后都有无数的汗水,每一段传说背后都有辛酸的往事,陈景毅也不例外。

受在沪做工的父亲影响,儿时的陈景毅一直想到上海当工人。1989年,年仅19岁的他就离开了扬州老家,只身闯荡上海。为了生计,在寻找工厂工作机会的同时,他当过餐馆服务员,做过简易油漆工,一年后寻得在江南造船工作的机会。"当时就在想,这就是我梦想中的工作。"陈景毅回忆当时说。

1990年11月,陈景毅正式进入江南造船机装车间,成为一名船舶管道焊接学徒工。自进入机装车间起,他就暗下决心,必须学好焊接这门手艺。

很快,陈景毅练就了一身焊接本领。1995年,他参加公司焊接比赛,年仅25岁的他战胜一众焊接好手,一举夺魁。第二年他代表公司参加原中国船舶工业总公司组织的"船舶杯"焊接比赛,取得了第二名的好成绩,一鸣惊人。2005年,他又作为上海市代表参加了"全国焊接技能大赛",斩获全国第四的好成绩。

走过了荆棘之路,便会迎来花香满园。对焊接技艺的极致追求、不计辛苦夜以继日的拼搏和赛场上的历练,让陈景毅从一个逐梦少年成长为了焊接大师,荣获了包括"全国青年岗位能手""全国技术能手""上海工匠""全国劳动模范"称号以及"全国五一劳动奖章"等在内的多项荣誉。

数十年间,从管舾到结构,从试验到投产,陈景毅参建产品之多、掌握焊接方法之全当属江南造船第一人,尤其在公司各系列重点产品首制船、各类特种钢材焊接攻关等工作中,陈景毅拔丁抽楔、斩鳌立极,成为了江南造船乃至船舶行业的新一代"焊王",书写着属于自己的"焊王传奇"。

"工匠不仅要技艺高超,更要为后世培育人才。"这是江南工匠精神的光荣传统。他时刻牢记在心,全心全意把个人所学、所掌握的焊接技术都毫无保留地传授给青年焊工,用心浇灌培育了一大批焊接高技能人才。

陈景毅的大徒弟陈宜峰取得2012年"嘉克杯"国际焊接比赛第一名的优异成绩,荣获

"全国技术能手"荣誉称号，如今在公司也担任了多项重要产品的焊接任务，已逐渐成长为第三代"江南焊王"。

陈景毅的两个小徒弟李硕和陈国淦分别斩获 2015 年"欧洲杯"国际焊接比赛第二名和第 19 届"LINDE 金杯"国际焊接大赛熔化极混合气体保护焊第一名。

陈景毅的徒孙杨伟成荣获 2019 年"中国技能大赛——原中国船舶工业集团第八届职业技能"竞赛焊接项目冠军，颇有成为第四代"江南焊王"的潜质。

他带教的学员蝉联上海市"星光杯"比赛的团体和个人六连冠。

陈景毅以国家级技能大师工作室为载体，先后为公司培养了 9 大类特种钢共计 544 名焊工，为江南造船的重大项目建造锻造出了一支强有力的焊工铁军。他用手中的焊枪打造了一条传承的纽带。

即便荣誉加身，仍初心不改、坚守一线，凭精湛技能投身钢铁海防；纵使桃李争妍，仍谆谆教导，鞠躬尽瘁，一腔热血浇灌江南焊花。

三十年如一日的陈景毅将一切奉献给了造船事业，用实际行动诠释着"爱国奉献、求实创新"的江南造船精神，延续着江南造船工匠的传统。"造大国重器、育江南工匠"，这是陈景毅的内心所想，也是江南造船工匠特有的使命担当。

第五单元
直流稳压电源

 学习目标

本单元主要介绍直流稳压电源的组成及各部分电路的作用,在此基础上重点介绍整流电路、滤波电路和稳压电路的分类、电路组成、工作原理、特点及应用。

综合知识模块一　直流稳压电源的组成

直流稳压电源的使用

在我国,电网提供的是220V的正弦交流电,但是很多电子设备和自动控制电路都需要直流电源供电。获得直流电源的方法有很多,比较经济适用的方法是将电网提供的交流电转变成直流电。

单相交流电经过电源变压器、整流电路、滤波电路和稳压电路转变成稳定的直流电压,其方框图及各电路的输出电压波形如图5-1所示。

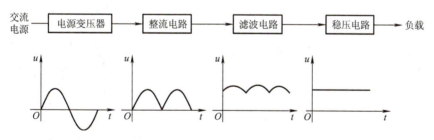

图5-1　直流稳压电源的组成及输出电压波形

电源变压器:通常采用降压变压器,作用是将电网电压转变为所需的交流电压。

整流电路:利用二极管或晶闸管的单向导电性能,把交流电转变成单向脉动的直流电。

滤波电路:将脉动直流电压中的交流成分滤掉,使输出的电压成为比较平滑的直流电压。

稳压电路:在电网电压波动和负载电流变化及温度变化时,保持直流输出电压的稳定。

变压器的内容在本书第三单元已做介绍,本单元重点介绍整流电路、滤波电路和稳压电路的工作原理及应用。

综合知识模块二　整流电路

能力知识点一、二极管单相桥式全波整流电路

1. 电路组成

单相桥式全波整流电路如图 5-2a 所示，由变压器 T、四只整流二极管和负载 R_L 组成。四只整流二极管接成电桥形式，故称为桥式整流。图 5-2b 所示为单相桥式整流电路的简化画法。

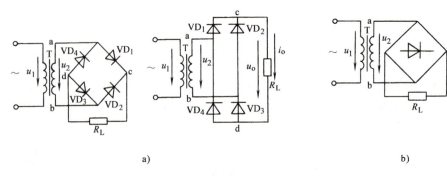

图 5-2　单相桥式全波整流电路及简化画法
a) 单相桥式整流电路　b) 简化画法

2. 工作过程

设电源变压器的二次电压 $u_2 = \sqrt{2}U_2\sin\omega t$，由于二极管具有单向导电性，只有当它的阳极电位高于阴极电位时才能导通。因此，当电源电压 u_2 为正半周时，变压器二次绕组 a 端为正，b 端为负，二极管 VD_1、VD_3 承受正压导通，VD_2、VD_4 截止；电流由 a→VD_1→R_L→VD_3→b；当电源电压为负半周时，b 端为正，a 端为负，二极管 VD_2、VD_4 承受正压导通，VD_1、VD_3 截止，电流由 b→VD_2→R_L→VD_4→a。可见，在电源电压的一个周期内，在负载 R_L 上得到单向脉动电压，波形如图 5-3 所示。

3. 负载上的直流电压和电流

经推导，桥式全波整流电路输出电压的平均值 U_o 和负载电流平均值 I_o 分别为

$$U_o = 0.9 U_2 \qquad (5-1)$$

$$I_o = \frac{U_o}{R_L} = 0.9\frac{U_2}{R_L} \qquad (5-2)$$

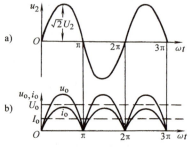

图 5-3　单相桥式整流波形图
a) 变压器二次侧的电压波形
b) 负载上的电压、电流波形

桥式全波整流电路中，因为二组二极管轮流导通，所以每只二极管中流过的平均电流只有负载电流的一半，即

$$I_F = I_o/2 = 0.45 U_2/R_L。$$

由单相桥式全波整流波形图可以看出，二极管截止时所受的最大反向电压为 u_2 的幅值，即 $U_{RM} = \sqrt{2}U_2$。

4. 电路元件的选用

（1）电源变压器的选用　电源变压器的二次电压与负载设计的电压有关，可根据式（5-1）计算得出，且要求电源变压器的额定功率大于负载功率。

（2）整流二极管的选用　单相桥式全波整流时，二极管中的电流是负载电流的一半，选用的二极管电流应不小于负载电流的一半；二极管的最高反向电压应不低于交流电的峰值电压。

5. 实际应用

单相桥式全波整流电路结构简单，输出脉动小，在交流电的整个周期均能有效整流，电能利用率高，所以被广泛应用于整流电路中。

例 5-1　有一桥式整流电路，电源电压为 220V，要求输出直流电压 12V，负载电阻是 470Ω，试选择二极管的型号。

解：负载电流

$$I_o = \frac{U_o}{R_L} = \frac{12}{470}A = 25.5mA$$

二极管中的电流

$$I_F = \frac{1}{2}I_o = 12.8mA$$

变压器二次电压

$$U_2 = \frac{U_L}{0.9} = \frac{12}{0.9}V = 13.3V$$

二极管承受的最大反向电压

$$U_{RM} = \sqrt{2} \times 13.3V = 18.8V$$

所以，应选用耐压值大于 18.8V、正向电流大于 12.8mA 的整流二极管。通过查阅电子元器件手册，根据二极管参数的系列值，选用最高反向工作电压 U_{RM} 为 25V，最大整流电流 I_{OM} 为 0.1A 的整流二极管。

能力知识点二、晶闸管可控整流电路

焊接生产中大量需要电压可调的直流电源，用晶闸管组成的可控整流电路，可以将交流电转变成大小可调的直流电，并具有体积小、重量轻、效率高以及控制灵敏等优点，应用日益广泛。这里重点介绍单相桥式可控整流电路。

在单相桥式二极管整流电路中，把其中两只二极管换成晶闸管就组成单相桥式半控整流电路，如图 5-4a 所示。

1. 电阻性负载

当电源为正半周时，a 端为正，b 端为负，晶闸管 VT_1 与二极管 VD_2 承受正压，在某时刻 $\omega t = \alpha$ 时，给 VT_1 加触发电压，VT_1 导通，电流由 a→VT_1→R_L→VD_2→b。VT_2、VD_1 承受反压截止。当电源为负半周时，a 端为负，b 端为正，晶闸管 VT_2、二极管 VD_1 承受正压，$\omega t = \pi + \alpha$ 时，给 VT_2 加触发电压，VT_2 导通，电流由 b→VT_2→R_L→VD_1→a，VT_1、VD_2 承受反压截止。负载 R_L 两端电压、电流波形如图 5-4b 所示。经推导，输出电压平均值 U_o 与控制角 α 的关系为

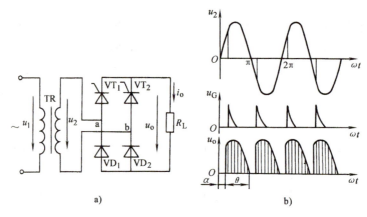

图 5-4 单相桥式半控整流电路及波形图
a) 整流电路 　b) 输出电压波形

$$U_o = 0.9 U_2 \frac{1 + \cos\alpha}{2} \tag{5-3}$$

电流平均值 I_o 为

$$I_o = \frac{U_o}{R_L} = 0.9 \frac{U_2}{R_L} \frac{1 + \cos\alpha}{2} \tag{5-4}$$

2. 大电感负载

在负载电路中串入电抗器构成大电感负载，如图 5-5a 所示。u_2 正半波 a 端为正，b 端

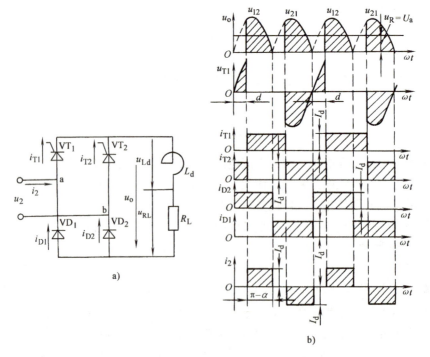

图 5-5 单相桥式半控大电感负载电路及波形图
a) 电路 　b) 波形图

为负，$\omega t = \alpha$ 触发 VT_1，则 VT_1 导通，电流由 a→VT_1→L_d→R_L→VD_2→b。在 u_2 过零点时，VD_2 截止，由于电感性负载电流落后两端电压变化，VT_1 中流过的电流大于维持电流继续导通。在感性负载自感电动势作用下，VD_1 导通，使负载中的电流继续流通。在 u_2 负半周，$\omega t = \pi + \alpha$ 时，触发 VT_2，则 VT_2、VD_1 导通，电流由 b→VT_2→L_d→R_L→VD_1→a。VD_1 截止，VD_2 导通，使负载中的电流继续流通，电路输出波形如图 5-5b 所示。电路工作的特点是：晶闸管在触发时刻换流，二极管则在电源过零时刻换流。所以，单相桥式半控整流电路输出电压平均值 U_o 与电阻负载计算公式相同。

综合知识模块三　滤波电路

整流电路将交流电变为脉动直流电，其中含有大量的交流成分（称为纹波电压）。为了获得平滑的直流电压，应在整流电路的后面接滤波电路，以滤去交流成分。滤波电路主要由电容、电感等储能元件组成。常见的滤波电路有电容滤波电路、电感滤波电路和由电容、电感组成的复式滤波电路。

能力知识点一、电容滤波电路

图 5-6 所示为在桥式整流电路输出端与负载电阻 R_L 并联一个较大电容 C，构成的电容滤波电路。

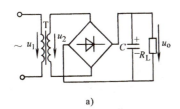
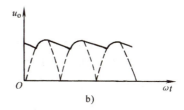

图 5-6　电容滤波电路及波形图
a）电路　b）波形图

设电容两端电压 u_C 的初始值为零，并假定在 $t = 0$ 时接通电路，当 u_2 为正半周时，$u_2 > u_C$，整流二极管导通，电容被充电。由于充电回路电阻很小，所以充电很快。当 $\omega t = \pi/2$ 时，u_2 达到峰值，电容的两端电压也充至 $\sqrt{2} u_2$ 值。u_2 过峰值开始下降，由于放电回路电阻较大，电容上的存储电荷尚未放完，这样就出现 $u_C > u_2$ 的情况，二极管 VD 因反向偏置而截止。电容向 R_L 放电，放电速度很慢，$u_o = u_C$ 逐渐下降。

当 u_2 在负半周时，电容仍然在放电，直到 $u_2 > u_C$ 时，二极管因受正向电压而导通，电容又再次被充电。这样不断重复，负载上的电压如图 5-6b 所示，它与无滤波电容的桥式整流电路相比，不仅输出电压变得平滑、纹波显著减小，同时输出电压的平均值也增大了。显然，电路的放电时间常数 $\tau = R_L C$ 越大，放电过程就越慢，负载上得到的电压 u_o 就越平滑。当 R_L 开路时，$u_o \approx \sqrt{2} U_2$。为了获得良好的滤波效果，一般取

$$R_L C \geq (3 \sim 5) \frac{T}{2} \tag{5-5}$$

式中，T 为输入交流电压的周期。此时，输出电压的平均值为

$$U_o \approx 1.2U_2 \tag{5-6}$$

整流电路采用电容滤波后,只有当 $u_2 > u_C$ 时,二极管才导通,故二极管导通时间较短,电容充电较快,产生的冲击电流较大,容易损坏二极管。所以,使用电容滤波时,必须选择有足够电流裕量的二极管,或者在二极管前面串联一只限流电阻(几欧姆到几十欧姆)。

电容的耐压应大于 $\sqrt{2}U_2$,通常取 $(1.5\sim2)U_2$。

在电容滤波电路中,电容的容量越大,负载电阻越大,滤波后输出的电压越平滑,滤波效果越好。在采用大容量的滤波电容时,接通电源的瞬间充电电流很大,因此电容滤波电路不适用于负载电流较大的场合。

能力知识点二、 电感滤波电路

图5-7所示电路是一个单相桥式整流电感滤波电路,滤波电感 L 与负载 R_L 串联,是一种串联滤波器。

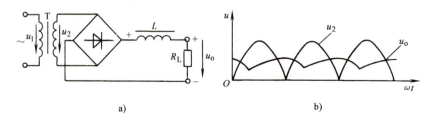

图5-7 电感滤波电路

可以把整流输出电压 u_o 看成是直流分量与交流分量的叠加。由于电感器的直流电阻很小,交流感抗很大,因此直流分量在电感上的电压降很小,负载 R_L 上的直流分量就很大,几乎全部加到 R_L 两端,即 $U_o=0.9U_2$;交流分量几乎全部降落在电感上,负载 R_L 上的交流分量就很小。由此可见,经过 L 的串联滤波后,负载两端的输出电压脉动程度便大大减小了。

如果要求输出的直流电压和电流更加平稳,还可以采用复式滤波电路,即在图5-7的 R_L 两端并联一只电容,组成 LC 滤波电路,这样滤波效果会更好。在电感线圈不变的情况下,负载电阻越小,输出电压的交流分量越小。只有在 $R_L \geq \omega L$ 时,才能获得较好的滤波效果。L 越大,滤波效果越好,但成本也会增加。

另外,由于滤波电感电动势的作用,可以使二极管的导通角接近 π,减小了二极管的冲击电流,平滑了流过二极管的电流,从而延长了整流二极管的寿命。

综合知识模块四 稳压电路

在实际应用中,经整流滤波后的直流电压虽然已经消除了脉动,但却容易受电网电压波动和负载波动的影响,具体来讲就是:电源电压降低或负载变重(负载电阻变小,负载电流变大),输出电压随之降低。稳压电路可以解决上述问题,保证负载两端电压基本不变。具有稳压功能的电路称为稳压电路。

能力知识点一、硅稳压管稳压电路

1. 电路组成

硅稳压管稳压电路如图5-8所示。变压器二次电压经过桥式整流、电容滤波得到直流电压 U_I，再经过电阻 R 限流和稳压管稳压，得到一个稳定的直流负载电压 U_o。

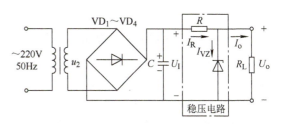

图5-8 硅稳压管稳压电路

电阻的主要作用是限制稳压管中的电流不超过稳压管的最大稳定电流，故称限流电阻。稳压管与负载 R_L 是并联关系，稳压管工作在反向击穿状态，负载电压 U_o 就稳定在稳压管的反向击穿电压值上。由电路结构分析，限流电阻、稳压管和负载电阻三者的电压、电流关系为

$$U_I = U_R + U_o$$
$$I_R = I_{VZ} + I_o$$

2. 稳压原理

引起负载电压变化的主要原因是电网电压波动和负载变化。

（1）电网电压波动时的稳压原理 设负载电阻 R_L 保持不变，当电网电压升高时，U_I 升高，输出电压 U_o 也随之升高。

因稳压管与 R_L 并联，稳压管两端电压等于 U_o，U_o 的升高会使稳压管的反向电流 I_{VZ} 急剧增大，则流过电阻 R 的电流 I_R 也会增大，电阻 R 上的压降增大，从而抵消了 U_I 的升高对 R_L 的影响，使输出的负载电压 U_o 基本保持不变。

上述过程可以表示为

电网电压升高 → $U_I\uparrow$ → $U_o\uparrow$ → $I_{VZ}\uparrow$ → $I_R\uparrow$ → $U_R\uparrow$
$U_o\downarrow$

（2）负载变化时的稳压原理 如果电网电压保持不变，负载变重，即 R_L 变小使 I_o 增大，电阻 R 上流过的电流 I_R 将增大，则 U_R 变大，负载电压 U_o 将下降。

U_o 下降，也就是稳压管的端电压下降，电流 I_{VZ} 会立刻变小，导致电阻 R 上的电压 U_R 变小，因电网电压不变，即 U_I 不变，则 U_R 变小会使与之串联的 U_o 变大，抵消了 U_o 的下降。

上述过程可以表示为

R_L减小 → $I_o\uparrow$ → $I_R\uparrow$ → $U_R\uparrow$ → $U_o\downarrow$ → $I_{VZ}\downarrow$ → $I_R\downarrow$ → $U_R\downarrow$
$U_o\uparrow$

如果负载变小，即 R_L 变大使 I_o 减小，则各量的变化趋势与上述过程相反，U_o 仍能保持基本稳定。

硅稳压管稳压电路结构简单，使用方便，但其稳压值取决于稳压管的稳定电压，不能随意调节，负载电流的变化范围受到稳压管最大稳定电流的限制，所以这种稳压电路只适用于电压固定、负载电流较小的场合。

能力知识点二、集成稳压电路

利用晶体管与电阻、稳压管等元件设计的串联型稳压电源，可以输出较大电流，并且可

以设计成输出电压可调的稳压电源。随着半导体集成电路技术的迅猛发展，采用串联型稳压电路的基本原理，并集成了过电压、过电流和过热保护电路，具有较大输出功率、稳定性能好的集成稳压器应运而生，它具有体积小、可靠性高、使用方便和价格低廉等优点，因此得到了广泛的应用。

1. 集成稳压器的分类

集成稳压器通常做成具有三个引脚的集成电路，俗称三端稳压器，三端是指输入端、输出端和公共端。它根据输出电压是否可调，又分为固定式和可调式两种。下面重点介绍应用较为广泛的固定输出集成三端稳压器。

2. 固定输出集成三端稳压器

三端稳压器有金属封装和塑料封装两种，它的样子就像是普通的晶体管，塑料封装的产品外形和引脚排列如图 5-9 所示。电子产品中常用的固定输出集成三端稳压器有 W78×× 系列和 W79×× 系列。

三端稳压器是指稳压用的集成电路只有三个引脚输出，分别是电压输入端、电压输出端和公共接地端。输入、输出电压的接法有两种：W78×× 系列三端稳压器为共负极接法，即 3 端接输入和输出电压的负极，1 端和 2 端分别接输入和输出电压的正极，所以 W78×× 系列是正电压输出的集成稳压器。W79×× 系列三端稳压器为共正极接法，即公共端 1 接输入和输出电压的正极，3 端和 2 端分别接输入和输出电压的负极，所以 W79×× 系列是负电压输出的集成稳压器。注意：W78×× 系列和 W79×× 系列的公共端位置不一样。

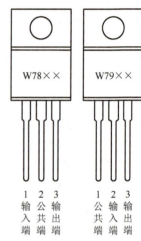

图 5-9 三端稳压器的外形和引脚排列

W78×× 或 W79×× 后面的数字代表该稳压器输出稳定电压的数值，例如 W7812 表示输出稳定电压为 12V，W7905 表示输出稳定电压为 −5V。

W78×× 和 W79×× 系列的输出电压有七个档次，分别为 ±5V、±6V、±9V、±12V、±15V、±18V 和 24V。

对于 78×× 和 79×× 这两个系列，如果型号前面有字母，则字母表示厂标。型号后面的两个数字代表输出电压，型号后面加字母来区分输出电流，L 表示 0.1A，M 表示 0.5A，无字母表示最大输出电流为 1.5A。其型号含义如图 5-10 所示。

图 5-10 三端固定输出式稳压器的型号含义

例如，CW7806 表示正电压 6V、电流为 1.5A 的稳压器。注意尾数超过 24 的，输出电压为尾数的 1/10，如 7833 表示 3.3V 稳压器，7847 表示 4.7V 稳压器。另外，塑料封装（TO-220）的最大功耗为 10W（加散热器），金属壳封装（TO-3）的最大功耗为 20W

（加散热器）。

图 5-11 所示为由 W78××系列集成稳压器构成的稳压电路，其输出电压由集成稳压器决定，图中选择的是 W7812，则输出电压为 12V。为了保证电路能够正常工作，要求输入电压至少应大于输出电压 2.5V 以上。电路中 C_1 的作用为消除输入端引线的电感效应，防止集成稳压器自激振荡，还可以抑制输入端的高频脉冲干扰，一般选择 0.1～1μF 的陶瓷电容器；输出端电容 C_2 为高频去耦电容，用于消除高频噪声，一般选择 0.1～1μF 的陶瓷电容器，在实际布线时尽可能将 C_1、C_2 放置在集成稳压器附近；输出端电容 C_3 用于改善稳压电路输出端的负载瞬态响应，根据负载变化情况进行选择，一般选用 100～1000μF 的电解电容器。VD_1 是保护二极管，用来防止在输出端电压高于输入端电压时，电流逆向通过稳压器而损坏器件。

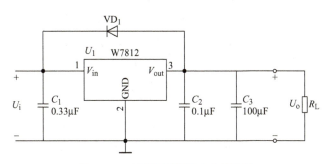

图 5-11　三端稳压器基本应用电路

【单元小结】

1. 单相交流电可经过电源变压器变压、整流电路进行整流、再经过滤波电路进行滤波、稳压电路进行稳压，最终转换成稳定的直流电压。

2. 整流电路的作用是利用二极管或晶闸管的单向导电性能，把交流电变成单向脉动的直流电。常用的整流电路有二极管单向桥式整流电路和晶闸管可控整流电路。

3. 滤波电路的作用是将脉动直流电压中的交流成分滤掉，使输出的电压成为比较平滑的直流电压。常用的滤波电路有电容滤波电路、电感滤波电路和复式滤波电路。

4. 在电网电压波动和负载电流变化及温度变化时，保持直流输出电压稳定不变的电路称为稳压电路。常用的稳压电路有硅稳压管稳压电路和集成稳压电路。

【综合训练】

5-1　通常直流稳压电源由哪些部分组成？各组成部分有什么作用？

5-2　电容滤波和电感滤波各有什么优缺点？

5-3　硅稳压管稳压电路和集成稳压电路各有什么特点？

5-4　有一个直流负载的电阻为 12Ω，工作电流为 2A。若采用单相桥式整流电路，试求需要的交流电压值，并选用整流二极管。

5-5　一桥式整流、电容滤波电路，负载电阻 $R_L = 200Ω$，要求负载电压 $U_L = 30V$，试选用整流二极管的型号。

【焊接劳模工匠】

王建伟,"全国五一劳动奖章""山西省五一劳动奖章""运城市五一劳动奖章"获得者;中铝山西企业劳动模范,全国技术能手、三晋技术能手、有色金属行业技术能手、河东工匠;享受山西省政府特殊津贴;2020年11月,荣获"全国劳动模范"称号。

"全国劳动模范"王建伟:焊花飞溅铸匠心

王建伟出生在一个普通工人家庭,1998年,从山西铝厂技工学校毕业,被分配到原山西铝厂检修分厂压容车间从事焊工工作。因为该工作又苦又累,很长时间里,像其他年轻人一样,他只是按部就班地将焊接作为谋生手段。2007年的一天,父亲突然病逝,家庭遭遇的重大变故,让上有老下有小,刚刚30出头的王建伟突然意识到,自己不能再这样消磨时光,必须尽快成长成熟起来。

"要干就要干成行家里手。"生活的困苦没有将王建伟打倒,而是为他注满了前进的动力。每天只要一有时间,他就把弄焊把,苦练焊接技术。半年多的时间里,他练习所用的材料加起来是别人的数倍,这种看起来笨拙的"功夫"却让他的焊接技术突飞猛进。

氩弧焊外观要求高且有一定辐射,很多焊工觉得掌握了基础技术就行了,但王建伟却不放过任何一个提高自己的机会。无数次冒着高温灼伤的危险,无数次被电弧光刺得直流泪,但他全然不顾,将每条焊缝当成一件作品一样,细致处理、反复打磨。为了练习手腕的稳定性,找到最合适的支点,一个姿势反复练习七八天都不足为奇。

省煤器蛇形管的焊缝焊接要求非常高,每条焊缝都要接受超高压运行的考验,正是王建伟对焊接工作的那份执着,让他有了小试牛刀的机会。经过严格筛选,王建伟顺利成为焊接骨干队伍中的一员,一个多星期的时间里,他稳扎稳打,精心焊接,创造了焊缝一次探伤合格率99.7%的好成绩。

"在工作中,铝管、不锈钢管等不同材质的焊接都要接触到,还有很多的焊接知识要学习。"他家里的书架上摆满了焊接专业的书籍,在大家眼里,学习、钻研就是王建伟的代名词。10年时间里,他不但掌握了多种焊接方法,同时还掌握了铆工、管工、电工、起重工等相关专业技能,成为检修和焊接方面的"全能"技术能手。10年时间里,原山西铝厂检修分厂经过改革改制,蜕变成能够对外承揽业务的山西中铝工业服务公司,也让王建伟的一身所学有了更大的施展空间。

精湛的焊工技术和敢想敢干的工作作风,使王建伟在焊接方面的名气越来越大。2007年至今,他先后代表企业参加山西省、有色金属行业、全国工程建设系统技能大赛,出色的焊接技艺带给了他无上荣耀。因为工作表现突出,2017年,王建伟荣获"全国五一劳动奖章"。虽然取得了一些成绩,但"成为焊接领域行家里手"的誓言一直鞭策着王建伟。在完成日常检修工作的同时,他积极研究新材料、新工艺、新技术,也一次次帮助企业解决难题。

法国生产的宽通道板式换热器因长期运行,换热器内部出现不同程度磨损,不锈钢的特殊材质以及超薄的换热板片让检修人员非常犯难，生产方找到了王建伟。20多天的时间里，王建伟每天对着拆卸回来薄如纸片的换热板片，反复调整焊接参数和工艺，最终，用普通焊机完成了机器才能完成的焊接工艺，成功攻克了1.2mm不锈钢板片连续焊接的技术难题，突破了国外技术垄断，实现了该项技术检修国产化。

对于像王建伟这样永不言弃的人来说，这样的技术突破并不是个例。进口铝合金油冷器是多功能天车的核心部位，因为铝合金材质的特殊性，用传统的焊接方法难以修复，仓库里多年积攒下来的设备让生产方犯难，多方打听之下找到了王建伟。为将影响焊接的因素降到最少，王建伟从设备拆卸细节入手，在将一台油冷器大卸八块之后，终于掌握了检修诀窍。

"这种进口设备很'娇气'，任何杂质颗粒都会影响焊接效果。"经过连续几天的反复拆卸，以及焊接工艺的不断调整，王建伟终于成功修复了一台设备，并陆陆续续为生产方修理数台油冷器。在检修过程中，铝合金焊接气孔多、易产生热裂纹等多项难题的成功突破，更是为实现进口油冷器检修国产化打下了基础，填补了国内有色金属行业的技术空白。

个人业务的不断精进让王建伟收获了很多荣誉，但作为基层检修人员，如何最大限度地提高工作效率，仍然是他不懈的追求。"各种高压设备检修或大修，都是工期紧、任务重、质量要求高的重要工程，工期提前一天效益就是上万元，只有在工艺、工序方面大胆创新，才能最大限度地提高效益。"

2018年，以王建伟名字命名的劳模创新工作室正式揭牌，同年年底，又被命名为中铝集团首批员工创新工作室。劳模工作室的成立让他在提高设备大修效率方面有了大展拳脚的舞台，从工作室设立之初，王建伟就将解决生产中检修难题、提高检修效率作为工作的重点。

"氧化铝设备包括压煮器、脱硅槽、蒸发器等大型柱形罐体，施工环节多、检修周期长、检修频率高，以前都在忙着干活抢修，每次对检修经验的提炼太少了。"劳模创新工作室的设立，有了和王建伟一起出主意、想办法的同事，让他真正将所想变成现实，在谈到第一个创新项目脱硅槽大修时，王建伟深有感触。

脱硅槽是氧化铝高压溶出主体设备，因长周期使用，造成脱硅槽里加热管束破裂、积料严重，影响了脱硅槽的正常运行，每年都有3~4台脱硅槽要进行设备大修。为了提高检修效率，劳模创新工作室人员在王建伟的带领下，积极出主意、想办法。"能不能利用中心搅拌轴呢？""具体怎样固定和操作呢？"一个个问题被抛了出来，但在大家集思广益之下，问题很快一一解决，最终，依托脱硅槽中心搅拌轴自行设计调运管排和组对管排支架的方案正式出炉。

"以前仅回装上下环管、管排这一工序就需要64个工人配合吊车，数天才能完成，现在我们仅用1人转动中心搅拌轴就可以实现360°无死角施工。"检修人员自豪地说。目前，该技术已成功应用于中铝山西新材料有限公司高压溶出压煮器、脱硅槽、蒸发器的大修中。

2019年以来，王建伟带领劳模创新工作室，共完成了"一种柱形罐体防倾倒装置""一种水冷壁管排吊装装置""一种焊剂回收装置"等10余项创新课题，大大提升了生产效率和安全生产系数，其中有4项课题已被国家知识产权局授予实用新型专利，全年创造经济效益近百万元。

一个面罩，一把焊枪，一身防护服，20年来，璀璨的焊花见证了王建伟踏实成长之路，也见证了他收获的每一项荣誉。

第六单元
常用低压电器及电工仪表

 学习目标

本单元重点介绍在焊接设备中常用的低压电器的结构、符号、选用和安装常识及电工测量仪表的分类及形式。要求通过本章的学习,了解开关、按钮、交流接触器及继电器的种类、结构特点和主要参数;掌握各种电工测量仪表,包括电流表、电压表、功率表、万用表、电度表和兆欧表的使用方法,并能熟练地对各种电参量进行测量。

综合知识模块一 常用低压电器

在生产过程自动化装置中,大多采用电动机拖动各种生产机械,这种拖动的形式称为电力拖动。为提高生产率,必须在生产过程中对电动机进行自动控制,即控制电动机的起动、正反转、调速以及制动等。实现控制的手段较多,在先进的自控装置中采用可编程序控制器、单片机、变频器及计算机控制系统,但使用更广的仍是按钮、接触器、继电器组成的继电接触控制电路。低压电器通常是指在额定电压交流 1.0kV 或直流 1.2kV 及以下的电路中起保护、控制调节、转换和通断作用的基础电器元件。

能力知识点一、常用低压电器的分类

根据低压电器在电气线路中所处的地位和作用,它通常有三种分类方式。

1. 按低压电器的作用分类

(1) 控制电器 这类电器主要用于电力传动系统中,有起动器、接触器、控制器、主令电器、电阻器、变阻器、电压调整器及电磁铁等。

(2) 配电电器 这类电器主要用于低压配电系统和动力设备中,有刀开关和转换开关、熔断器、断路器等。

2. 按低压电器的动作方式分类

(1) 手控电器 这类电器是指依靠人力直接操作来进行切换等动作的电器,如刀开关、负荷开关、按钮、转换开关等。

(2) 自控电器 这类电器是指按本身参数(如电流、电压、时间、速度等)的变化或

外来信号变化而自动进行工作的电器，如各种形式的接触器、继电器等。

3. 按低压电器有、无触头分类

（1）有触头电器　前述各种电器都是有触头的，由有触头的电器组成的控制电路又称为继电-接触控制电路。

（2）无触头电器　用晶体管或晶闸管做成的无触头开关、无触头逻辑器件等属于无触头电器。

能力知识点二、 低压电器的型号及识别

低压电器的型号一般由三部分组成：基本型号、基本规格、辅助规格。每部分又分别用数字或字母来表示不同的要求和使用范围，其具体的表示形式和代表意义如下：

（1）基本型号　一般包括三位。第一位为类组号，用汉语拼音字母表示，最多限用3个字母。第二位为设计序号，用数字表示，个数不限（若为两个及两个以上的数字，第一个数字为"9"表示船用电器；为"8"表示防爆用电器；为"7"表示纺织用电器；为"6"表示农用电器；为"5"表示化工用电器）。第三位为特殊派生代号，用汉语拼音字母表示，最好只用一个字母，表示全系列在特殊情况下变化的特征（如"L"表示带漏电保护），一般省略。

（2）基本规格　一般为两位。第一位为基本规格代号，用数字表示，个数不限；第二位为通用派生号，用汉语拼音字母表示，最好只用一个字母。

（3）辅助规格　一般由两位组成。第一位为辅助规格代号，用数字表示，个数不限；第二位为特殊环境条件派生号，用汉语拼音字母表示。

例如：型号 DZ15—40/3902 的低压电器

类组号："DZ"表示塑料外壳式断路器；设计序号："15"；基本规格代号："40"表示额定电流为40A；辅助规格代号："3902"，"3"表示三极，"90"表示脱扣方式为电磁液压脱扣，"2"表示用途为保护电动机用。

选择低压电器时应遵循安全及经济两项原则，保证其准确、可靠地工作，符合防护和绝缘标准的要求，以防止造成人身伤亡事故和电气设备的损坏。

能力知识点三、 几种常用低压电器

（一）常用开关

在焊接设备中，开关和按钮属于非自动（手动）切换的控制电器，常用作发布命令、改变设备状态（起动、停止等）。

1. 刀开关

刀开关俗称闸刀开关，是一种结构简单、应用广泛的手动控制电器。用手动接通和分断低压配电电源和用电设备，通常只做隔离开关，也可用来直接起动小容量的异步电动机。

刀开关的种类很多，按刀的片数可分为单极、双极和三极。常用的刀开关有开启式负荷

开关和封闭式负荷开关。

（1）开启式负荷开关　开启式负荷开关俗称胶盖瓷底刀开关，其外形结构及符号如图 6-1 所示。开启式负荷开关因无灭弧装置，所以在分合闸时，动作要迅速、准确、到位，否则会烧损刀片与触头。因此，这种开关不宜带大负载接通或切断电路。

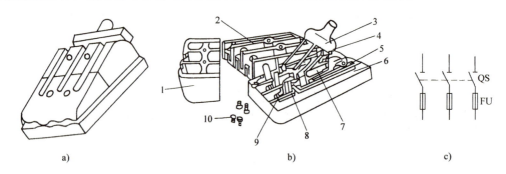

图 6-1　带熔丝开启式负荷开关

a）外形　b）结构　c）符号

1—上胶盖　2—下胶盖　3—瓷质手柄　4—刀片式动触头
5—出线座　6—底座　7—熔丝　8—静触头　9—进线座　10—胶盖紧固螺钉

刀开关应垂直安装，静插座应安装在上方，即合闸的手柄应向上，分闸时手柄向下，以防止闸刀因自重或受振动而误合闸。

（2）封闭式负荷开关　封闭式负荷开关俗称铁壳开关，其外形结构及符号如图 6-2 所示。这种开关的特点是三相刀片式动触头（闸刀）固定在一根绝缘的方轴上，由手柄操纵。操纵机构装有机械联锁装置，在手柄置于合闸位置接通电源后，铁壳不能开启；而铁壳打开时手柄不能合闸。需要开启铁壳时，必须使手柄置于切断电源状态，以确保安全操作。操作机构中还装有速动弹簧，使开关能迅速接通或切断电路，而与手柄操作速度无关，故灭弧迅速，减少了电弧对触头的烧损，使开关寿命延长。

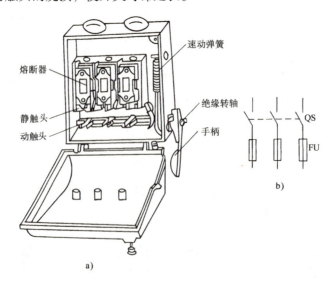

图 6-2　封闭式负荷开关

a）外形结构　b）符号

封闭式负荷开关有灭弧装置，因而使其分断电流能力加强，可控制异步电动机不频繁直接起动。铁壳开关在安装时外壳应可靠接地，防止意外漏电，造成触电事故。

常用的开启式负荷开关和封闭式负荷开关有 HK 系列和 HH 系列。

刀开关的具体选用方法如下：

1）用于照明和电热负载时，选用额定电压为 220V，额定电流不小于电路所有刀开关的典型结构和电路符号负载额定电流之和的双极开关。

2）用于控制电动机的直接起动和停止时，选用额定电压为 380V，额定电流不小于电动机额定电流 3 倍的三极开关。

安装与使用要求如下：

1）刀开关必须垂直安装在控制屏或开关板上，合闸状态时手柄应向上，不得倒装或平装。

2）开关距地面高度 1.3～1.5m；接线时，进线和出线不能接反，电源线接在上端，负载线接在熔体下端。

3）更换熔体时，必须在刀开关断开的情况下按原规格更换。

4）在分闸和合闸操作时，应动作迅速，使电弧尽快熄灭。

2. 转换开关

转换开关又称为组合开关，是一种多触点、多位置、可控制多个回路的电器，供手动不频繁地接通和分断电路、换接电源或控制 5kW 以下小容量异步电动机的起动、停止和正反转。

转换开关主要用于在交流 50Hz、电压 380V 及直流电压 220V 以下的电气设备中接通或切断电路，进行电源或负载的转换，也用于控制小功率异步电动机不频繁起动。

转换开关也是一种刀开关，只是它的刀片（动触头）是转动式的。转换开关由多对触头组合而成，比刀开关结构紧凑，组合性强，能组成各种不同电路，故又称为组合开关。转换开关的种类很多，按极数可分为单极、双极和多极转换开关。应根据控制电源种类、电压等级、电路的工作电压和工作电流、所需触头数及负载电流等来选择转换开关。一般情况下，转换开关的额定电流应等于或大于被控制电路中各负载电流的总和。若用于控制电动机时，其额定电流一般选择为电动机额定电流的 1.5～2.5 倍。常用的转换开关为 HZ15 系列。图 6-3 所示为转换开关的外形。转换开关应根据电源种类、电压等级、所需触点数、接线方式和负载容量进行选用。

图 6-3　转换开关

3. 其他开关

（1）行程开关　同体式弧焊变压器的电流调节是通过电动机带动电抗器的活动铁心来实现的。为保证电流的可靠调节，需要行程开关来限制活动铁心的行程。行程开关按其结构可分为直动式、滚动式和微动式三种。直动式行程开关的工作原理是：利用生产机械运动部件上的挡块碰压顶杆而使触头动作。图 6-4 所示为直动式行程开关的外形、符号和结构。

滚动式行程开关结构紧凑，触头能瞬时换接，故可用于机械部件做低速运动的场合。滚

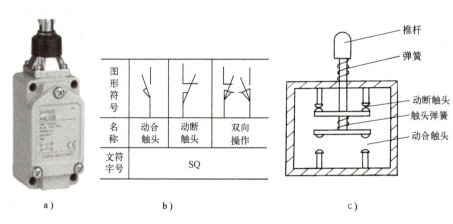

图 6-4 直动式行程开关的外形、符号和结构
a) 外形　b) 符号　c) 结构

动式行程开关分单滚轮式和双滚轮式。前者为自动复位式行程开关；后者在挡铁离开后不能自动复位，必须由挡铁从反方向碰撞过来，才能复位。

随着电子工业的迅速发展，除上述有触头的行程开关外，也广泛使用半导体行程开关（又称无触头行程开关）。

（2）电磁气阀　在气体保护焊焊接过程中，均设有对焊缝供气进行保护的控制元件。电磁气阀就是用来控制气路的接通或断开的。

电磁气阀是一种利用电磁铁吸力使主阀直接进行切换动作以接通或断开气路的自动控制阀。因其动作是随输入电信号而响应的，故控制精度较高。其工作原理是：通电时，铁心被吸引，带动密封塞一起上升，从而打开气路；断电时，铁心在弹簧的作用下复位，密封塞重新断开气路。其结构如图 6-5 所示，其外形如图 6-6 所示。

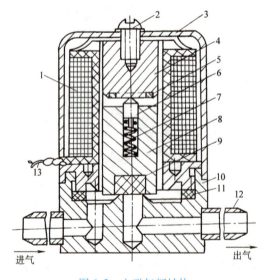

图 6-5 电磁气阀结构
1—线圈　2—螺钉　3—罩　4、8—铁心　5—铜环
6—导杆　7—弹簧　9、11—密封塞　10—阀座
12—气管　13—导线

图 6-6 电磁气阀外形

（3）压力开关　在自动焊接设备中，还常设置有保护装置——压力开关。例如，在大电流焊接过程中，一般都通有冷却水对焊枪进行冷却，当遇到停水或水压不足时，设置在控制电路中的水压开关能立即动作，切断焊接主回路，从而保护焊接设备。

压力开关是一种通过气体或液体压力的作用来驱动开关的电接触器件。

压力开关的外形、结构及符号如图6-7所示，它主要由动力或压力敏感元件（感受外界压力）、机械联动机构（传递压力）、微动开关（由动合、动断触头执行动作）等部分组成。

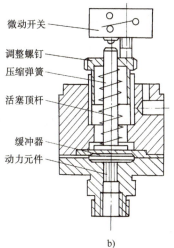
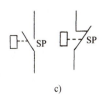

图6-7　压力开关
a）外形　b）结构　c）符号

当动力元件受到外界气体或液体的驱动压力能克服压缩弹簧的弹力时，推动活塞顶杆上移，致使微动开关动作（即动断触头断开，动合触头闭合），以对电路进行断通控制。当外界压力消失或压力较低时，活塞在弹簧的作用下脱离微动开关，使触头系统复位。

（二）按钮

按钮是指在工作电压为500V以下、电流为5A及以下的低压控制电路中用来接通或断开控制电路的一种手动电器。一般情况下，它不直接控制主电路的通断，而是在控制电路中控制接触器、继电器等自动切换电器，再由它们去控制主电路及其他电气线路。这种电器称为主令电器。埋弧焊机的起动与停止、焊丝的空载调整等均是通过按钮操作完成的。

按钮根据结构的不同，分为动合按钮（常用作起动）、动断按钮（常用作停止）和复合按钮（常开和常闭组合的按钮）。常用复合按钮的外形、结构原理及符号如图6-8所示。

当不按动按钮时，触头处于常态。动触头在复位弹簧的作用下与上面的一对静触头相接触，而与下面的一对静触头处于断开状态。当需要进行控制时，用手按下按钮，动触头随着推杆一起往下移动，与上面的静触头脱离，此时两对触头均处于断开状态；继续往下按，动触头与下面的一对静触头接触，于是动断触头先断开、动合触头后闭合，实现它所在电路的断开和接通控制。松开按钮时，在复位弹簧的作用下，按钮自动复位，触头恢复常态，动合触头先断开、动断触头后闭合。

主要根据工作环境、触头数目、按钮的结构形式及所需颜色等来选择按钮。例如工作环

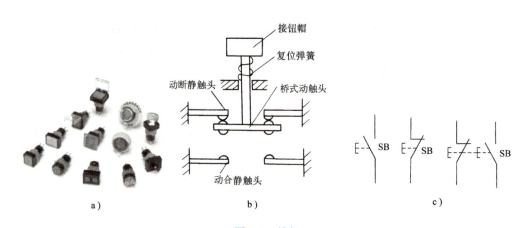

图 6-8 按钮

a) 外形　b) 结构原理　c) 符号

境较差时,应选用保护式或防水式按钮;起动按钮选用绿色,停止按钮选用红色,急停按钮选用红色蘑菇式;要求触头数目较多时,选用 LA18 系列积木式按钮。

(三) 熔断器

熔断器俗称保险,在低压配电线路中主要起短路保护作用。熔断器由熔体(熔片或熔丝)和放置熔体的绝缘底座(或绝缘管)组成,熔体用低熔点的金属丝或金属薄片制成,其外形如图 6-9 所示。熔断器串联在被保护电路中,当发生短路或严重过载时,熔体因电流过大而过热熔断,自行切断电路,达到保护的目的。熔体在熔断时产生强烈的电弧并向四周飞溅,因而通常把熔体装在壳体内,并采取其他措施(如壳体内填充石英砂)以快速熄灭电弧。常见的熔断器有以下几种。

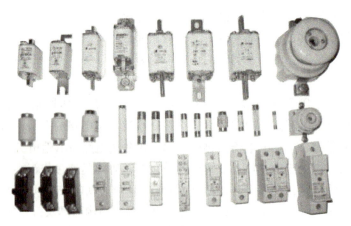

图 6-9 熔断器外形

(1) 瓷插式熔断器　这是一种最简单的熔断器,常见的为 RC1A 系列。

(2) 螺旋式熔断器　它由熔管及支持件(瓷制底座、带螺纹的瓷帽和瓷套)所组成。熔管内装有熔丝并充以石英砂。熔体熔断后,带色标的指示头弹出,便于被发现并更换。目前国内统一设计的螺旋式熔断器有 RL6、RL7、RLS12 等系列。

(3) 无填料封闭管式熔断器　主要由熔断管、夹座、底座等部分组成。

在使用时应按要求选择熔断器,熔断器的额定电流应等于或大于熔体的额定电流,其额定电压必须不低于线路的额定电压。如熔体的额定电流过大，当线路发生短路或故障时熔体不能很快熔断，就失去了熔断器的保护作用；如熔体的额定电流过小，则会频繁熔断。

（四）低压断路器

低压断路器是一种具有多种保护功能的保护电器，同时又具有开关功能，故又叫作自动空气开关。图 6-10 所示为其外形。

低压断路器常用作线路的主开关，它既能在正常情况下手动切断电路，又能在发生短路故障时自动切断电路。当主电路欠电压时，欠电压脱扣器动作，也能自动切断电路，故低压断路器可用来分断和接通电路以及作为电气设备的过载、短路及欠电压保护电器。

（五）交流接触器

接触器是一种用来远距离频繁地接通和分断交直流主电路和大容量控制电路的自动切换电器。按接触器所控制的电流种类分为交流接触器和直流接触器两种。本节主要介绍焊接设备中用于控制电动机正反转及主回路通断的交流接触器。

图 6-10　低压断路器外形

交流接触器的种类很多，按工作原理分为电磁式、气动式和液压式；按冷却方式分为空冷、油冷和水冷；按主触头的极数分为单极、双极和多极等。

CJ10 交流接触器的外形和结构图如图 6-11a、b 所示，它主要由电磁机构、触头系统、灭弧装置、支架和外壳等组成。

交流接触器的工作原理为：当吸引线圈通电后，所产生的电磁吸力克服弹簧的反作用力将衔铁吸合，衔铁带动触头系统动作，首先使动断辅助触头断开，动合辅助触头闭合，然后是动合主触头闭合，接通主电路。当吸引线圈断电或外加电压显著下降时，电磁吸力消失或过小，衔铁在弹簧的反作用力作用下复位，触头恢复常态。即动合主触头断开，切断主电路；动合辅助触头先恢复断开，动断辅助触头后恢复闭合。由此可知，只要控制交流接触器的吸引线圈的通电和断电，就可以控制主电路及其他控制电路的接通和分断。

交流接触器的图形及文字符号如图 6-11c 所示。

选择交流接触器时应注意以下几点。

1）应根据被控制对象和使用类别选用接触器的型号。

2）交流接触器吸引线圈的额定电压应与控制电路的电压等级一致。

3）接触器的额定电流应大于或等于被控电路中长时间运行时的最大负载电流值。当用于控制频繁起动的电动机时，接触器的额定电流可选择为电动机额定电流的 1.3～2.0 倍。

4）交流接触器主、辅触头的数量和种类应满足主电路和控制电路的要求。

使用接触器时，应避免异物（如螺钉等）落入接触器内使动铁心卡住，从而使线圈因电流过大烧毁。在接触器带负载的情况下，不允许把灭弧罩取下，以避免因触头分断时电弧相互连接而造成相间短路。

常用的交流接触器有 CJ10、CJ20 系列。

（六）继电器

继电器是一种根据外界输入的一定信号（电的或非电的）来控制电路通断的自动切换电器。虽然它和交流接触器同属于自动切换电器，但它主要用来反映各种控制信号，并对其

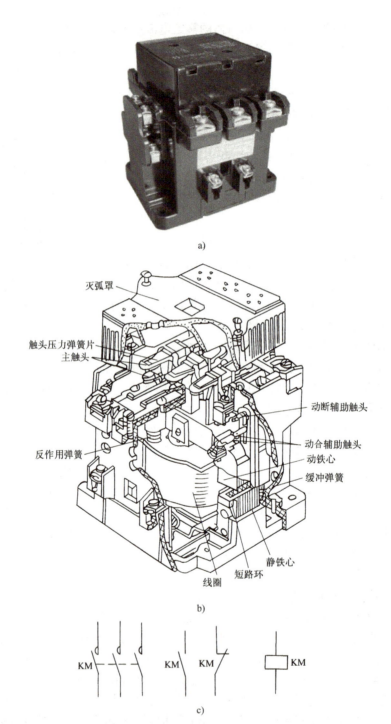

图 6-11 CJ10 交流接触器的外形、结构及符号
a) 外形　b) 结构　c) 符号

进行转换和传递。它的触头通常接在控制电路中（触头各处电流不大于5A），因此不需要灭弧装置。

继电器的种类很多，按用途可分为控制继电器和保护继电器；按反映的信号可分为电压继电器、电流继电器、时间继电器、热与温度继电器、速度继电器和压力继电器等；按动作原理可分为电磁式继电器、感应式继电器、电动式继电器、电子式继电器和热继电器等。

1. **电磁式继电器**

电磁式继电器的结构和动作原理与交流接触器大致相同，因为不需要灭弧装置，所以它的体积较小，动作灵敏。

（1）电流继电器　电流继电器是一种反映电流变化或者传递电流变化信号的控制电器，根据线圈中通过的电流大小来接通或切断控制电路。

电流继电器的线圈是串联在主电路中的，线圈匝数少而线径粗，通常用扁铜条或粗铜线绕制。这样通过电流时的压降很小，不会影响主电路的电流。电流继电器可分为过电流继电器和欠电流继电器。当通过线圈的电流大于整定值时动作的继电器，称为过电流继电器；当通过线圈的电流小于整定值时动作的继电器，称为欠电流继电器。过电流继电器主要用于电动机、变压器和输出电路的过载及短路保护，欠电流继电器主要用于自动控制系统。在自动焊接设备中，常用电流继电器传递焊接电流信号，用以控制引弧和熄弧环节的自动转换。交流过电流继电器如图6-12所示。

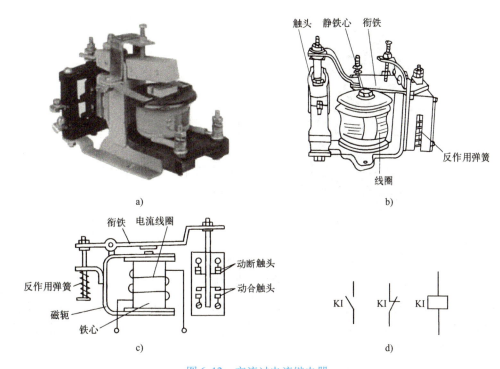

图6-12　交流过电流继电器
a）外形　b）结构　c）动作原理　d）符号

在选用电流继电器时，主要应考虑以下几方面问题：①依据被控制电流的种类来确定电流继电器的类型；②依据被控制负载的性质及要求来选择过电流或欠电流继电器；③依据被控制电路的电流大小来确定电流继电器线圈的额定电流。

如控制起动频繁的电动机，需选用过电流继电器，且线圈的额定电流应选大一些。此外，还要根据控制线路的数量来确定电流继电器触头的数量。

(2) 电压继电器 电压继电器是一种反映电压变化或者传递电压变化信号的控制电器。它在控制电路中根据线圈两端电压的大小来接通或切断控制电路。电压继电器对电路可起到过电压和欠电压等保护作用或用于自动控制系统中,如在自动电弧焊接引弧过程中,常用电压继电器传递空载电压或电弧电压信号,以满足引弧环节的控制要求并实现程序自动转换。

电压继电器的基本结构及工作原理与电流继电器相似,只是电压继电器的线圈并联在电路中,且线圈的匝数多而直径细。电压继电器也分为过电压继电器和欠电压继电器。

选择电压继电器时,应根据控制电路的控制要求、触头数目、工作电压等选择电压继电器的类型及有关参数。

常用的通用继电器为JT4系列,它不仅可作为过电流继电器,还可作为中间继电器和电压继电器。

(3) 中间继电器 中间继电器是将信号放大或将信号同时传递给数个有关的控制元件,从而增加控制电路数目的一种控制电器。中间继电器也可以直接控制小容量电动机。

中间继电器的外形结构及符号如图6-13所示,它的触头容量小、数量多,并且无主辅触头之分。由于中间继电器的触头数量较多,同时控制多组回路,故它可起中间放大作用。

图6-13 中间继电器的外形结构及符号
a) 外形结构 b) 符号

中间继电器在控制系统中的功能是多方面的,故对其要求也各不相同。一般情况下,选择中间继电器时根据控制电路的要求和电压大小来选择线圈的额定电压等级和触头的数量、种类和容量(即额定电流和额定电压)。

常用的中间继电器是JZ7系列。

2. 时间继电器

感受部分在感受到外界信号后,使执行部分经过一段时间才动作的继电器,称为时间继电器。时间继电器用在气体保护焊过程中保护气的提前送给和滞后停止的延时环节,即气路的通断与焊接回路通断的两个控制环节需要经过一定的时间间隔后,进行自动转换,此时,时间继电器在程序自动控制系统中起时间控制作用。

时间继电器有机械式、电磁式、阻尼式、晶体管式等几大类,延时方式有通电延时型和断电延时型。

某时间继电器的外形如图 6-14 所示，时间继电器的符号如图 6-15 所示。

（1）空气阻尼式时间继电器　空气阻尼式时间继电器是应用最广泛的一种时间继电器，它具有结构简单、价格便宜、工作可靠且不受电源电压影响等优点，但延时精度较低，一般用于延时精度要求不高的场合。它是以具有瞬时触头的中间继电器为主体，再加上延时组件构成的。空气阻尼式时间继电器有通电延时型和断电延时型，二者的组成相同，只是电磁铁的安装位置不同。

图 6-14　某时间继电器的外形

（2）晶体管式时间继电器　晶体管式时间继电器是一种有触头继电器与无触头继电器相结合的新型继电器，它是晶体管开关电路与 RC 充放电电路的结合，利用电容电压的缓慢上升或缓慢下降来驱动开关电路的通断，实现延时控制功能。

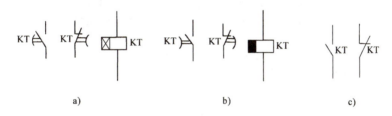

图 6-15　时间继电器的符号
a）通电延时型　b）断电延时型　c）瞬动触头

晶体管式时间继电器与空气阻尼式时间继电器相比，具有延时范围大、精确度高、调节方便、返回时间短、消耗功率小、体积小、质量小、寿命长等优点。

选择时间继电器时，应根据控制电路的延时要求（通电延时或断电延时）、延时等级、延时精度等来选择时间继电器的类型及规格；再根据控制电路电压选择线圈的电压。另外，还应考虑使用场合和使用要求，如要求不高的场合，宜选用 JS23 系列空气阻尼式时间继电器；要求较高的场合可选用 JS20 系列晶体管式时间继电器。

3. 热继电器

电动机、电弧焊设备若长时间过载运行，将导致温度过高，造成电动机绕组、设备或元件因过热而损坏，因此必须对其进行过载保护。热继电器是应用最广泛的一种过载保护电器，它利用电流的热效应原理在电气设备过载时自动切断电源来保护用电设备。

热继电器按动作方式分为双金属片式、易熔金属式和利用材料磁导率或电阻值随温度变化而变化的特性原理制成的热继电器。

双金属片式热继电器具有结构简单、体积小、成本低、反时限特性好等优点。它依靠热元件通过电流后使双金属片变形而动作，但出现这个动作需要有一个热量积累的过程，而过载电流与额定电流的比值越大，热继电器的动作时间越短。普通三相双金属片式热继电器的外形、结构及符号如图 6-16 所示。

在选用热继电器时，应依据下列原则：①加热元件的额定电流应大于电动机的额定电流，加热元件选定后再根据电动机的额定电流调整热继电器的整定电流，使整定电流稍大于电动机额定电流；②双金属片式热继电器一般用于轻载、不频繁起动电动机的过载保护；

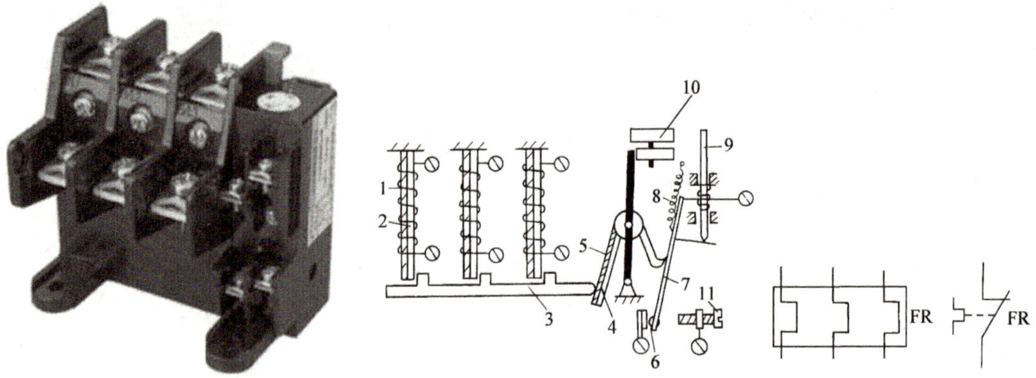

a) b) c)

图 6-16 普通三相双金属片式热继电器的外形、结构及符号

a）外形 b）结构 c）符号

1—双金属片 2—加热元件 3—推杆 4—拨杆 5—补偿双金属片

6—动断触头 7—动触头连杆 8—弹簧 9—复位按钮 10—调节旋钮 11—调节螺钉

③一般情况下选用两相结构的热继电器，对于三相电网电压均衡性较差或三角形联结的电动机，宜选用三相结构的热继电器；④由于热惯性，热继电器不能做短路保护。

综合知识模块二 电工仪表及测量

能力知识点一、 电工仪表的分类

电工测量的主要任务是应用适当的电工仪器仪表对电流、电压、功率、电阻等各种电量和电路参数进行测量。各种电工、电子产品的生产、调试、鉴定和各种电气设备的使用、检测、维修都离不开电工测量。电工测量仪表和电工测量技术的发展，保证了生产过程的顺利进行，也为科学研究提供了有利条件。

电工测量仪表的种类繁多，通常按下列方法进行分类。

1. 按被测量的性质分类

电工测量仪表按被测量的性质分类，见表 6-1。

表 6-1 电工测量仪表按被测量的性质分类

被 测 量	仪 表 名 称	符 号	测 量 单 位
电流	电流表 毫安表 微安表	A mA μA	安培 毫安 微安
电压	电压表 千伏表	V kV	伏特 千伏
电功率	功率表 千瓦表	W kW	瓦 千瓦

(续)

被 测 量	仪表名称	符 号	测量单位
电阻	欧姆表	Ω	欧姆
	兆欧表	MΩ	兆欧
电能	电度表	kW·h	千瓦时

2. 按工作原理分类

按工作原理分类,电工测量仪表可分为磁电式、电磁式、电动式、整流式、热电式、感应式、数字式等类型。

3. 按被测电流种类分类

按被测电流种类不同,电工测量仪表可分为直流仪表、交流仪表、交直流仪表。

4. 按电工测量仪表测量的准确度等级分类

按测量的准确度等级不同,电工测量仪表分为 0.1 级、0.2 级、0.5 级、1 级、1.5 级、2.5 级、4 级七种。一般 0.1 级和 0.2 级仪表用作标准仪器,以校准其他工作仪表,而实用测量中多用 0.5~2.5 级仪表。

能力知识点二、 电工测量仪表的形式

对于直读式电工测量仪表,根据其工作原理可分为磁电式仪表、电磁式仪表、电动式仪表等。它们的主要作用都是将被测电量变换成仪表活动部分的偏转角位移。为了将被测电量转换成角位移,电工仪表通常由测量机构和测量线路两部分组成。测量机构是电工仪表的核心部分,仪表的偏转角位移是靠它实现的。下面对常用的磁电式、电磁式、电动式电工仪表做简要介绍。

1. 磁电式仪表

磁电式仪表也称永磁式仪表,其测量机构包括固定部分和活动部分,如图 6-17 所示。固定部分由马蹄形磁铁 1、极掌 2 和圆柱形铁心 3 组成。活动部分由活动线圈 4、半轴 5、指针 6 和螺旋弹簧 7 组成。

磁电式仪表由于采用了磁性很强的永久磁铁和灵巧的活动线圈,故准确度高,耗能小,且不易受外界磁场的影响。此外,刻度均匀也是它的优点。但由于电流通过游丝,活动线圈的导线又很细,故其过载能力差,结构也较复杂,价格较贵。

磁电式仪表主要用于直流电流和直流电压的测量,也常用作万用表的表头。

2. 电磁式仪表

电磁式仪表又称动铁式仪表,按其结构形式可分为吸引型、排斥型和吸引-排斥型三种。图 6-18 所示为排斥型电磁式仪表的测量机构。它由固定和可动两部分组成,固定部分由固定线圈 1 和线圈内侧的固定铁片 2 组

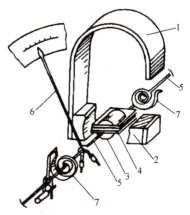

图 6-17 磁电式仪表的测量机构
1—马蹄形磁铁 2—极掌
3—圆柱形铁心 4—活动线圈
5—半轴 6—指针 7—螺旋弹簧

成；可动部分由固定在转轴 3 上的可动铁片 4、游丝 5、指针 6 和阻尼片 7、平衡锤 8 组成。

电磁式仪表的优点是结构简单，成本低，交、直流都可用，且电流只通过固定线圈，可直接测量的电流较大，故过载能力强。其缺点是刻度不均匀；因本身产生的磁场较弱，易受外界磁场影响；测量交流电时，还受铁片中磁滞和涡流的影响，因此准确度不高。

电磁式仪表主要用于测量工频交流电流和交流电压。

3. 电动式仪表

电动式仪表又称动圈式仪表，其测量机构如图 6-19 所示，主要由定圈 1、动圈 2、游丝 5、空气阻尼器（含阻尼片 4 和阻尼箱 6）组成。

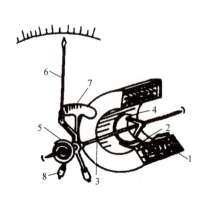 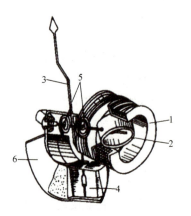

图 6-18　排斥型电磁式仪表的测量机构
1—固定线圈　2—固定铁片　3—转轴
4—可动铁片　5—游丝　6—指针
7—阻尼片　8—平衡锤

图 6-19　电动式仪表的测量机构
1—定圈　2—动圈　3—指针
4—阻尼片　5—游丝　6—阻尼箱

电动式仪表的优点是交、直流都可用，且用于交流时没有磁滞和涡流影响，故准确度比电磁式仪表高。其缺点是它的固定线圈类似于电磁式仪表，易受外界磁场影响；它的可动线圈类似于磁电式仪表，过载能力不强。此外，刻度不均匀、成本较高也是它的缺点。

电动式仪表可用于在交流或直流电路中测量电流、电压和电功率等电量。

能力知识点三、 电工测量

1. 电流与电压的测量

（1）电流的测量　测量电流时应把电流表串联在被测电路中。为了使电流表的串入不影响电路原有的工作状态，电流表的内阻应远小于电路的负载电阻。如果不慎将电流表并联在电路的两端，则电流表将被烧毁，在使用时必须注意。

测量直流电流一般使用磁电式仪表。这种仪表的测量机构只能通过几十微安到几十毫安的电流。若被测电流不超过测量机构的容许值，可将表头直接与负载串联，如图 6-20a 所示；若被测电流超过测量机构的容许值，就需要在表头上并联一只阻值为 R_{fL} 的分流器，如图 6-20b 所示，图中 R_0 为表头的内阻，当被测电流为 I 时，流过表头的电流为

$$I_0 = I \frac{R_{fL}}{R_{fL} + R_0}$$

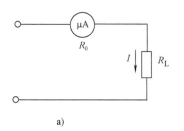
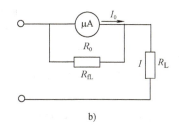

图 6-20 电流表的接线

a）电流表直接与负载串联接入 b）电流表与分流器并联接入

由此可得分流器的电阻为

$$R_{\mathrm{fL}} = \frac{R_0}{\dfrac{I}{I_0} - 1} \qquad (6\text{-}1)$$

由式(6-1)可知，需要扩大的量程越大，分流电阻应越小。分流器的额定值通常标明额定电流和额定电压而不给出电阻值。分流器电压的常见规格是 75mV 和 45mV 两种，使用时应使测量机构表头压降与该值相符，否则分流关系不对。

使用直流电流表时应注意其正、负端的连接，标有"＋"号的接线端应为电流的流入端（高电位端），而标有"－"号的接线端则为电流的流出端（低电位端），如果接错，会使指针反转，有可能把指针打弯。

测量交流电流一般使用电磁式仪表，进行精密测量时使用电动式仪表。

（2）电压的测量 电压的测量通常是用电压表来实现的。测量时将电压表并联在电路中被测元件的两端，如图 6-21a 所示。

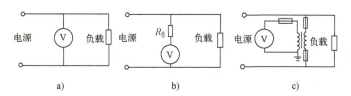

图 6-21 电压表的接线

a）电压表的直接接入 b）电压表通过附加电阻接入 c）交流电压表通过电压互感器接入

为了测量较高电压，通常在电压表回路中串联一只高阻值的附加电阻（交流电路也可采用电压互感器）来扩大电压表的量程，如图 6-21b、c 所示。一般电压表扩大量程采用串联附加电阻的方法，如图 6-22 点画线框内所示。这时，通过测量机构的电流 I_c 为

$$I_c = \frac{U}{R_{\mathrm{fj}} + R_c} \qquad (6\text{-}2)$$

从式(6-2)可以看出，只要附加电阻 R_{fj} 不变，则 I_c 与两端点电压 U 成正比。当将电压表量程扩大 m 倍时，则附加电阻 R_{fj} 可通过下式求取

$$R_{\mathrm{fj}} = (m - 1) R_c$$

2. 功率的测量

功率由电路中的电压和电流决定，因此用来测量

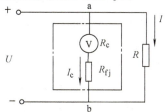

图 6-22 电压表的扩程

R_c—测量机构电阻 R_{fj}—附加电阻

功率的仪表必须有两个线圈，一个用来反映电压，一个用来反映电流。功率表通常用电动式仪表制成，其固定线圈导线较粗，匝数较少，称为电流线圈；可动线圈导线较细，匝数较多，串联一定的附加电阻，称为电压线圈，如图 6-23 所示。使用功率表时，电流、电压都不许超过各自线圈的量程。改变两组固定线圈的串、并联连接方式，可以改变电流线圈的量程；改变串入可动线圈的附加电阻，可以改变电压线圈的量程。

(1) 直流功率的测量　直流功率可以用电压表和电流表间接测量求得，也可用功率表直接测得。功率表的接线方法如图 6-24 所示，电流线圈应与负载串联，电压线圈（包括附加电阻）应与负载并联。还要注意电流线圈和电压线圈的始端标记" ± "或" * "，应把这两个始端接于电源的同一端，使通过这两个接线端电流的参考方向同为流进或同为流出，否则指针将要反转。

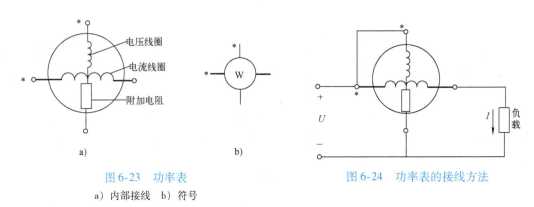

图 6-23　功率表
a) 内部接线　b) 符号

图 6-24　功率表的接线方法

(2) 单相交流功率的测量　电动式功率表既可以测量直流功率，又可以测量交流功率，而且接线和读数的方法完全相同。图 6-25 所示为实验室使用的 115 型多量程单相功率表，其额定电压为 125V、250V 和 500V，额定电流为 5A 和 10A，当负载电流为 0~5A 时，两个电流线圈应串联。而当负载电流为 5~10A 时，两个电流线圈则应并联。使用时必须根据被测的电压和电流大小分别取用适当的接线端，并注意把有" ± "符号的接线端接于电源的同一侧。

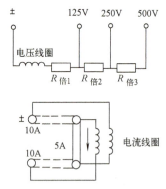

图 6-25　多量程单相功率表的内部接线

(3) 三相功率的测量　在对称的三相交流电路中，可用一只功率表测出其中一相的功率，再乘以 3 就是三相总功率。

在不对称的三相四线制电路中，可用三只功率表分别测出各相的功率，再相加就是三相总功率。以上两种方法分别称为一表法和三表法。

在三相三线制电路中，不论负载是星形联结还是三角形联结，也不论负载是否对称，都可采用二表法来测量三相总功率。图 6-26 所示为负载星形联结的三相三线制电路，用两只功率表测量时，其接线方法是把两只功率表的电流线圈串接在任意两根相线上，且标有" * "号的接线端应接在靠电源的那一方，而两个电压线圈标有" * "的接线端应与各自电流线圈标有" * "号的接线端连接在一起，未标" * "号的接线端则接在未串联电流线圈的一根相线上（图 6-26）。这时两表的读数应分别为 $P_1 = U_{13}I_1\cos\alpha$ 和 $P_2 = U_{23}I_2\cos\beta$。式中 α

为线电压 U_{13} 与线电流 I_1 的相位差，β 为线电压 U_{23} 与线电流 I_2 的相位差。可见，三相总有功功率等于两表读数 P_1 和 P_2 之代数和，即 $P = P_1 + P_2$。

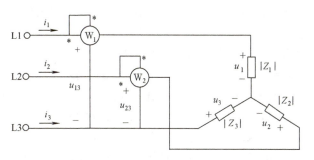

图 6-26　用两表法测量三相功率

3. 万用表

万用表是电工测量中最常用的多功能仪表。它的基本用途是测量电流、电压和电阻。它使用方便、便于携带，特别适用于检查线路和修理电气设备。万用表有指针式和数字式两种。

（1）指针式万用表　指针式万用表一般由高质量的磁电式表头配上若干分流器、倍压器以及干电池、二极管、转换开关等组成。下面以图 6-27 所示 MF-30 型袖珍式万用表为例，说明万用表的使用方法。

1）直流电流的测量。MF-30 型万用表的直流电流量程有 50μA、500μA、5mA、50mA 和 500mA 共五挡。将转换开关拨至 μA 或 mA 中某一挡，就可按此量程测量直流电流。指针偏转时按面板上第二条标有"mA"的刻度尺读数，但要注意这上面标记的是最大量程（500mA）的刻度，其他量程应按比例读数。例如当转换开关拨在 5 mA 挡时，读取的刻度值应除以 100；当转换开关拨在 500 μA 挡时，读取的刻度值应除以 10^3。

图 6-27　MF-30 型袖珍式万用表

在实际使用时，如果对被测电流的大小不了解，应先由最大量程开始试测，以防指针被打坏，然后再选用适当的量程，以减小测量误差。万用表的接线方法与直流电流表一样，应把串联在电路中，让电流从"＋"端流进、"－"端流出。

2）直流电压的测量。此万用表的直流电压量程有 1V、5V、25V、100V 和 500V 共五挡，仍按面板上第二条刻度尺读数，该刻度尺的右端除标有"mA"外，还标有"V"，表示这条刻度尺为电流、电压共用。各量程同样按比例读数。

测量直流电压时，应把万用表与被测电路并联，并注意"＋""－"号不要接反。

测量电压时，表的内阻越高，从被测电路取用的电流越小，被测电路受到的影响也就越小。通常用表的灵敏度来表示这一特征。所谓表的灵敏度就是表的总内阻与电压量程之比。MF-30 型万用表在直流 25V 挡上的总内阻为 500kΩ，故其灵敏度为 500kΩ/25V = 20kΩ/V。

3）交流电压的测量。此万用表的交流电压量程有 10V、100V 和 500V 共三挡。磁电式

仪表本身只能测量直流，但由于在线路中增加了整流器件，故可以把交流电变为直流电后再进行测量。此万用表的面板第二条刻度尺左端标有"$\approx$"符号，表示该刻度尺为交、直流共用。因此交流电压的测量值也从这条刻度尺按比例读取，经过表内线路的调整，读取的数值为交流电压的有效值。由于二极管是非线性元件，特别当被测电压较低时，对读数有较大影响，所以在面板上另有第三条标有"10$\underset{\sim}{V}$"的刻度尺，专供10V交流档读数用。

4) 电阻的测量。将转换开关拨向测量电阻（Ω）的位置上，并把待测电阻 R_x 的两端分别与两支表笔相接触，这时表内电池 E、调节电阻 R、表头 μA 与待测电阻 R_x 组成回路，便有电流通过表头，使指针偏转。显然，R_x 越大，则电流越小，偏转角 $α$ 也越小。当被测电阻为无限大时，电流为零，指针不动，指在 ∞ 刻度上；反之，R_x 越小，则 $α$ 越大。当 $R_x = 0$ 时，$α$ 最大，指针指在 0 刻度上。所以电阻的刻度方向与电流、电压的刻度方向相反，刻在面板的最上端，标有"Ω"符号。刻度尺上所标的数值为"×1"量程的欧姆数，当使用 ×10、×100、×1k、×10k 等量程时，其阻值数等于读数乘以该量程的倍数。例如把转换开关拨在"×100"的位置上，则读数乘以 100 才等于被测电阻的欧姆数，其余类推。

在实际测量电阻时，需要先进行欧姆调零。调零时先将转换开关拨至所选的欧姆档，将两表笔短接，这时指针应向满刻度方向偏转并指在 0 刻度上，否则应转动零欧姆调节电位器进行校正，然后再将两表笔分开去测量待测电阻。每换一档量程，都要重新调零。如果转动电位器不能使指针调到 0 刻度上，则说明表内的电池已用完，需要更换了。MF-30 型万用表内有 1.5V 和 15V 两节电池，×1 ~ ×1k 各档用 1.5V 普通干电他，×10k 档单独使用 15V 叠层电池。为了提高测量电阻的准确度，应尽量使用刻度尺的中间段（在全刻度的 20% ~ 80% 范围内），为此要选择合适的量程。

在测量电路中的某一电阻时，应将电路中的电源除去，不许在带电的线路上测量电阻，否则不但测量无效，还会损坏表头。如果被测电阻在电路中有并联支路，则应将被测电阻的一端与电路分开后再测量。在测量大电阻（>10kΩ）时，应注意不要用手同时接触两表笔的导电部分，以免形成人体的并联电路。

使用万用表时应注意转换开关的位置和量程，用毕应将转换开关转到高电压档，以免下次使用不慎而损坏电表。

（2）数字式万用表　数字式万用表利用电子技术将被测量直接用数字显示出来，避免了读数误差，并免除了机械运动和摩擦，故其灵敏度和准确度比指针式万用表高得多。下面以 DT-830 型数字式万用表为例来说明它的测量范围和使用方法。

1) 测量范围。直流电压（DCV）分为五档：200mV、2V、20V、200V、1000V，输入电阻为10MΩ。交流电压（ACV）分为五档：200mV、2V、20V、200V、1000V，输入电阻为10MΩ，频率范围为 45 ~ 500Hz。直流电流（DCA）和交流电流（ACA）都分为五档：200μA、2mA、20mA、200mA、10A。电阻分为六档：200Ω、2kΩ、20kΩ、200kΩ、2000kΩ、20MΩ。此外，还可检查二极管的导电性能，测量晶体管的电流放大倍数 h_{FE}，并能检查线路的通断。

2) 面板说明。图 6-28 所示是 DT-830 型数字式万用表的面板图，面板上主要有液晶显示器、电源开关、量程选择开关、输入插口和 h_{FE} 插口。液晶显示器显示位数为三位半，即后三位能显示十进制 0 ~ 10 十个完整的数码，而首位只能显示"0"或"1"两个数码。其最大显示数为 1999 或 - 1999。输入超过量程时显示"1"或"- 1"。使用时将电源开关拨至"ON"位置（数字式万用表在测量电压和电流时，也必须有干电池供电）；使用完毕应将电源开关拨至"OFF"位置，以免空耗电池。可通过量程选择开关选择测量的种类及其量程，其中蜂鸣器"·))"档可检查线路通断，当被测线路电阻小于20Ω时，蜂鸣器发出响声，表示线路是通的。输入插口：测量时将黑表笔插入"COM"公共插口，红表笔根据被测量的不同插入其余三个输入插口中的一个，其中"V·Ω"口用于测量电压或电阻，"mA"口用于测量200μA~200mA各档电流，"10A"口专门用于测量10A档电流。h_{FE}插口插入晶体管，可测量晶体管的电流放大系数。

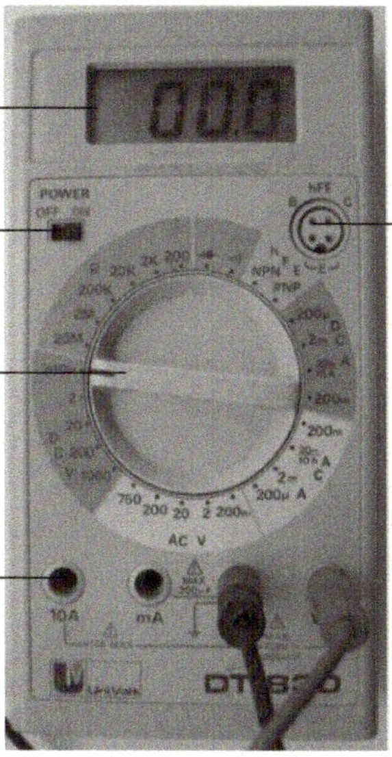

4. 电度表及电能的测量

（1）电度表及其接线方式

图 6-28 DT-830 型数字式万用表

1）电度表的分类。电度表用于测量电能。电度表按工作原理不同可分为感应式、电动式和磁电式三种；按接入电源的性质不同可分为交流电度表和直流电度表；按测量对象可分为有功电度表和无功电度表；按测量的准确度可分为 3.0 级、2.0 级、1.0 级、0.5 级、0.1 级等；按电度表接入电源相数不同可分为单相电度表和三相电度表。

2）单相交流电度表的结构及接线方式。单相交流感应式电度表的外形及结构如图 6-29 所示，其主要组成部分有电压线圈 1、电流线圈 2、转盘 9、转轴 4、上下轴承 6 和 3、蜗杆 5、永久磁铁 8、磁轭 7、计量器、支架、外壳、接线端钮等。单相交流电度表可直接接在电路上。其接线方式有两种：顺入式和跳入式，常见为跳入式，如图 6-30 所示。

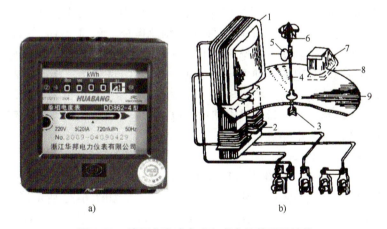

图 6-29 单相交流感应式电度表的外形及结构
a) 外形 b) 结构
1—电压线圈 2—电流线圈 3—下轴承 4—转轴 5—蜗杆 6—上轴承 7—磁轭 8—永久磁铁 9—转盘

3）三相交流电度表的结构及接线方式。三相交流电度表的结构与单相交流电度表相似，它是把两套或三套单相电度表机构套装在同一轴上组成的，只用一个"积算"机构。

其中，由两套机构组成的称为两元件电度表，由三套机构组成的称为三元件电度表。前者一般用于三相三线制电路，后者可用于三相三线制及三相四线制电路。两元件电度表的接线如图 6-31 所示。

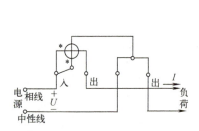

图 6-30　单相跳入式电度表接线

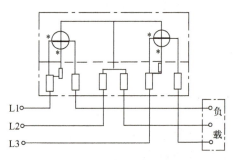

图 6-31　两元件电度表的接线

（2）电能测量　电能包括有功电能和无功电能，有功电能可用有功电度表测量，无功电能可用无功电度表测量。通常进行的是有功电能的测量。

1）单相有功电能的测量。单相有功电能可用单相有功电度表测量。当线路中的电流不太大（在电度表允许的工作电流范围内）时，可采用直接接入法，即把单相电度表直接接入电路中进行测量。当线路电流较大，超过了电度表的允许工作电流时，则电度表必须经过电流互感器接入电路，如图 6-32 所示。此时，电度表实际测量的电能为

$$W = KW_r$$

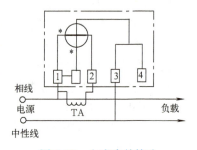

图 6-32　电度表的接法

式中，K 为电流互感器的电压比；W_r 为电度表上的读数。

2）三相有功电能的测量。在对称的三相四线制系统中，若三相负载对称，则可用一只单相电度表测量任一相电能，然后乘以 3 即得三相总电能，即 $W = 3W_1$。若三相负载不对称，测量方法有两种：一是利用三只单相电度表分别接于三相电路中，然后将这三只电度表中的读数相加，即得三相总电能，即 $W = W_1 + W_2 + W_3$；二是利用三相电度表直接接入电路进行测量，电度表上的读数即为三相总电能。注意，当电路中的电流太大时，三相电度表必须经电流互感器接入电路进行测量。当电路中的电流和电压都较大时，则电度表必须经过电流互感器及电压互感器接入电路进行测量。

5. 兆欧表及绝缘电阻的测量

（1）兆欧表的工作原理　兆欧表俗称摇表，是一种测量大电阻的仪表。经常用它测量电气设备的绝缘电阻，其表盘刻度以兆欧（MΩ）为单位，如图 6-33 所示。

兆欧表主要由两部分组成：一是比率型磁电系测量机构；二是一台手摇直流发电机。兆欧表的内部原理电路如图 6-34 所示，被测绝缘电阻接在"线"和"地"两个端子上。兆欧表的读数比率表指针位置由电流回路和电压回路共同作用来决定。电流回路由发电机"+"极经被测电阻 R_j、限流电阻 R_c，流回发电机"-"端，流过的电流为 I_1。可见，当发电机端电压 U 不变时，I_1 与 R_j 成反比，其产生一转动力矩 M_1。电压回路由发电机"+"端经限流电阻 R_U 流回发电机"-"端，其流过电流为 I_2。可见，当发电机的端电压 U 不变时，I_2

与 R_j 无关，其产生一反作用力矩 M_2。当 $M_1 = M_2$ 时，指针处于平衡位置，从而指示被测电阻 R_j 的值。

图 6-33　兆欧表

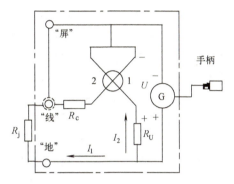

图 6-34　兆欧表的内部原理电路图

（2）绝缘电阻的测量　绝缘电阻的一般测量方法是将兆欧表平稳放置，然后将被测绝缘电阻的两端接在兆欧表的"线"和"地"两端钮上，匀速（额定转速）摇动发电机，当指针稳定后，读取比率表中的数值，即为被测绝缘电阻的阻值。

测量绝缘电阻时，要注意以下几点。

1）测量前应检查兆欧表在"线""地"短接及开路时是否为 0 和 ∞，若不是，则应调整。

2）测量电气设备绝缘电阻时，应按被测电气设备的额定电压选取相应的兆欧表，同时切断被测电气设备的电源，并接地短路放电，以保证人身和设备安全及数据准确。

3）当被测绝缘电阻表面不干净或潮湿时，为了测量准确，应将兆欧表的屏蔽端"屏"接入电路（一般接在被测绝缘电阻的表面），防止表面泄漏电流对测量的影响。

4）测量绝缘电阻时，兆欧表放置地点应远离大电流的导体及有外磁场的场合，以免影响读数。

5）为获取准确的测量结果，要求手摇发电机在额定转速下工作 1min 后进行读数。

6）使用兆欧表时，由于发电机端口电压能达千伏级，所以要注意安全。

【单元小结】

1. 低压电器的工作范围在直流 1500V 以下、交流 1000V 以下，将开关、按钮、继电器、接触器等常用低压电器按控制要求组合成一定的电路，可实现焊接电路中的保护、控制、调节、转换和通断等作用，具有工作可靠、维护简单、成本低的特点，故应用较广。

2. 控制电器是控制电路中的基本元件，它分为手动的（如刀开关、组合开关、按钮等）和自动的（如接触器、继电器等）。

3. 开启式负荷开关、封闭式负荷开关、按钮和转换开关通常用来接通或切断电器设备中的电路、电源或进行负载的转换。

熔断器和低压断路器是常用的低压保护电器,当电路发生短路、严重过载及电压过低等故障时,能自动切断电路,是低压用电设备和线路保护的一种基本方式。

行程开关是机械运动部件的位置或行程距离控制的常用电器,它在机械运动到某一规定位置时转变为对电路的控制,以改变机械的状态,实现行程控制。

4. 接触器和继电器是低压电路中常用的自动控制电器。接触器用来实现远距离频繁地接通和分断交直流主电路和大容量控制电路的自动切换。按接触器所控制的电流种类可分为交流接触器和直流接触器两种。继电器是一种根据外界输入的一定信号(电的或非电的)来控制电路通断的自动切换电器,按反映的信号可分为电压继电器、电流继电器、时间继电器、热与温度继电器、速度继电器和压力继电器等。当被控制对象的输入参数如电流、电压、时间、温度等物理量变化到预定值时,继电器动作,接通或切断被控对象,从而起到控制、调节、保护等作用。

5. 电工测量仪表按被测量的性质分为电流表、电压表、功率表、兆欧表、电度表等;按工作原理分为磁电式、电磁式、电动式、整流式、热电式、感应式等类型;按被测电流种类不同分为直流仪表、交流仪表、交直流仪表;按测量的准确度级别不同分为0.1级、0.2级、0.5级、1级、1.5级、2.5级、4级共七种。

6. 直读式电工测量仪表根据其工作原理可分为磁电式仪表、电磁式仪表、电动式仪表等。

磁电式仪表又称为动圈式仪表,它是利用被测参数的电流流过活动线圈时,在磁场中受磁场力作用产生转矩而工作的。磁电式仪表刻度均匀,准确度高,只能用来测量直流电(测交流时需经过整流),且过载能力差、价格较贵。磁电式仪表主要用作直流电流表、电压表和万用表的表头。

电磁式仪表又称动铁式仪表,它是利用动铁片和通有电流的固定线圈之间(或彼此线圈磁化的静铁片之间)的作用力产生转矩而工作的。它有排斥型和吸引型两种。电磁式仪表价格低廉,交直流都可用,过载能力强,但刻度不均匀,准确度不高。电磁式仪表主要用作工频交流电流表、电压表。

电动式仪表是利用定圈产生磁场,动圈通以电流时,受磁场力作用产生转矩而工作的。它能测量交直流电压、电流和功率。它的测量准确度比电磁式仪表高,但过载能力不强,价格较高,刻度也不均匀。主要用作功率表。

7. 测量电流时应把电流表串联在电路中,测量电压时应把电压表并联在电路中。测量直流电流、电压一般用磁电式仪表,接线时要注意端子的正负极,改变量程的方法分别是改变分流器和倍压器的阻值。测量交流电流、电压一般用电磁式仪表,要求高的则用电动式仪表。

8. 测量电功率一般用电动式仪表,接线时要注意电流线圈的始端和电压线圈的始端要接于电源的同一端。单相交流电功率的测量方法与直流电功率一样。三相对称负载可用一表法测量,三相三线制可用两表法测量,三相不对称四线制则要用三表法测量。

9. 万用表是一种多用途、多量程的常用电工仪表,特别适用于供电线路和电气设备的检修,有指针式和数字式两种。使用万用表时应注意所选的转换开关测量种类和量程,以免因误用而损坏。使用完毕后,应将转换开关转到高电压档,数字式万用表还应将电源开关断开。

10. 电度表分为单相电度表和三相电度表。测量单相电能用单相电度表实现。测量三相电能有三种方法：一是在对称负载情况下用一只单相电度表测量；二是用三只电度表分别测量；三是用三相电度表测量。

11. 兆欧表是用来测量电气设备绝缘电阻的仪表，传统类型的特点是本身带有高压手摇发电机。使用兆欧表时，由于发电机端口电压能达几百到几千伏的高电压，所以要注意测量安全。

【综合训练】

6-1　电动机主电路已设有熔断器，为什么还要再设热继电器？它们的作用有何不同？在照明、电热等纯电阻电路中，是否还需要在主电路中既设置熔断器又设置热继电器？为什么？

6-2　电动机主电路中的热继电器是按电动机的额定电流整定的，为什么在起动时，起动电流是额定电流的4~7倍，但热继电器并不动作？而在电动机运行时，当电流大于热继电器的整定值时，热继电器却会因过载而动作？

6-3　什么是点动控制？试分析图6-35中各控制电路能否实现点动控制。若不能，试说明原因，并加以改正。

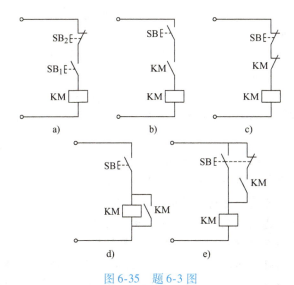

图6-35　题6-3图

6-4　什么是自锁？为什么说接触器自锁控制电路具有欠电压和失电压保护作用？

6-5　电工测量仪表是如何分类的？

6-6　试述常用磁电式、电磁式、电动式测量仪表的测量机构、工作原理和主要用途。

6-7　在使用电流表和电压表时应如何正确接线？

6-8　某磁电式测量机构的电阻为15Ω，允许通过的额定电流为5mA，今欲将其做成量程为5A的电流表，问需接入多大阻值的分流电阻？

6-9　试述单相交流功率和三相功率的测量方法。

6-10　万用表有什么用途？分哪几种类型？

6-11　大电流、高电压电路中的三相功率和三相电能该如何测量？

6-12　兆欧表有哪些用途？使用时应注意什么？

【焊接劳模工匠】

唐成凤，四川川锅锅炉有限责任公司焊接培训中心教师，焊工高级技师。自2011年以来，多次获得省市焊接技能大赛第一名，获"成都工匠""成都市技能标兵""四川省五一劳动奖章""全国五一劳动奖章""全国优秀农民工"等荣誉称号。2020年11月，被评为"全国劳动模范"。

"全国劳动模范"唐成凤：坚持热爱 绽放人生光彩

唐成凤的"焊花"之路始于2007年7月，她不仅是焊接行业里少有的女性工作者，更是行业的佼佼者。凭借着敬业奉献、精益求精的工匠精神和精湛技术，她获得过"全国五一巾帼标兵""全国五一劳动奖章""全国劳动模范"等荣誉。这一项项殊荣的背后，是这位长相秀气的姑娘为之付出的艰辛与汗水。

作为一名在焊接行业为数不多的女电焊工，唐成凤付出了较常人更多的努力和心血。无论严寒还是酷暑，她都会穿着厚实的防护服扑在工地上，脸部被面罩盖住，头上戴着安全帽，手上是牛皮手套，站在流水线上，重复着相同的工作。厂房内电焊声音嘈杂，焊接时火花四溅，不小心溅到身上，就会留下疤痕。半年后，唐成凤考取了锅炉压力容器、压力管道焊工合格证，很快成为班组生产骨干。

一次，车间生产的小集箱经X射线检测显示，其环缝焊缝根部熔合不良，为不合格产品，这个失误导致生产停滞。唐成凤接到任务后，马上赶到现场，经过10多个小时的仔细分析和研究，终于找出了原因，用不同常规的高难度操作手法，解决了这一生产难题，为厂里挽回了损失。由于技能出众，她被任命为集箱焊接组长，成为集箱分厂最年轻的焊接组长。

在公司承制的亚洲最大的750t/d生物质余热锅炉焊接生产中，由于该余热锅炉的集箱最大长度达16.234m，存在管接头数量多、装焊密封钢板销钉制造难度大、焊接易变形等难题，唐成凤召集组员、工艺员一起商讨对策，制定出详细的施焊规程，使得最终焊后变形较小，焊缝探伤一次合格率达到99.99%，圆满完成了任务。

作为公司电焊班组的高级技师，唐成凤总是身先士卒，带领团队出色完成各项生产任务，在干好本职工作的同时，还认真做好传帮带工作，把自己的工作经验、教训传授给新同事，积极指导其他焊工和徒弟，让他们能尽快提高焊接技能。她所带班组已经成为分厂的生产骨干班组，成为担当公司急、难、险、重任务的"主力军"。2019年9月，唐成凤从一线技工转变为该公司的技能教师。之后的近两年时间里，她培养了200多名焊接工人。

"除了技术教学，我真正想传播的是电焊工的精神，要对每一个焊接产品、每一条焊缝负责，对工地工人的生命安全负责。"近年来，唐成凤除了任职技能教师，还受邀加入了四川省劳模工匠宣讲团，在四川全省各地巡回宣讲，激发广大职工的劳动热情和创造潜能，为推动成渝地区双城经济圈建设贡献智慧和力量。

唐成凤为提高焊接技术，积极努力钻研，用自身行动诠释了不忘初心的铮铮誓言。人们常说"女人如花"，但她却说："我愿拿着焊枪，在工作中绽放焊花，踏踏实实工作，做好工作和生活中的每一件事。"

模块二

弧焊电源基础知识

第七单元
焊接电弧基础知识

> **学习目标**
>
> 本单元主要讲述焊接电弧的基本知识及其引燃，电弧的结构，电弧的电特性、热特性、力学特性和交流电弧燃烧的特点；简述弧焊工艺对焊接电源的要求，包括对弧焊电源外特性、空载电压、调节特性及动特性的要求。

综合知识模块一　焊接电弧及其引燃

焊接电弧不是一般的燃烧现象，它是在一定条件下电荷通过两极间气体空间的一种导电过程（图7-1），也可以说是一种气体放电现象。焊接电弧是电弧焊的热源，而弧焊电源是为焊接电弧提供能量的设备。弧焊电源性能的好坏直接影响电弧燃烧过程的稳定性，进而影响焊接过程的稳定性和焊接接头的质量。

图 7-1　焊接电弧导电示意

能力知识点一、 焊接电弧的种类

焊接电弧的种类与弧焊电源的类型、电弧的状态和电极材料有关。根据不同的分类角度，焊接电弧的分类如下：

(1) 按焊接电流种类　可分为交流电弧、直流电弧、脉冲电弧。
(2) 按电弧状态　可分为自由电弧（如焊条电弧焊电弧）、压缩电弧（如等离子弧）。
(3) 按电极材料　可分为熔化极电弧（如 CO_2 气体保护焊电弧）、非熔化极电弧（如钨极氩弧焊电弧）。

能力知识点二、 焊接电弧的产生

一般情况下，气体不含有带电粒子（电子、正离子、负离子），而是由中性的分子或原子组成。要使气体产生电弧导电，必须使气体分子或原子电离成带电粒子——气体电离；同时，为了使电弧维持"燃烧"，还必须不断地输送电能给电弧，以补充气体电离时所消耗的电能，即电弧的阴极要不断地发射电子。综上所述，气体电离和阴极发射电子是产生电弧的必要条件。

1. 气体电离

在外加能量作用下，中性气体分子或原子分离成正离子和电子的现象称为气体电离。

气体分子或原子分离出一个外层电子所需要的最小能量称为电离能或电离功，当用电子伏特（eV）来衡量时，又称电离势或电离电位，用 E_1 表示。气体电离势的大小与其原子内部结构有关。电离势大表示气体难电离，难导电；反之表示气体容易电离。碱金属的电离势较低，气体的电离势较高，惰性气体的电离势更高。这就是为什么在含 K、Na 等稳弧剂的气氛中比较容易导电、引弧，电弧燃烧比较稳定的重要原因。

在焊接电弧中，根据引起电离的能量来源不同，电离有以下三种形式。

（1）碰撞电离　在电场中，被加速的带电粒子与原子和分子相碰撞而产生电离。

（2）热电离　在高温下，具有高动能的气体原子（或分子）在无规则的相互碰撞中产生的电离。

（3）光电离　气体原子（或分子）吸收光辐射的能量而产生的电离。

在高温焊接电弧中，主要是以热电离为主，而且进行得很激烈。

2. 阴极电子发射

阴极表面在外加能量作用下连续向外发射电子的现象称阴极电子发射。在一般情况下，电子是不能离开金属表面向外发射的，要使其逸出金属电极表面而产生电子发射，必须给电子施加一定的能量。电子从阴极表面逸出所需要的能量称为逸出功。逸出功不仅与元素的种类有关，而且与电极的表面状态有关，如表面有氧化物或其他杂质时，均可使逸出功大大降低。

按能量来源不同，阴极电子发射可分为热电子发射、场致电子发射、光电子发射和撞击电子发射四种形式。

（1）热电子发射　阴极表面受热后，其中某些电子具有大于逸出功的动能而逸出到表面外的空间中去的现象称为热电子发射。实验证明，当阴极表面温度达到 2000～2500K 时，就能产生明显的热电子发射。热电子发射在焊接电弧中起着重要的作用，它随着温度上升而增强。

因金属表面有氧化物或杂质时逸出功大为降低，所以电弧焊接时，可通过掺入某些物质或氧化物来提高阴极表面的电子发射能力。例如，钨极上含有少量的钍或铈的氧化物时，电子发射能力在高温下能增加数千倍。

（2）场致电子发射　阴极表面温度虽然不是很高，但当附近有强电场存在，并在表面附近形成较大的电位差时，阴极仍有较多的电子发射出来。这种在电场作用下而产生的电子发射称为场致电子发射。电场越强，则场致电子发射能力越强，甚至可以在室温时发生。

场致电子发射在焊接电弧中也起着重要的作用，特别是在非接触式引弧或电极为低熔点材料时，其作用更明显。

（3）光电子发射　阴极表面接受光射线的能量而释放出自由电子的现象称为光电子发射。

（4）撞击电子发射　运动速度较高、能量较大的重粒子（如正离子）撞击阴极表面，将能量传递给阴极而产生的电子发射称为撞击电子发射。

阴极所用的材料不同，其电子发射形式也不同，有的以热电子发射为主，有的以场致电子发射为主，而光电子发射和撞击电子发射在焊接电弧中占次要地位。例如，当采用铜或铝等熔点较低的材料做阴极（称冷阴极）进行焊接时，因受材料本身熔点的限制，阴极表面无法达到很高的温度，这时热电子发射较弱，主要靠场致电子发射；当采用钨、碳等熔点较高的材料做阴极（称热阴极）时，因表面温度可被加热到很高（可达 4000～5000K），可使电子获得足够的能量而进行强烈的热电子发射，这时场致电子发射就居于次要地位了。

综上所述，焊接电弧的形成和维持，是在热、光、电场和粒子动能的作用下气体原子或分子不断地被电离以及阴极电子发射的结果。

3. 焊接电弧的引燃

上面讨论的气体电离和阴极电子发射是电弧燃烧和维持的必要条件。造成两电极间气体发生电离和阴极电子发射而引起电弧燃烧的过程，称为焊接电弧的引燃。焊接电弧的引燃一般有两种方式：接触引弧和非接触引弧。

接触式引弧
示范教学

（1）接触引弧　弧焊电源接通后，电极（焊条或焊丝）与工件直接短路接触，随后迅速拉起电极（为 2～4mm）而引燃电弧，这种引弧方式称为接触引弧，是一种最常用的引弧方式。

在接触引弧中，电极与工件短路接触的方式有两种：撞击法和划擦法。焊接电弧引燃顺利与否，还与下列几个因素有关：焊接电流、电弧中的电离物质、电源的空载电压及其特性等。如焊接电流大，电弧中又存在容易电离的元素，或电源的空载电压较高时，电弧引燃就容易。

（2）非接触引弧　非接触引弧指在引弧时，电极与工件之间保持一定的间隙，然后在电极与工件之间施以高电压击穿间隙使电弧引燃。这是一种依靠高压电使电极表面产生电场发射来引燃电弧的方法。

非接触式引弧
示范教学

非接触引弧主要应用于钨极氩弧焊和等离子弧焊。

综合知识模块二　焊接电弧的结构及特性

能力知识点一、焊接电弧的结构

焊接电弧沿其长度方向分为三个区域，如图 7-2 所示。紧靠负电极的区域为阴极区，紧靠正电极的区域为阳极区，阴极区和阳极区之间的区域称为弧柱区。阳极区的长度为 10^{-4}～10^{-3}cm，阴极区的长度为 10^{-6}～10^{-5}cm，因此，电弧长度可近似认为等于弧柱长度。

沿着电弧长度方向的电压分布是不均匀的，靠近电极部分产生较强烈的电压降，即阴极区和阳极区的电压降较大，这是由于电弧电流通过电极与电离气体之间边界的特殊条件所引起的。可以认为沿着弧柱长度方向的电压降是均匀分布的。这三个区的电压降分别称为阴极压降 U_i、阳极压降 U_y 和弧柱压降 U_z。它们组成了总的电弧电压 U_h，可表示为

$$U_h = U_i + U_y + U_z \tag{7-1}$$

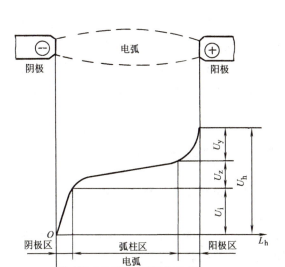

图 7-2　焊接电弧的结构和电压降分布示意

由于阳极压降基本不变（可视为常数），阴极压降在一定条件下基本上也是固定的，而弧柱压降则在一定气体介质下与弧柱长度成正比，因此式(7-1)可用下面的经验公式表示：

$$U_h = a + bl_z \tag{7-2}$$

式中，a 表示阴极压降和阳极压降之和，可视为常数（V）；b 表示单位长度弧柱压降（V/mm）；l_z 是弧柱长度（mm），近似等于弧长。

显而易见，弧长不同，电弧电压不同。

能力知识点二、焊接电弧的特性

焊接电弧的特性包括电特性、热特性和力学特性。

（一）焊接电弧的电特性

焊接电弧的电特性即伏安特性，包括静态伏安特性（静特性）和动态伏安特性（动特性）。

1. 焊接电弧的静特性

在电极材料、气体介质和电弧弧长一定的情况下，电弧稳定燃烧时电弧电压和焊接电流之间的关系称为静特性。其数学表达式为 $U_h = f(I_h)$。

（1）焊接电弧的静特性曲线形状及其应用　焊接电弧是非线性负载，即电弧两端的电压与通过电弧的电流之间不是成正比例关系。当电弧电流从小到大在很大范围内变化时，焊接电弧的静特性近似呈 U 形曲线，如图 7-3 所示。

U 形静特性曲线可看成是由三个区段组成的。在 Ⅰ 区段，电弧电压随着电流的增加而下降，称该段为下降特性段；在 Ⅱ 区段，电弧电压基本上不随电流的变化而变化，称该段为平特性段，或称恒压特性段；在 Ⅲ 区段，电弧电压随电流的增加而上升，称该段为上升特性段。

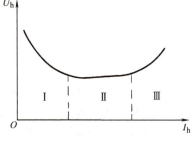

图 7-3　焊接电弧的静特性曲线

不同焊接方法的电弧静特性曲线有所不同,并且在其正常使用范围内并不包括电弧静特性曲线的所有区段。小电流钨极氩弧焊、微束等离子弧焊以及脉冲氩弧焊中的"维弧"状态,通常使用电弧静特性的下降段;焊条电弧焊、粗丝 CO_2 气体保护焊、埋弧焊,多工作在电弧静特性的水平段;细丝大电流 CO_2 气体保护焊、等离子弧焊,则通常工作在电弧静特性的上升段。

(2) 弧长对静特性曲线的影响 当电弧电流不变时,弧长增加,电弧电阻增大,根据欧姆定律,电弧电压自然会增加,如图 7-4 所示。

2. 焊接电弧的动特性

在焊接过程中,由于受到熔滴过渡等因素的影响,电弧电压和焊接电流时刻都在改变,即电弧永远处于动平衡状态。

所谓电弧的动特性,是指在一定的弧长下,当电弧电流以很快的速度变化时,电弧电压和焊接电流瞬时值之间的关系,其数学表达式为 $u_h = f(i_h)$。

图 7-5 中实线是某弧长下的电弧静特性曲线。如果电流由 a 点以很快的速度连续增加到 d 点后稳定下来,则随着电流的增加,电弧空间的温度升高。但是后者的变化总是滞后于前者,这种现象称为热惯性。当电流增加到 i_b 时,由于热惯性,电弧空间温度总是达不到稳定状态下对应于 i_b 的温度。因此,因电弧空间温度低,弧柱导电性差,维持电弧燃烧的电压不能降至 b 点,而保持在 b' 点,b' 点在 b 点的上方。以此类推,对应于每一瞬间电弧电流的电弧电压都不在 $abcd$ 实线上,而是沿 $ab'c'd$ 虚线变化。这就是说,在电流增加的过程中,动特性曲线上的电弧电压比静特性曲线上的电弧电压高。同理,当电弧电流由 i_d 迅速下降到 i_a 时,同样由于热惯性的影响,电弧空间温度来不及降低,此时对应每一瞬时电流的电压值均低于静特性曲线上的电弧电压,如图 7-5 中的虚线 $ab''c''d$ 所示。

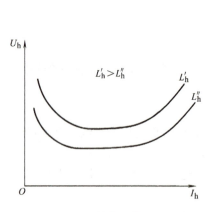

图 7-4 弧长对静特性曲线的影响

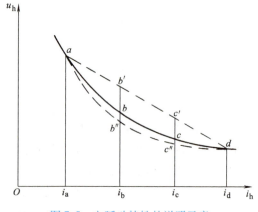

图 7-5 电弧动特性的说明示意

(二) 焊接电弧的热特性

1. 焊接电弧的产热特性

在电弧焊中,通过电弧把电能转换成焊接所需的热能和机械能。电弧三个区域的导电特性不同,因而其产热特性也有所不同。

(1) 弧柱区的产热特性 弧柱的导电任务绝大部分由电子来承担,即弧柱中的热量主要由电子的动能转换而来。在实际焊接中,为了增加弧柱的产热量,从而获得能量更集中、温度更高的电弧,往往采取措施使弧柱强迫冷却、电弧断面减小。普通的电弧焊,其弧柱部分的热量只有很少一部分传给填充材料及工件,大部分则通过对流等形式损失掉了。

（2）阴极区的产热特性　阴极区和弧柱区相比,长度短,且直接靠近电极或工件,所以阴极区产生的热量对电极或工件的影响更直接。其所产生的热量主要用于对阴极的加热和阴极区的散热损失。焊接时,这部分热量可被用来加热填充材料及工件。

（3）阳极区的产热特性　阳极区的热量主要是当自由电子撞入阳极时,由自由电子的动能和位能转化而来。与阴极区相似,阳极区所产生的热量主要用于对阳极的加热和阳极区的散热损失。焊接时,这部分热量可被用来加热填充材料及工件。

2. 焊接电弧的热效率及能量密度

电弧焊的热能由电能转换而来,因此电弧的热功率可用下式表示：

$$P = IU_h \tag{7-3}$$

电弧产生的热能并不能全部有效地用于焊接,其中一部分因对流、辐射及传导等损失掉了。用于加热、熔化填充材料及工件的电弧热功率称为有效热功率,表示为

$$P' = \eta P \tag{7-4}$$

式中,η 为有效热功率系数,即热效率系数,它受焊接方法、焊接参数、周围条件等因素的影响。表7-1为常用焊接方法的热效率系数。

表7-1　常用焊接方法的热效率系数

焊 接 方 法	η
焊条电弧焊	0.65～0.85
埋弧焊	0.80～0.90
CO_2 气体保护焊	0.75～0.90
熔化极氩弧焊	0.70～0.80
钨极氩弧焊	0.65～0.70

当其他条件不变时,电弧电压升高,弧长增加,通过对流、辐射等损失的弧柱热量增加,η 随着电弧电压 U_h 的升高而降低。

单位面积上的有效功率称为能量密度。能量密度在电弧轴线处最大,从中心到周围逐渐降低。

3. 电弧的温度分布

焊接电弧中三个区域的温度分布是不均匀的。一般情况下,阳极斑点温度高于阴极斑点温度,分别占放出热量的43%和36%左右,但都低于该种电极材料的沸点。弧柱区的温度最高,但沿其截面分布不均,其中心温度最高,可达5000～8000K。

（三）焊接电弧的力学特性

电弧在电弧焊中的作用之一是把电能转换为机械能,机械能在电弧焊中以电弧力的形式表现出来。电弧力对焊缝的熔深、熔滴过渡、熔池搅拌、焊缝成形及金属飞溅等都有影响。电弧力包括电磁收缩力、等离子流力、斑点力、熔滴冲击力及短路爆破力等。

1. 电弧力的类型及作用

（1）电磁收缩力　当电流通过两根相近的平行导线时,若电流方向相同,则产生相互吸引力,电流方向相反则产生排斥力。这种由电磁场产生的力称为电磁力,其大小与导线中

流过的电流大小成正比,与两导线间的距离成反比。

若把电弧中的电流看成是许多靠近的平行同向电流线时,则它们之间将产生相互吸引力。因电弧是柔性导体,它的截面是可变的,截面将产生收缩,这种现象称为电磁收缩效应,产生此效应的力称为电磁收缩力。

由电磁力引起的收缩效应,不仅使熔池下凹,同时也对熔池产生搅拌作用,有利于细化晶粒,排出气孔和夹渣,使焊缝的质量得到改善。

(2)等离子流力 锥形电弧在电磁收缩力的作用下,高温气体不断地由电极流向工件,电弧周围的气体不断地从电极旁进行补充,补充进的气体被加热电离并连续流向工件,对熔池形成动压力,即等离子流力。

等离子流力可增大电弧的挺度,在熔化极电弧焊时促进熔滴轴向过渡,增大熔深和对熔池的搅拌作用。

(3)斑点力 电弧焊时,电极斑点受到带电粒子的撞击或金属蒸发的反作用而对斑点产生压力,称为斑点力。

不论是阴极斑点力还是阳极斑点力,其方向总是与熔滴过渡方向相反,阻碍熔滴过渡。一般阴极斑点力比阳极斑点力大,所以在具体应用时应该注意,如熔化极气体保护焊宜采用直流反接,以减少熔滴过渡的阻碍作用。

(4)熔滴冲击力 当采用较大的电流进行熔化极氩弧焊时,熔滴呈射流过渡,在等离子流力的作用下,熔滴以极大的加速度连续沿轴向射向熔池,使焊缝极易形成指状熔深。

(5)短路爆破力 电弧从燃烧状态过渡到短路状态,电弧电流迅速上升,熔滴温度急剧升高,使液柱汽化爆断,产生较大的冲击力,导致飞溅的产生。

2. 影响电弧力的因素

(1)气体介质 不同种类的气体介质,其热物理性能不同,对电弧产生的影响也不同。导热性强的气体或多原子气体消耗的热量多,对电弧有冷却作用,会引起电弧的收缩,导致电弧力的增加。气体流量或电弧空间气体压力增加,也会引起弧柱收缩导致电弧力增加,同时使斑点力增大。斑点力增大使熔滴过渡困难,CO_2气体保护焊时这种现象最为明显。

(2)电流和电弧电压 电流增大,电磁收缩力和等离子流力都将增大,所以电弧力也增大。电流一定,电弧长度增加引起电弧电压升高,则电弧力降低。

(3)焊丝直径 焊接电流一定时,焊丝越细,电流密度越大,造成电弧锥形越明显,电磁力和等离子流力越大,电弧力也越大。

(4)电极极性 通常阴极区的收缩程度比阳极区大,因此直流正接时,可形成锥度较大的电弧,产生较大的电弧力。

熔化极气体保护焊采用直流正接时,熔滴受到较大的斑点力,过渡时受阻,电弧力较小;反之,直流反接时,电弧力较大。

综合知识模块三 焊接电弧的分类及特点

焊接电弧的性质与弧焊电源的种类、电弧的状态、电弧周围的介质和电极材料等有关。从不同的角度,可对焊接电弧做如下分类。

1)按电流种类:分为交流电弧、直流电弧和脉冲电弧(包括高频脉冲电弧)。

2）按电弧状态：分为自由电弧和压缩电弧。焊条电弧焊电弧是自由电弧，等离子弧属于压缩电弧。

3）按电弧周围介质：可分为焊条电弧焊电弧、焊剂层下"燃烧"的电弧、气体保护电弧焊电弧以及介于明弧和埋弧之间的电弧。

4）按电极材料：可分为熔化极电弧和非熔化极电弧。例如，钨极氩弧焊电弧是非熔化极电弧，CO_2气体保护焊电弧是熔化极电弧。

下面重点论述应用较广的交流电弧的电特性和特点及自由电弧中非熔化极电弧和熔化极电弧的特点。另外，对压缩电弧和脉冲电弧的特点做简单介绍。

能力知识点一、交流电弧

以交流电形式向焊接电弧输送电能的电源称为交流弧焊电源，其产生的焊接电弧是交流电弧。交流电弧的引燃和燃烧，就其物理本质，与上述直流电弧相同。上面讨论的电弧静特性同样适用于交流电弧，这时的 U_h 和 I_h 分别表示电弧电压和焊接电流的有效值。但是，作为弧焊电源负载的交流电弧，还有其特殊性。因此，在讨论对弧焊电源的要求之前，有必要介绍一下交流电弧的特点。

1. 交流电弧的特点

交流电弧一般由频率为50Hz的交流电源供电。每秒钟电弧电流有100次过零点，即每秒钟电弧熄灭和再引燃100次。这就使交流电弧放电的物理条件得以改变，使交流电弧具有特殊的电和热的物理过程，它对电弧的稳定燃烧和对弧焊电源的要求有很大的影响。

交流电弧有以下特点：

（1）电弧周期性地熄灭和引燃　交流电弧在过零点改变极性时熄灭，电弧空间温度下降，此时电弧中异性带电粒子发生复合，降低了电弧空间的导电能力。只有当电源电压 u 增大到超过再引燃电压 U_{yr} 后，电弧才有可能被再次引燃。

（2）电弧电压和电流的波形发生畸变　由于电弧电压和电流是交变的，使电弧空间和电极表面的温度也随时变化，因而电弧电阻不是常数，而是随着电弧电流的变化而变化。这样，当电源电压按正弦曲线变化时，电弧电压和电流就不按正弦规律变化，而是发生了畸变。

（3）热惯性作用较明显　由于电弧电压和电流变化得较快，而电弧热的变化滞后于电的变化。某一时刻的瞬时电流使电弧空间发生热电离的效应要推迟一定时间才能表现出来。因此，当电流从零增加到某一值和由峰值减小到同一值时，虽然两个电流的瞬时值相同，但是在电流增大过程中，电弧空间的热电离程度较低，电弧电压较高；而在电流减小的过程中，电弧空间的热电离较高，电弧电压较低。这种半个周期内同一瞬时电流值时电弧电压瞬时值的差别体现了交流电弧的动特性，使电弧电压瞬时值和电流瞬时值关系曲线呈回线形状。

2. 交流电弧连续燃烧的条件

从上述交流电弧的特点可知，交流电弧燃烧时若有熄弧时间，则熄弧时间越长，电弧越不稳定。为了保证焊接质量，必须将熄弧时间减小至零，即电弧在每次熄灭后能迅速地自行恢复燃烧，使交流电弧连续燃烧。

电弧的熄灭时间与电弧本身的参数、弧焊变压器的空载电压、电磁特性及焊接回路的阻抗类型有密切关系。对纯电阻性电路,焊接回路的电阻值远远大于感抗值,通过理论分析可知,它总是存在一定的熄弧时间,不利于交流电弧的稳定燃烧;对电感性电路,根据其电压与电流的波形图(图7-6)可以看出,只要电路中电感值 L 足够大,就能使焊接电流 i_h 滞后于电源电压 u 一定的相位角 φ,并且在 $\omega t = 0$、π、2π……时,电源电压的值已经达到了引弧电压 U_{yr},便能保证交流电弧连续、稳定地燃烧。

综上所述,要使交流电弧稳定燃烧,就应保证焊接回路中有足够大的电感,这样才能保证电流改变极性时电弧能迅速地自行恢复燃烧,从而保证交流电弧的稳定性,提高焊接质量。

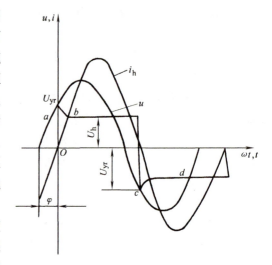

图7-6 电感性电路交流电弧的电压和电流波形图

3. 影响交流电弧燃烧的因素和提高电弧稳定性的措施

(1) 影响交流电弧燃烧的因素

1) 空载电压 U_0。U_0 越高,在相同的引弧电压下熄弧时间越短,电弧越稳定。

一般条件下,$U_{yr}/U_h = 1.3 \sim 1.5$,相应地,$U_0/U_h = 1.5 \sim 2.4$ 时,电弧才能稳定燃烧。

2) 再引燃电压 U_{yr}。它对电弧的稳定燃烧有很大的影响。U_{yr} 值越大,电弧引燃越困难,电弧越不稳定。

3) 电路参数。主电路的电感、电阻对电弧连续燃烧也有较大的影响。如当 $\omega L/R$ 不大时,增大 L 或减小 R,均可使电弧趋向稳定连续地燃烧。

4) 焊接电流。焊接电流越大,电弧空间的热量就越多,而且电流变化率 di_h/dt 也越大,即热惯性作用越显著,将导致 U_{yr} 降低,电弧的稳定性提高。

5) 电源频率 f。提高 f,周期和电弧熄灭时间相应缩短。

6) 电极的热物理性能和尺寸。电极的热物理性能和尺寸对电弧的连续燃烧有一定的影响。如果电极具有较大的热容量和热导率,或具有较大的尺寸和较低的熔点,就会使电极散热迅速,温度降低快,因而 U_{yr} 较大,增大了电弧的不稳定性。

(2) 提高交流电弧稳定性的措施 为了提高交流电弧的稳定性,除了前面讨论的在焊接回路中要有足够大的电感外,还可以采取如下措施。

1) 提高弧焊电源的频率。近几年来,由于大功率电子元件和电子技术的发展,采用较高频率的交流弧焊电源已成为可能。

2) 提高电源的空载电压 U_0。提高 U_0 能提高交流电弧的稳定性,但空载电压过高会导致人身不安全、材料消耗增加、功率因数降低等不良后果,因此提高空载电压是有限度的。

3) 改善电弧电流的波形。如果把正弦波改为矩形波,则电流过零点时将具有较大的增长速度,从而可降低电弧熄灭的倾向。

4) 叠加高压电。在钨极交流氩弧焊时,由于铝工件的热容量和热导率高,熔点低,尺寸又大,因而在负极性的半周再引弧困难。为此,需在这个半周再引燃电弧时加上高压脉冲

第七单元 焊接电弧基础知识

或高频高压电，使电弧稳定燃烧，提高焊接质量。

能力知识点二、自由电弧

1. 非熔化极电弧

非熔化极电弧，顾名思义，在焊接过程中电极本身不熔化，没有金属熔滴过渡，通常采用惰性气体（如氩气、氦气等）保护。由于氦气十分昂贵，大多数情况下我国都采用氩气保护，电极多采用钨极或掺有少量稀土金属的钨极，如稀土钍或铈，这种电弧通常称为钨极氩弧。

钨极氩弧又分为直流电弧与交流电弧两种。直流钨极氩弧一旦点燃之后，电弧非常稳定，电流最小可达5A，故经常用于薄板的焊接；交流钨极氩弧，电流每秒钟有100次过零点，故每秒钟要有100次重新引燃。除此之外，氩气的电离电压很高，所以氩弧的引燃电压比一般电弧要高得多，导致交流钨极氩弧的电弧稳定性较差。

2. 熔化极电弧

熔化极电弧，就是在焊接电弧燃烧过程中作为电弧的一个极不断熔化，并按一定规律过渡到焊接工件上去。根据电弧是否可见，熔化极电弧又可分为明弧和埋弧两大类。

明弧的电极也分两种：一种是在金属丝表面敷有药皮，即常见的焊条电弧焊所用的焊条；另一种是采用光电极，即光焊丝。在后一种情形下，通常为提高焊接质量而采用保护气体，以保护电弧燃烧稳定且不受大气中有害气体的影响。随着现代化科学技术的发展，出现了在焊丝中掺入合金元素的冶金技术，其中合金元素起保护作用，而不必采用保护气体，这种电弧称为自保护电弧。采用药芯焊丝的焊接电弧就属这种情况。

采用光焊丝的电弧多数用直流弧焊电源，特别是采用活性气体保护焊的电弧必须采用直流电弧，而惰性气体保护焊的电弧，则可采用脉冲弧焊电源、矩形波交流弧焊电源或普通的交流弧焊电源。

埋弧即指埋弧焊，也是采用光焊丝，但在焊接过程中要不断地往电弧周围送颗粒状焊剂，电弧在焊剂中燃烧，即电弧被埋在焊剂下进行燃烧，而燃烧的电弧不可见。因为焊剂中含有稳弧元素，故电弧能够稳定燃烧。这类电弧既可以是直流电弧也可以是交流电弧。

在熔化极电弧焊中，电极不断地熔化并以一定形式过渡到焊缝中去，这就要求电极连续不断地向电弧区送进，以维持弧长的基本恒定。

对于普通的熔化极电弧，电极在熔化过程中形成的熔滴有大有小，短路过渡电弧是经常应用的电弧现象之一。这种电弧在燃烧过程中，不仅弧长发生激烈的变化，更主要的是在熔滴短路之后必有一个重新引燃电弧的问题存在。因此，有熔滴短路的电弧，使电弧变得不稳定，而需对弧焊电源提出很高的要求，如弧焊电源必须具备良好的动特性。

能力知识点三、压缩电弧

顾名思义，如果把自由电弧的弧柱强迫压缩，就可获得一种比一般电弧温度更高、能量更集中的热源，即压缩电弧。压缩电弧的典型实例就是等离子弧，它是利用热压缩、磁压缩和机械压缩效应，使弧柱截面缩小，能量集中，从而提高电弧能量密度，形成高温等离子弧。等离子弧又分为以下三种形式。

（1）转移型等离子弧　电极接负极、工件接正极，等离子弧产生于电极与工件之间，如图 7-7a 所示。如果电极有好的冷却条件或电极材料耐高温性能较好，则电极也可接正极，工件接负极。

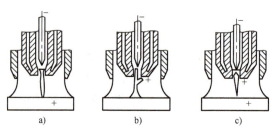

图 7-7 三种形式等离子弧示意

a) 转移型等离子弧　b) 非转移型等离子弧　c) 混合型等离子弧

（2）非转移型等离子弧　电极接负极、喷嘴接正极，等离子弧产生在电极与喷嘴表面之间，如图 7-7b 所示。

（3）混合型等离子弧　把上述两种等离子弧结合起来，工作时两种电弧同时存在，就称为混合型等离子弧，如图 7-7c 所示。它常用于微束等离子弧焊和等离子弧喷焊。

这三种形式的等离子弧电极均是不熔化电极，因此它们除了具有高能量密度的压缩电弧外，还具有非熔化极自由电弧的特点，即影响电弧稳定燃烧的主要因素是电弧电流和空载电压。要保持电弧的稳定燃烧，应尽可能使电弧电流不变，并且空载电压较高。等离子弧通常采用直流和脉冲电流，但也有采用交流的。

20 世纪 70 年代还出现了熔化极等离子弧的新形式。这种形式可以看作是等离子弧与熔化极电弧的结合。此时的等离子弧主要在不熔化极与工件之间形成，通过焊丝（熔化极）熔化实现熔滴过渡。因此，它同时具有压缩电弧和熔化极自由电弧的特点。

能力知识点四、脉冲电弧

脉冲电弧特点

电流为脉冲波形的电弧，称为脉冲电弧。近几十年来脉冲电弧的应用有很大的发展，它可用于钨极、熔化极电弧焊。脉冲电弧可分为直流脉冲电弧和交流脉冲电弧。脉冲电弧电流周期性地从基本电流（维弧电流）幅值增至脉冲电流幅值。也可以认为：脉冲电弧是由维持电弧和脉冲电弧两种电弧组成的。维持电弧用于在脉冲休止期间来维持电弧的稳定燃烧；脉冲电弧用于加热熔化工件和焊丝，并能使熔滴从焊丝脱落并向工件过渡。

脉冲电弧的电流波形有许多种形式，如常见的矩形波脉冲、梯形波脉冲、正弦波脉冲和三角形波脉冲等。图 7-8 所示为直流矩形波脉冲电弧电流波形。脉冲电弧的基本参数有：

I_m——脉冲电流峰值（脉冲电流）；

I_j——基本电流；

t_1——脉冲宽度（脉冲时间）；

t_2——脉冲间隙时间（脉冲休止时间）；

T——脉冲周期（$T = t_1 + t_2$）；

I_p——脉冲平均电流，对于矩形波脉冲：

$$I_p = I_j + (I_m - I_j)\frac{t_1}{T} = I_j + (I_m - I_j)K$$

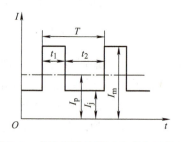

图 7-8 直流矩形波脉冲电弧电流波形

K——脉冲宽度$\left(K=\dfrac{t_1}{T}\right)$，也称占空比。

脉冲电弧的电流不是连续恒定的，而是周期性变化的，因此电弧的温度、电离状态、弧柱尺寸的变化均滞后于电流的变化。

在焊接过程中，因为脉冲电弧的电流为脉冲波形，因而在同样的平均电流下，其峰值电流较大，熔池处于周期性的加热和冷却的循环之中，其可调焊接工艺参数较多。因此，它可以在较大范围内调节和控制焊接线能量及焊接热循环；能有效地控制熔滴的过渡、熔池的形成和焊缝的结晶，从而具有其独到之处。

脉冲电弧包括非熔化极脉冲电弧、熔化极脉冲电弧和脉冲等离子弧，这三种脉冲电弧既有共同之处又各自具有自身的特点，这里不做详细说明。

综合知识模块四　对弧焊电源的要求

弧焊电源是弧焊机的核心部分，是向焊接电弧提供电能的一种专用设备。它应具有一般电力电源所具有的特点，即结构简单、制造容易、节省电能、成本低、使用方便、安全可靠及维修容易等。但是，由于弧焊电源的负载是电弧，它的电气性能就要适应电弧负载的特性。因此，弧焊电源还需具备焊接的工艺适应性，即应具备容易引弧，能保证电弧稳定燃烧，焊接工艺参数稳定、可调的特点。

能力知识点一、对弧焊电源外特性的要求

弧焊电源和焊接电弧是一个供电与用电系统。在稳定状态下，弧焊电源的输出电压和输出电流之间的关系，称为弧焊电源的外特性，或弧焊电源的伏安特性，其数学函数式为 $U_y = f(I_y)$。

（一）"电源—电弧"系统的稳定条件

在焊接过程中，弧焊电源是焊接电弧能量的提供者，焊接电弧是弧焊电源能量的使用者，因此弧焊电源和焊接电弧组成"电源—电弧"系统，如图7-9所示。

"电源—电弧"系统的稳定条件包括两个方面，即系统的静态稳定条件和系统的动态稳定条件。

1. 系统的静态稳定条件

弧焊电源外特性和焊接电弧静特性都表示电压和电流之间的关系，因此可以将这两条特性曲线绘制在一张图上，如图7-10所示。从图上可以看出，在无外界因素干扰时，要保持"电源—电弧"系统的静态平衡，电源提供的能量必须等于电弧所需要的能量，即电源外特性曲线1和电弧静特性曲线2必须能够相交，图示相交于A_0点和A_1点。也可以用以下数学式表示：

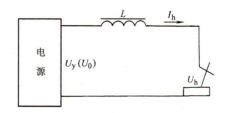

图7-9　"电源—电弧"系统电路示意

$$U_y = U_h，\quad I_y = I_h \tag{7-5}$$

式中，U_y、U_h分别是稳定燃烧状态下的电源电压和电弧电压；I_y、I_h分别是稳定燃烧状态下的电源电流和焊接电流。式(7-5)即系统的静态稳定条件。

2. 系统的动态稳定条件

在实际焊接过程中，由于操作的不稳定、工件表面的不平整或电网电压的波动等外界干扰，会产生工作点的偏移，使系统的供求平衡状态遭到破坏。

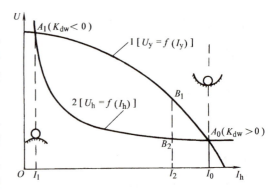

图 7-10 "电源—电弧"系统稳定性分析

由图 7-10 可以看出，如系统在 A_1 点工作，当焊接电流增加时，出现供大于求的情况，会使焊接电流继续增大，即不能回到工作点 A_1；如果焊接电流减小，则出现相反的情况，使焊接电流继续减小，直至电弧熄灭，因此 A_1 不是稳定的工作点。而如果系统在 A_0 点工作，当由于外界因素的干扰使系统偏离 A_0 点时，系统都能自动恢复到平衡点 A_0。以上分析说明，A_0 点是稳定的工作点，A_1 点不是稳定的工作点。

系统的动态稳定条件还可以用数学的方法解释，即电弧静特性曲线在工作点处的斜率必须大于电源外特性曲线在该工作点处的斜率。其数学表达式为

$$K_{dw} = \left(\frac{dU_h}{dI_h} - \frac{dU_y}{dI_y}\right) > 0 \tag{7-6}$$

式中，K_{dw} 为动态稳定系数。

（二）弧焊电源外特性曲线的形状及选择

弧焊电源的外特性一般包括下降特性和平特性，如图 7-11 所示。

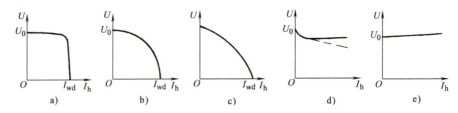

图 7-11 弧焊电源的几种外特性曲线

a) 垂直陡降特性　b) 陡降特性　c) 缓降特性　d) 平特性（恒压特性）　e) 平特性（稍上升）

为了满足 $K_{dw} > 0$，当电弧工作在静特性曲线的下降段时，$dU_h/dI_h < 0$，应使电源外特性曲线比电弧静特性曲线更为陡降；当电弧工作在静特性曲线的水平段时，$dU_h/dI_h \approx 0$，应使 $dU_y/dI_y < 0$，即要求电源外特性曲线是下降的；当电弧工作在静特性曲线的上升段时，$dU_h/dI_h > 0$，电源外特性曲线可以是下降的、平的或略上升的。

电源外特性曲线的形状除了影响"电源—电弧"系统的稳定性之外，还影响着焊接参数的稳定。在外界有干扰的情况下，将引起系统工作点移动和焊接参数出现静态偏差。为获得良好的焊缝成形，要求焊接参数的静态偏差越小越好，即要求焊接参数稳定。

有时某种形状的电源外特性可满足"电源—电弧"系统的稳定条件，即 $K_{dw} > 0$，但却不能保证焊接参数稳定。因此，一定形状的电弧静特性，需选择适当形状的电源外特性与之匹配，才能既满足系统的稳定条件，又能保证焊接参数稳定。

下面结合具体的焊接方法对电源外特性曲线的选择进行具体分析。

1. 焊条电弧焊

焊条电弧焊一般工作在电弧静特性的水平段。采用下降外特性的弧焊电源，就可满足系统稳定性的要求。但是怎样下降的外特性曲线才更合适，还得从保证焊接参数稳定性来考虑。

图 7-12 中曲线 1、曲线 2 和曲线 3 是陡降度不同的三条电源外特性曲线。弧长从 l_1 增至 l_2 时，电弧静特性曲线与垂直陡降（陡降度最大）的电源外特性曲线 3 的交点由 A_0 移至 A_3，电弧电流偏移了 ΔI_3，与下降陡度大的电源外特性曲线 1 的交点 A_0 移至 A_1，电弧电流偏移了 ΔI_1，而与下降陡度小的电源外特性曲线 2 的交点由 A_0 移至 A_2，电流偏差为 ΔI_2，显然 $\Delta I_2 > \Delta I_1 > \Delta I_3$。当弧长减小时，情况类同。由此可见，当弧长变化时，电源外特性下降的陡度越大，则电流偏差就越小，焊接电弧和工艺参数越稳定。但外特性陡降度过大时，稳态短路电流 I_{wd} 过小，影响引弧和

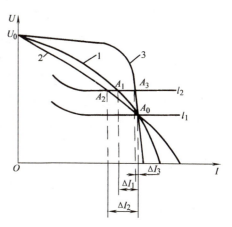

图 7-12 弧长变化时引起的电流偏移

熔滴过渡；陡降度过小的电源，其稳态短路电流 I_{wd} 又过大，焊接时产生的飞溅大，电弧不够稳定。因此，陡降度过大和过小的电源均不适合焊条电弧焊，故规定弧焊电源的外特性应满足下式：

$$1.25 < \frac{I_{wd}}{I_h} < 2 \tag{7-7}$$

最好采用恒流带外拖特性的弧焊电源，如图 7-13 所示。它既可体现恒流特性焊接参数稳定的特点，又可通过外拖增大短路电流，提高了引弧性能和电弧熔透能力。

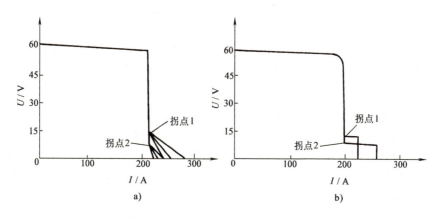

图 7-13 电源恒流带外拖特性曲线示意
a）外拖为下倾斜线　b）外拖为阶梯曲线

2. 熔化极电弧焊

熔化极电弧焊包括埋弧焊、熔化极氩弧焊（MIG）、CO_2 气体保护焊和含有活性气体的混合气体保护焊（MAG）等。采用这些焊接方法，在选择合适的电源外特性工作部分的形

状时，既要考虑其电弧静特性的形状，又要考虑送丝方式。根据送丝方式不同，熔化极电弧焊分为以下两种。

（1）等速送丝控制系统的熔化极电弧焊　CO_2 气体保护焊、MAG、MIG 焊或细丝（直径 $\phi \leqslant 3mm$）的直流埋弧自动焊，电弧静特性均是上升的，电源外特性为下降、平、微升（但上升陡度须小于电弧静特性上升的陡度）都可以满足"电源—电弧"系统稳定条件。对于这些焊接方法，特别是半自动焊，电弧的自身调节作用较强，焊接过程的稳定是靠弧长变化时引起焊接电流和焊丝熔化速度的变化来实现的。弧长变化时，引起的电流偏移越大，则电弧的自身调节作用越强，焊接参数恢复得就越快。

如图 7-14 所示，曲线 1 和曲线 2 各为近于平的和下降的电源外特性，曲线 3 为某一定弧长时的电弧静特性。当弧长发生变化时，具有平特性的电源（曲线 1）所引起的电流偏移量 ΔI_1 大于下降特性的电源（曲线 2）引起的电流偏移量 ΔI_2，表明前者的弧长恢复得快，其自身调节作用较强。因此当电流密度较大、电弧静特性为上升阶段时，应尽可能选择平外特性的电源，使其自身调节作用足够强烈，焊接参数稳定。

（2）变速送丝控制系统的熔化极弧焊　通常的埋弧焊（焊丝直径大于 3mm）和一部分 MIG 电弧静特性是平的，为了满足 $K_{dw} > 0$，只能选择下降外特性的电源。因为这类焊接方法的电流密度较小，

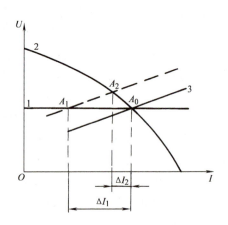

图 7-14　电弧静特性为上升形状时，
电源外特性对电流偏差的影响

自身调节作用不强，不能在弧长变化时维持焊接参数稳定，应该采用变速送丝控制系统（也称电弧电压反馈自动调节系统），即利用电弧电压作为反馈量来调节送丝速度。当弧长增加时，电弧电压增大，电压反馈迫使送丝速度加快，使弧长得以恢复；当弧长减小时，电弧电压减小，电压反馈迫使送丝速度减慢，使弧长得以恢复。显然，陡降度较大的外特性电源，在弧长或电网电压变化时所引起的电弧电压变化较大，电弧均匀调节的作用也较强。因此，在电弧电压反馈自动调节系统中应采用具有陡降外特性曲线的电源，这样电流偏差较小，有利于焊接参数的稳定。

3. 非熔化极电弧焊

这种弧焊方法包括钨极氩弧焊（TIG）、等离子弧焊以及非熔化极脉冲弧焊等。它们的电弧静特性工作部分呈平的或略上升的形状，影响电弧稳定燃烧的主要参数是电流，而弧长变化不像熔化极电弧那样大。为了尽量减小由外界因素干扰引起的电流偏移，应采用具有陡降特性的电源，如图 7-11a、b 所示。

能力知识点二、对弧焊电源空载电压的要求

弧焊电源的空载电压是指弧焊电源处于非负载状态时的端电压，用 U_0 表示，它是弧焊电源的重要技术指标。确定电源空载电压应遵循以下几项原则。

（1）保证引弧容易　引弧时焊条（或焊丝）和工件接触，因两者的表面往往有锈蚀及其他杂质，所以需要较高的空载电压才能将高电阻的接触面击穿，形成导电通路。再者，引

弧时两极间隙的气体由不导电状态转变为导电状态，气体的电离和电子发射均需要较高的电场能。即空载电压越高，引弧越容易。

（2）保证电弧稳定燃烧　为确保交流电弧稳定燃烧，要求 $U_0 \geq (1.8 \sim 2.25) U_h$。

（3）符合经济观点　当弧焊电源的额定电流 I_e 一定时，其额定容量 $P_e = U_0 I_e$，即 P_e 与 U_0 成正比，所以 U_0 越高，则 P_e 越大，制造电源所消耗的铁、铜材料越多，成本也越高，同时还会增加能量的损耗，使弧焊电源的效率和功率因数均降低，故 U_0 不宜太高。

（4）保证人身安全　弧焊电源的空载电压越高，对操作者的安全越不利。因此，从保障操作安全的角度考虑，U_0 不宜太高。

综合考虑上述因素，一般对弧焊电源的空载电压的规定如下：

$$\text{弧焊变压器} \quad U_0 \leq 80\text{V}$$
$$\text{弧焊整流器} \quad U_0 \leq 85\text{V}$$

一般规定 U_0 不得超过 100V，在特殊用途中超过 100V 时，必须备有防触电装置。

能力知识点三、对弧焊电源调节特性的要求

焊接时，由于工件材料、厚度及几何形状不同，选用的焊条（或焊丝）直径及采用的熔滴过渡形式也不同，因而需要选择不同的焊接参数，即选择不同的电弧电压 U_h 和焊接电流 I_h 等。为满足上述要求，弧焊电源必须具备可以调节的性能。

如前所述，当弧长一定时，每一条电源外特性曲线与电弧静特性曲线相交，只有一个稳定工作点，也就是只有一组电弧电压和焊接电流值。因此，为了获得一定范围的所需电弧电压和焊接电流，弧焊电源必须具有若干可均匀调节的外特性曲线，以使其与电弧静特性曲线相交，得到一系列稳定工作点，如图 7-15 所示。弧焊电源这种外特性可调的性能，称为弧焊电源的调节特性。

由图 7-9 可知，在稳定工作的条件下，电弧电压、焊接电流、电源空载电压和焊接回路的等效阻抗 Z 之间的关系可用下式表示

$$U_h = \sqrt{U_0^2 - I_h^2 |Z|^2} \quad \text{或} \quad I_h = \frac{\sqrt{U_0^2 - U_h^2}}{|Z|} \tag{7-8}$$

由式（7-8）可知，给定焊接电流 I_h 来调节电弧电压或给定电弧电压 U_h 来调节焊接电流，都可以通过调节空载电压 U_0 和等效阻抗 Z 来实现。当 U_0 不变，改变 Z 时，可得到一族外特性曲线，如图 7-15a 所示。当 Z 不变时，改变 U_0，也可得到一族外特性曲线，如图 7-15b 所示。若能保证在所需的宽度范围内均匀而方便地调节工艺参数，并能满足电弧稳定燃烧、焊缝成形好等工艺要求，就认为该电源调节性能良好。

不同的焊接方法对弧焊电源调节特性提出了不同的要求。

（一）焊条电弧焊

焊条电弧焊焊接电流 I_h 的调节范围大，通常为 100~400A，即使电弧电压 U_h 不变，也能保证得到所要求的焊缝成形，因此在焊接不同厚度的工件时，电弧电压 U_h 一般保持不变，只改变焊接电流 I_h 即可。因为 U_h 不变，所以 U_0 也无须做相应的改变，只要改变 Z 就可达到调节焊接电流的目的。图 7-15a 所示就是焊条电弧焊常用的调节特性。

但是，当使用小电流焊接时，由于电流小，电子热发射能力弱，需要靠强电场作用才容

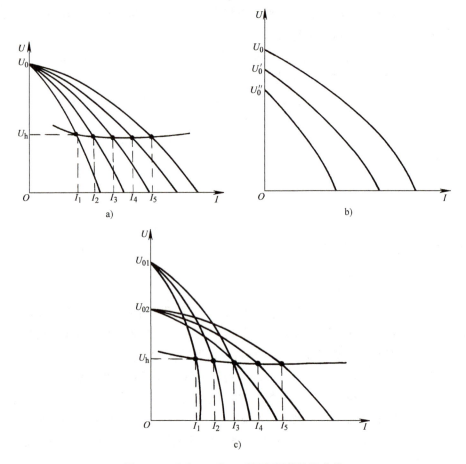

图 7-15 改变 U_0 或 Z 时的电源外特性曲线

a) U_0 不变，只改变 Z 时的电源外特性曲线 b) Z 不变，只改变 U_0 时的电源外特性曲线
c) 改变 U_0 和 Z 时的电源外特性（理想调节特性）

易引燃电弧，这就要求电源应有较高的空载电压；当使用大电流焊接时，空载电压可以降低。通常把能这样改变外特性的弧焊电源称为具有理想调节特性的弧焊电源，如图 7-15c 所示。

（二）埋弧焊

在埋弧焊中，焊缝成形与焊接参数关系密切。一般当焊接电流 I_h 增加时，焊缝熔深随着增大；当电弧电压 U_h 增加时，熔宽增加。

埋弧焊时，要求焊缝的熔深与熔宽之间应保持一定的比例关系。因此，在增加焊接电流时，电弧电压也要增加。埋弧焊电源应具有图 7-15b 所示的调节特性。

（三）等速送丝气体保护电弧焊

电弧静特性为上升的等速送丝气体保护电弧焊，可选用平外特性的电源，如图 7-16 所示，且图 7-16a 所示的调节方式优于图 7-16b 所示的调节方式。

（四）可调参数

1. 平外特性弧焊电源的调节特性参数

（1）工作电压 U_g U_g 是焊接时电源输出的负载电压。为保证一定的电弧电压 U_h，要求

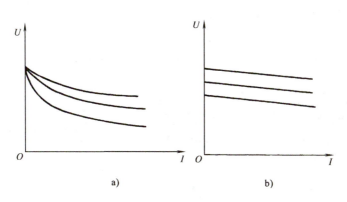

图 7-16 平外特性调节方式示意
a) U_0 不变,改变 Z b) Z 不变,改变 U_0

工作电压 U_g 随工作电流增大而增大。根据生产经验确定工作电压与工作电流的关系为一缓升直线,这条直线称为负载特性。应根据负载特性确定电源的电流或电压调节范围。

国家标准规定的负载特性为

当 $I_h < 600A$ 时,$U_g = (14 + 0.05I_h)V$;当 $I_h > 600A$ 时,$U_g = 44V$。

(2) 工作电流 I_g 它是电弧焊接时的电弧电流,即焊接电流 I_h。

(3) 最大工作电压 U_{gmax} 弧焊电源能调节输出的与规定负载特性相对应的最大电压。

(4) 最小工作电压 U_{gmin} 弧焊电源能调节输出的与规定负载特性相对应的最小电压。

(5) 工作电压调节范围 弧焊电源在规定负载条件下,经调节而获得的工作电压范围,如图 7-17 所示的 $U_{gmin} \sim U_{gmax}$。

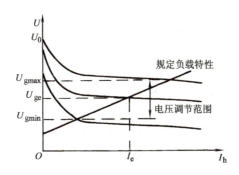

图 7-17 平外特性弧焊电源的调节特性

2. 下降特性弧焊电源的调节特性参数

(1) 工作电流 I_g 它的定义同平外特性电源。

(2) 工作电压 U_g 它的定义同平外特性电源。

其规定的负载特性如下:

焊条电弧焊和埋弧焊的负载特性为

当 $I_h < 600A$ 时,$U_g = (20 + 0.04I_h)V$;当 $I_h > 600A$ 时,$U_g = 44V$。

TIG 焊的负载特性为

当 $I_h < 600A$ 时,$U_g = (10 + 0.04I_h)V$;当 $I_h > 600A$ 时,$U_g = 34V$。

(3) 最大焊接电流 I_{hmax} 弧焊电源能调节获得的与负载特性相对应的最大电流。

(4) 最小焊接电流 I_{hmin} 弧焊电源能调节获得的与负载特性相对应的最小电流。

(5) 工作电流调节范围 弧焊电源在规定负载特性条件下能调节获得的焊接电流范围。通常要求：$I_{hmax}/I_e \geq 1.0$（I_e 为额定焊接电流）；$I_{hmin}/I_e \leq 0.25$，参见图 7-18。

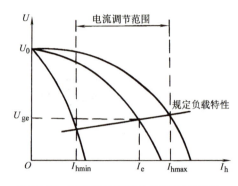

图 7-18 下降特性弧焊电源的调节特性

能力知识点四、 对弧焊电源动特性的要求

所谓弧焊电源的动特性，是指电弧负载状态发生突变时，弧焊电源输出电压与电流的响应过程，可以用弧焊电源的输出电流 $i_h = f(t)$ 和电压 $u_h = f(t)$ 来表示，它反映弧焊电源对负载瞬变的适应能力。只有当弧焊电源的动特性合适时，才能获得预期有规律的熔滴过渡，电弧稳定，飞溅小和良好的焊缝成形。

对动特性的要求主要有以下几点。

(1) 合适的瞬时短路电流峰值 焊条电弧焊时，从有利于引弧、加速金属的熔化和过渡、缩短电源处于短路状态的时间等方面考虑，希望短路电流峰值大一些好；但短路电流峰值过大，会导致焊条和焊件过热，甚至使焊件烧穿，并会使飞溅增加。因此，必须要有合适的瞬时短路电流峰值。

(2) 合适的短路电流上升速度 短路电流上升速度太小，不利于熔滴过渡；短路电流上升速度太大，飞溅严重。因此，必须要有合适的短路电流上升速度。

(3) 合适的恢复电压最低值 直流焊条电弧焊开始引弧时，当焊条与工件短路被拉开后，即在由短路到空载的过程中，由于焊接回路内电感的影响，电源电压不能瞬间就恢复到空载电压 U_0，而是先出现一个尖峰值（时间极短），紧接着下降到电压最低值 U_{min}，然后再逐渐升高到空载电压。这个电压最低值 U_{min} 就是恢复电压最低值。如果 U_{min} 过小，即焊条与工件之间的电场强度过小，则不利于阴极电子发射和气体电离，使熔滴过渡后的电弧复燃困难。

综上所述，为保证电弧引燃容易和焊接过程的稳定，并得到良好的焊缝质量，要求弧焊电源应具备对负载瞬变的良好反应能力，即良好的动特性。

综合知识模块五 焊接电弧静特性曲线测定实验

一、实验目的
验证电弧静特性曲线的形状；加深对电弧静特性曲线测定原理的理解。

二、实验原理
焊接电弧静特性是指一定长度的电弧在稳定燃烧状态下电弧电压与焊接电流之间的函数关系。由于焊接电弧是非线性负载，当焊接电流从小到大在很大范围内变化时，电弧的静特性曲线近似呈 U 形。各种焊接方法的电弧静特性曲线有所不同，而且在其正常使用范围内并不包括电弧静特性曲线的所有各段。影响电弧静特性的因素主要有气体介质成分和压力、弧长、电极材料等。其中弧长对电弧静特性的影响是：弧长增加，静特性曲线上移，即电弧电压升高。

三、实验设备
弧焊电源：1 台。
电压表：1 块。
可调电阻箱：1 个。
电流表：1 块。
自制暗箱：1 个。

四、实验步骤
按图 7-19 所示接线。

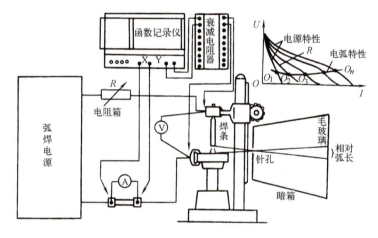

图 7-19　电弧静特性测试示意

1）引燃电弧。通常在较小的电极间距下，采用接触引弧，随即将弧焊电源及电阻箱调到尽可能小的外特性输出（较小的电流）。

2）调整并维持电弧长度为一定值。用图 7-19 所示的可视毛玻璃屏上电弧长度的阴影来控制电极的进给量，使弧长不变。观察并读出电流表和电压表的稳定值，得到最小工作点 O_1 的规范参数。

3）缓慢逐级调节弧焊电源及电阻箱，使电源供电电流逐级增大。每增大一级，待电弧稳定后，读出各工作点（O_1，O_2，…，O_n）的电流、电压值，直至最大电流的稳定工作点。

4）也可如图 7-19 所示连接 X-Y 记录仪，由笔式记录仪自动记录并绘出电弧静特性曲线。

五、实验注意事项
1）各表每次读数时间要一致。
2）读数前必须尽量维持弧长不变。
3）电流调节要缓慢、逐级进行。
4）用药皮焊条做电极进行测试时，由于药皮熔化形成套筒，使观察到的弧长小于实际弧长。此时只能假设药皮熔化的速度是均匀并随着电流的增大而增加的，应先测出各种电流下稳定燃烧的套筒长（可用突然拉长电弧的熄弧法），然后加上观察的弧长，即为整个电弧长度。

六、实验报告要求

根据测量数据画出所测电弧的静特性曲线。以一定比例将工作点（O_1，O_2，…，O_n）的电压、电流值标出，并连成圆滑曲线，即为所求。

综合知识模块六　弧焊电源外特性曲线测定实验

一、实验目的

学会测定弧焊电源外特性曲线的方法；加深对弧焊电源调节特性的理解。

二、实验原理

1）弧焊电源的外特性是指在弧焊电源内部参数不变的情况下改变外部负载，在稳定状态下其电源输出电压与输出电流的函数关系。

2）弧焊电源通过调节应获得一族外特性曲线，以适应被焊工件的材质、厚度及坡口形式等的变化而需要的不同的焊接参数。弧焊电源这种外特性曲线可调的性能，称为弧焊电源的调节特性。

三、实验设备和器材

ZXG-300 型硅整流焊机：1 台。

直流电流表（附分流器 0～500A）：1 块。

RF-300 型的可调镇静电阻箱：数个。

转换刀开关：1 个。

直流电压表（0～100V）：1 块。

四、实验内容及步骤

1）弧焊电源的种类不同，其外特性测试的方法也有所不同。本模块主要测试具有下降外特性的直流弧焊电源的外特性曲线。对于交流弧焊电源，仅改用交流测试仪表即可。

2）按图 7-20 所示接线。首先将负载电阻调到最大值（如 2Ω），此时负载电阻可用几个 RF-300 的可调镇静电阻箱串联起来，在测量到低压、大电流时，再将电阻箱并联起来，以扩大测试范围。

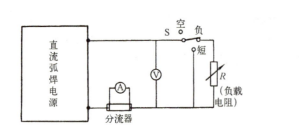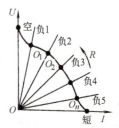

图 7-20　直流弧焊电源外特性的测试

3）在空载状态下启动弧焊电源，待稳定后，由电压表读取空载电压，此时电流表的读数值应为零。

4）将转换刀开关 S 由空载转为负载。

5）改变负载电阻值，使电焊机输出由空载至短路变化，其中读数应不少于8点，每隔20～30A电流值读一次电压及电流值，相应得到 O_0，O_1，O_2，…，O_n 各工作点的参数值。应注意，在所有的工作点上弧焊电源的调节状态必须维持固定不变。

6）把刀开关S转换至短路位置（如可能），读出短路电流稳定值，此时必须注意设备安全运行的能力。当设备处于过载状态时，应控制实验周期不超过10s（如其中短路2s、空载8s），所以要迅速读出短路电流。以测试外特性为目的的短路实验，视具体情况过载实验也可不进行。

7）改变弧焊电源的调节状态，重复上述过程，即可测得不同电源调节状态的各外特性曲线。

五、实验注意事项

测同一条外特性曲线时，应注意所有工作点上弧焊电源的调节状态必须维持固定不变。

六、实验报告要求

1）整理实验数据，在坐标纸上绘出数条所测得的外特性曲线。

2）分析所测焊机的外特性曲线，验证其是否符合国家技术标准的要求。即在正常焊接范围内，下降特性的弧焊电源在焊接电流增大时，电压降低大于7V/100A；平特性的焊接电源在焊接电流增大时，电压降低小于7V/100A或电压增高小于10V/100A。

【单元小结】

1. 焊接电弧按焊接电流种类，可分为交流电弧、直流电弧和脉冲电弧；按电弧状态，可分为自由电弧和压缩电弧；按电极材料，可分为熔化极电弧和非熔化极电弧。

2. 焊接电弧产生和维持的必要条件是气体电离和阴极发射电子。气体电离有碰撞电离、光电离和热电离三种形式，在高温焊接电弧中，主要是热电离，而且进行得很激烈。阴极电子发射是引弧和维持电弧稳定燃烧的一个很重要的因素，阴极电子发射按其能量来源不同可分为热电子发射、场致电子发射、光电子发射和撞击电子发射四种形式。根据阴极所用材料的不同，有的以热电子发射为主，有的以场致电子发射为主，而光电子发射和撞击电子发射在焊接电弧中占次要地位。

3. 焊接电弧有接触引弧和非接触引弧两种方式。接触引弧是最常用的一种引弧方式，它又分为划擦法和撞击法两种。非接触引弧需要引弧器才能实现。

4. 焊接电弧沿其长度方向分为阳极区、阴极区和弧柱区。阳极区的长度为 10^{-4}～10^{-3}cm，阴极区的长度为 10^{-6}～10^{-5}cm，因此，电弧长度可近似认为等于弧柱长度。

5. 焊接电弧的特性包括电特性、热特性和力学特性。

电特性即伏安特性，包括静态伏安特性（静特性）和动态伏安特性（动特性）。在电极材料、气体介质和电弧弧长一定的情况下，电弧稳定燃烧时电弧电压和焊接电流之间的关系称为静特性。静特性曲线形状呈U形，对于各种不同的焊接方法，其电弧静特性曲线有所不同。弧长对电弧静特性的影响如图7-4所示。所谓电弧的动特性，是指在一定的弧长下，当电弧电流以很快的速度变化时，电弧电压和焊接电流瞬时值之间的关系。

焊接电弧的热特性包括弧柱的产热特性、阴极区的产热特性和阳极区的产热特性。焊接电弧中三个区域的温度分布是不均匀的。一般情况下，阳极斑点温度高于阴极斑点温度，分

别占放出热量的43%和36%左右，但都低于该种电极材料的沸点。弧柱区的温度最高，但沿其截面分布不均，其中心温度最高，可达5000~8000K。

电弧的力学特性主要是指电弧力，它对焊缝的熔深、熔滴过渡、熔池搅拌、焊缝成形及金属飞溅等都有影响。电弧力包括电磁收缩力、等离子流力、斑点压力、熔滴冲击力和短路爆破力等。影响电弧力的因素主要有气体介质、电流和电弧电压、焊丝直径和电极极性等。

6. 交流电弧的特点是：①电弧周期性地熄灭和引燃；②电弧电压和电流的波形发生畸变；③热惯性作用较明显。交流电弧连续燃烧的条件是焊接回路中必须有足够大的电感。提高交流电弧稳定性的措施是：①提高弧焊电源的频率；②提高电源的空载电压 U_0；③改善电弧电流的波形；④叠加高压电。

7. 对弧焊电源的要求包括对弧焊电源外特性的要求、对空载电压的要求、对调节特性的要求和对动特性的要求。

对弧焊电源外特性的要求是：弧焊电源必须满足"电源—电弧"系统稳定条件，"电源—电弧"系统稳定条件包括静态稳定条件和动态稳定条件。

弧焊电源外特性曲线形状有下降的、平的或略上升的。一定形状的电弧静特性，需选择适当形状的电源外特性与之匹配，才能既满足系统的稳定条件，又能保证焊接参数稳定。不同的焊接方法应根据工作在电弧静特性曲线的不同区段进行具体分析，选择合适形状的电源外特性曲线。

对弧焊电源空载电压的要求应遵循以下几项原则：①保证引弧容易；②保证电弧的稳定燃烧；③符合经济的观点；④保证人身安全。综合考虑上述因素，一般对弧焊电源空载电压的规定如下：弧焊变压器 $U_0 \leq 80V$；弧焊整流器 $U_0 \leq 85V$。一般规定 U_0 不得超过100V，在特殊用途中超过100V时，必须备有防触电装置。

弧焊电源外特性可调的性能，称为弧焊电源的调节特性。作为一台弧焊电源，为了满足不同材料、不同工件厚度、不同位置的焊接及采用不同的焊接方法等要求，其外特性应该可以调节。

对弧焊电源动特性的要求是：①合适的瞬时短路电流峰值；②合适的短路电流上升速度；③合适的恢复电压最低值。

【综合训练】

7-1 电弧的实质是什么？它与一般的燃烧现象有何异同点？

7-2 焊接电弧的产生和维持的必要条件是什么？

7-3 气体电离的形式有哪几种？热电离与碰撞电离本质上有区别吗？

7-4 阴极电子发射有哪几种形式？场致电子发射和热发射各有什么特点？分别在什么样的条件下起主要作用？

7-5 焊接电弧的引燃方式有哪几种？描述其过程及应用场合。

7-6 试述电弧静特性的意义。

7-7 影响电弧静特性的因素主要有哪些？

7-8 把焊接电弧沿长度方向分区并说明各区的导电特性及产热特性。

7-9 焊接电弧的有效热功率与哪些因素有关？它与能量密度的关系如何？

7-10 焊接电弧的温度分布有什么特点？

第七单元　焊接电弧基础知识

7-11　电弧中有哪些主要作用力？说明各种力对熔池和熔滴过渡的影响。
7-12　影响电弧力的因素有哪些？
7-13　交流电弧有何特点？试述交流电弧稳定燃烧的条件。
7-14　分析影响交流电弧燃烧的因素并指出使电弧稳定燃烧的措施。
7-15　"电源—电弧"系统稳定燃烧的条件是什么？
7-16　焊条电弧焊需要什么样的电源外特性？是否越陡越好？说明其理由。
7-17　弧焊电源空载电压的高低有何利弊？
7-18　弧焊电源的动特性对焊接过程有何影响？

【焊接劳模工匠】

曾正超，男，汉族，生于1995年12月，中共党员。2015年，曾正超夺得第43届世界技能大赛焊接项目冠军，为中国在该项目上摘得"首金"，被授予"国家最优选手"奖。作为焊接领域的高技能人才，他先后获得"中央企业青年先锋""全国技术能手""全国青年岗位能手""全国冶金建设行业高级技能专家"等荣誉，享受国务院政府特殊津贴。

世赛焊接项目金牌得主曾正超：用实力"焊接"梦想

1995年12月，曾正超出生在四川省攀枝花市米易县撒莲镇。从上学起，曾正超的父母就一直对他寄予厚望，希望他能够好好学习，将来考上大学，毕业后找到一份稳定的工作。"但是我自己觉得，家里面的经济条件一直不太好，我不如早点去上班挣钱，这样也能为家里减轻负担。"因此，初中刚一毕业，曾正超就离开了农村老家，来到了十九冶高级技工学校学习电焊。"其实当时我只想着，一定要掌握一门实用的技术，给自己长本事。"曾正超这样说。

进校之初，由于之前没有任何电焊基础，曾正超的焊接水平不尽如人意。为尽快提高自己的技术能力，曾正超不放过任何一个训练机会，甚至在休息时间，他也坚持训练。这一切，被焊接师傅周树春看在眼里，记在心里。

当时的周树春，是中冶集团的首席技师，也是世界技能大赛中国队的焊接教练。由于在之前的第42届世界技能大赛上中国队没能拿到金牌，他心里一直憋着一股劲儿，要给中国队培养出几个优秀的人才。"焊接的火候都是在手上，要求干活又稳又准。别看曾正超这孩子年纪小，但他却有着干好焊接最需要的沉稳。"周树春说。

2013年，因表现优异，曾正超被派到孟加拉国开展项目突击，并积累了大量的实践经验。当年年底，他参加了第43届世界技能大赛的选拔活动，凭借着过硬的本领，一路过关斩将，最终成为代表中国出征的人选。之后，他到北京参加集训，每天上午8点开始训练，一直持续到深夜。

"训练的强度是比较大的。因为技能大赛的内容比较多，我们平时训练就必须每一个环节都要准备好。记得赛前一个月，有一台从外国定制的设备运到了北京。我和我的团队看不懂英文，于是就利用业余时间上网查单词记单词。刚开始操作的时候总是出问题，我自己在

内心里都做好放弃的准备了。幸运的是,我最终还是咬牙坚持了下来。短短1个月的时间,我瘦了6斤。"曾正超说。

宝剑锋从磨砺出。2015年8月,曾正超在第43届世界技能大赛上,凭借精湛的技艺,以无可挑剔的成绩,一举夺得焊接项目冠军。回国后,有人问起他奖金怎么使用时,他说一定要好好孝敬父母亲,"父母虽没有给我家财万贯,却教给我要踏踏实实做人的道理。"

如今的曾正超,已经不再是当年的毛头小伙,他对自己的未来有着明确的规划:"下一步,我打算更多地到施工一线去,学习一线的经验。有机会的话,我希望能够深造一下,多学一些理论知识。等将来干不了一线的时候,我要像师傅周树春那样,为国家培养更多的人才。"

第八单元
典型弧焊电源介绍

 学习目标

本单元主要介绍各类典型弧焊电源,包括弧焊变压器、弧焊整流器、脉冲弧焊电源、弧焊逆变器和数字化焊接电源等的结构特点、分类、应用和故障排除方法。

综合知识模块一　弧焊变压器

弧焊变压器是一种特殊的变压器,其基本工作原理与前面叙述的一般电力变压器相同。但为了满足弧焊工艺的要求,它还应具有以下特点。

1) 为保证交流电弧稳定燃烧,要有一定的空载电压和较大的电感。
2) 弧焊变压器主要用于焊条电弧焊、埋弧焊和钨极氩弧焊,应具有下降的外特性。
3) 弧焊变压器的内部感抗值应可调,以进行焊接参数的调节。

能力知识点一、弧焊变压器的分类

根据获得下降外特性的不同方法,可将弧焊变压器分成如下两大类。

1. 正常漏磁式弧焊变压器

它是由一台正常漏磁式(漏磁很小,可忽略)变压器串联一个电抗器组成的,所以又称为串联电抗器式弧焊变压器。根据电抗器与变压器的配合方式,其又可分为以下几种。

(1) 分体式弧焊变压器　变压器与电抗器是相互分开的,两者之间用电缆串联在一起,没有磁的联系,仅有电的联系,故称为分体式。BN 系列和 BX10 系列弧焊变压器属于这类。

(2) 同体式弧焊变压器　变压器与电抗器组成一个整体,两者之间不仅有电的联系,还有磁的联系。BX、BX2 系列弧焊变压器属于这类。

(3) 多站式弧焊变压器　由一台三相平特性变压器并联多个电抗器组成,通常变压器的容量较大,可供多个工位同时使用。BP-3×500 弧焊变压器就是多站式弧焊变压器。

2. 增强漏磁式弧焊变压器

这类弧焊变压器人为地增加变压器自身的漏抗,使变压器本身兼起电抗器的作用,而无需外加电抗器。按其结构特点,这类弧焊变压器可分为以下种类。

(1) 动圈式弧焊变压器　其一次绕组和二次绕组相互独立，且有一定的距离。改变一次绕组与二次绕组之间的距离，使漏抗发生变化，可达到调节焊接参数的目的。这种弧焊变压器也称为动绕组式弧焊变压器。BX3 系列弧焊变压器就属于这类弧焊变压器。

(2) 动铁式弧焊变压器　其结构特点是在一次绕组与二次绕组之间加一个活动铁心作为磁分路，以增大漏磁，即加大漏抗。通过改变动铁心的位置，可调节漏磁的大小，从而改变焊接参数。BX1 系列弧焊变压器就属于这类弧焊变压器。

(3) 抽头式弧焊变压器　它的特点是靠一次绕组与二次绕组之间耦合的不紧密来增大漏抗，通过变换抽头改变漏抗，从而调节焊接参数。BX6 系列弧焊变压器就属于这类弧焊变压器。

能力知识点二、常用弧焊变压器

(一) 同体式弧焊变压器

1. 结构特点

同体式弧焊变压器的结构原理如图 8-1 所示。由图可知，其下部是变压器，上部是电抗器，变压器与电抗器共用了一个磁轭。图中将变压器一次绕组和二次绕组画成上下叠绕是为了便于分析，实际上是同轴缠绕，一次绕组在内层、二次绕组在外层，均布在两个侧柱上，因此漏磁很少。其与分体式弧焊变压器的不同之处在于，将电抗器叠加于变压器之上共用中间磁轭，以达到省料的目的。一次绕组 W_1 的两部分串联后接入电网，二次绕组 W_2 的两部分串联后再与电抗器绕组 W_K 串联向焊接电弧供电。电抗器铁心留有空气隙 δ，δ 的大小可通过螺杆机构来调节。

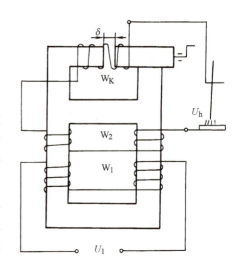

图 8-1　同体式弧焊变压器的结构原理图

2. 工作原理

同体式弧焊变压器的变压器和电抗器之间不仅有电的联系，还有磁的联系。这是因为变压器的二次绕组 W_2 与电抗器绕组 W_K 串联，有电的联系；由于变压器和电抗器共用一个磁轭，使变压器的二次绕组 W_2 与电抗器绕组 W_K 的磁通相互耦合，所以有磁的联系。下面从空载、负载和短路三种状态对其进行讨论。

(1) 空载　可以导出该弧焊变压器的空载电压为

$$U_0 = \frac{N_2}{N_1} U_1 \tag{8-1}$$

(2) 负载　该弧焊变压器是由一台正常漏磁式（漏磁很小，漏抗可忽略，即 $X_L \approx 0$）变压器串联一个电抗器组成的，其外特性方程式为

$$U_h = \sqrt{U_0^2 - I_h^2 X_K^2} \quad 或 \quad I_h = \frac{\sqrt{U_0^2 - U_h^2}}{X_K} \tag{8-2}$$

(3) 短路　短路时，电弧电压 $U_h = 0$，代入式(8-2)，可得短路电流为

$$I_d = \frac{U_0}{X_K} \tag{8-3}$$

3. 焊接工艺参数调节

这种弧焊变压器的参数调节主要是指焊接电流的调节。它主要靠调节电抗器铁心空气隙 δ 的大小来调节焊接电流。当 δ 减小时，X_K 增大，从而使 I_h 减小；同理，δ 增大，I_h 增大。

4. 特点及产品介绍

（1）特点　同体式弧焊变压器具有以下特点。

1）同体式弧焊变压器由于结构紧凑，因此可比分体式弧焊变压器节省 16% 的硅钢片，节省 10% 的铜导线，且容量越大，节省的材料越多，从而可使成本降低。

2）由于变压器二次绕组和电抗器绕组采用反接接线方式，因而提高了同体式弧焊变压器的效率，降低了电能的损耗。

3）占地面积小，节省了工作面积。

因为同体式弧焊变压器采用动铁心式电抗器调节焊接电流，所以当焊接电流调节到小电流范围时，空气隙长度 δ 较小，空气隙的磁感应强度增大，电抗器动、静铁心之间的电磁作用力增加，铁心振动大，容易导致焊接电流波动和电弧不稳等现象。因此，同体式弧焊变压器不宜在中、小电流范围使用，即这类弧焊变压器适用于作为大容量的焊接电源。

目前电流大于 500A 的弧焊变压器多采用这种结构型式。它可作为焊条电弧焊电源，主要还是作为埋弧焊的电源。

（2）产品介绍　国产同体式弧焊变压器有两个系列：BX 系列和 BX2 系列。

BX 系列有 BX-500 型弧焊变压器，适用于焊条电弧焊。BX2 系列弧焊变压器有 BX2-1000、BX2-2000 等，主要作为埋弧自动焊的电源。

（二）动圈式弧焊变压器

1. 结构特点

动圈式弧焊变压器的结构如图 8-2 所示。它的铁心高而窄，在两侧的心柱上套有一次绕组 W_1 和二次绕组 W_2。一次绕组和二次绕组是分开缠绕的。一次绕组在下方固定不动；二

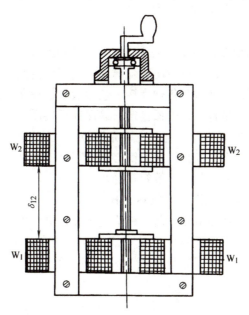

图 8-2　动圈式弧焊变压器结构示意图

次绕组在上方是活动的，摇动手柄可令其沿铁心柱上下移动，以改变其与一次绕组之间的距离 δ_{12}。由于铁心窗口较高，因此 δ_{12} 可调范围较大。这种结构特点使得一次绕组和二次绕组之间磁耦合不紧密，有很强的漏磁。由此所产生的漏抗就足以得到下降的外特性，而不必附加电抗器。由于漏抗与电抗的性质相同，故用变压器自身的漏抗代替电抗器的电抗。

2. 焊接工艺参数的调节

动圈式弧焊变压器焊接工艺参数的调节，可通过调节 X_L 来实现，X_L 的计算公式为

$$X_L = K N_2^2 (\delta_{12} + A) \tag{8-4}$$

动圈式弧焊变压器焊接参数调节示范教学

式中，K、A 为与变压器结构有关的常数；N_2 为二次绕组的匝数；δ_{12} 为一次绕组和二次绕组之间的距离。

分析式 (8-4) 可知，当动圈式弧焊变压器的结构一定时，调节漏抗 X_L，只能通过改变变压器二次绕组的匝数 N_2 和一次绕组、二次绕组之间的距离 δ_{12} 来实现。

（1）调节 δ_{12} 摇动手柄，通过螺杆带动二次绕组 W_2 上下移动，使一次绕组和二次绕组之间的距离 δ_{12} 发生变化。由于 δ_{12} 与漏抗 X_L 成正比，因此当二次绕组 W_2 上移使 δ_{12} 增大时，X_L 增大，焊接电流 I_h 减小；反之，δ_{12} 减小时，则焊接电流 I_h 增加。δ_{12} 连续变化，则焊接电流 I_h 可获得连续调节。显而易见，调节 δ_{12} 可以实现焊接电流 I_h 的细调节。

（2）改变 N_2 由于 X_L 与 N_2 的平方成正比，因此改变 N_2 可以在较大的范围内调节焊接电流 I_h。因为 N_2 很难做到连续改变，所以改变 N_2 达不到连续调节焊接电流的目的，而且单独改变 N_2 会使空载电压 U_0 受到影响。为了在改变 N_2 的同时保持空载电压 U_0 不变，特将一次绕组和二次绕组各自分成匝数相等的两盘。若使用小电流时，同时将一次绕组和二次绕组各自接成串联形式；若使用大电流时，同时将一次绕组和二次绕组各自接成并联形式。由各自串联变成各自并联时，输出的电流可增大 4 倍，这样就扩大了电流调节范围。用这种串并联的方法改变 N_2，可用作焊接电流的分档粗调节。

3. 特点及产品介绍

（1）特点 动圈式弧焊变压器的优点是没有活动铁心，因此避免了由于铁心振动所引起的小电流焊接时的电弧不稳；外特性比较陡降，电流调节范围比较宽，空载电压较高，且小电流焊接时空载电压更高。这些对各种焊接工艺参数下的焊条电弧焊来说，都是比较合适的，特别是小电流焊接时引弧容易，电弧稳定，易保证焊接质量。

由于动圈式弧焊变压器调节焊接电流主要靠调节一次绕组和二次绕组之间的距离 δ_{12} 进行，如果要求电流的下限较小，势必将矩形铁心做得很高，消耗的硅钢片较多。这是不经济的，因此，这类弧焊变压器适合制成中等容量的。

（2）产品介绍 国产动圈式弧焊变压器有 BX3 系列，产品有 BX3-120、BX3-300、BX3-500、BX3-1-300、BX3-1-500 等型号，前三种适用于焊条电弧焊，后两种适用于交流钨极氩弧焊。其区别在于后两种弧焊变压器的空载电压较高，约在 80V 以上，可以满足交流钨极氩弧焊的要求。动圈式弧焊变压器典型产品如图 8-3 所示。

（三）动铁式弧焊变压器

1. 结构特点

动铁式弧焊变压器的结构原理如图 8-4 所示，它由静铁心 Ⅰ、动铁心 Ⅱ、一次绕组 W_1

图 8-3　动圈式弧焊变压器典型产品

和二次绕组 W_2 组成。动铁心和静铁心之间存在空气隙 δ。动铁心插入一次绕组和二次绕组之间，提供了一个磁分路，以减小漏磁磁路的磁阻，从而使漏抗显著增加。动铁心可以移动，进出于静铁心的窗口，用以调节焊接电流的大小。

2. 焊接工艺参数的调节

和动圈式弧焊变压器一样，动铁式弧焊变压器焊接工艺参数的调节仍是指焊接电流 I_h 的调节，即也是通过改变弧焊变压器的漏抗 X_L 来实现的。然而这两种弧焊变压器由于结构不同，所以调节漏抗 X_L 的方式也不一样。可以导出这种弧焊变压器的漏抗 X_L 为

$$X_L \approx \frac{\omega \mu_0 S_\delta N_2^2}{\delta} \tag{8-5}$$

式中，μ_0 为空气的磁导率；δ 为变压器动、静铁心之间的空气隙长度；S_δ 为变压器动、静铁心之间的空气隙的截面积，近似等于动铁心位于静铁心窗口内那一部分的截面积。

动铁心的形状有矩形和梯形两种，由于梯形动铁心调节焊接电流的范围比矩形动铁心大，因此目前主要采用梯形动铁心结构。梯形动铁心与静铁心的配合如图 8-5 所示。

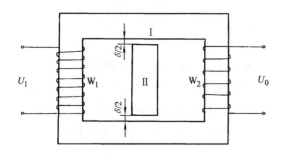 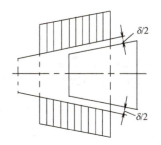

图 8-4　动铁式弧焊变压器结构原理图　　　　图 8-5　梯形动铁心与静铁心的配合
Ⅰ—静铁心　Ⅱ—动铁心　δ—空气隙

由图 8-5 可以看出，当动铁心处于不同位置时，δ、S_δ 发生变化，引起 X_L 改变，可调节焊接电流 I_h 的大小。如动铁心向里移动，δ 减小，S_δ 增大，引起 X_L 增大，则 I_h 减小；同理，动铁心向外移动，焊接电流 I_h 增大。

综上所述，动铁式弧焊变压器焊接工艺参数的调节方式如下：

（1）细调　即摇动手柄使动铁心在静铁心之间的位置发生变化，达到均匀改变焊接电流的目的。

（2）粗调　即通过改变二次绕组的匝数 N_2 达到粗调焊接电流的目的。

3. 产品介绍

动铁式弧焊变压器国产型号属于 BX1 系列，产品有 BX1-135、BX1-300、BX1-500、BX1-330 等型号，其中前三种型号为梯形动铁心式弧焊变压器，后一种型号为矩形动铁心式弧焊变压器。动铁式弧焊变压器典型产品如图 8-6 所示。

图 8-6　动铁式弧焊变压器典型产品

能力知识点三、弧焊变压器的维护、常见故障与维修

1. 弧焊变压器的维护

要保证弧焊变压器的正常使用，必须对弧焊变压器进行定期与日常的保养、维护。日常使用中的保养和维护，包括保持弧焊变压器内外清洁，经常用压缩空气吹净尘土；机壳上不应堆放金属或其他物品，以防止弧焊变压器在使用时发生短路和损坏机壳；弧焊变压器应放在干燥通风的地方，注意防潮等。

弧焊变压器的定期维护和保养可分为以下三种形式。

（1）每日一次的检查及维护　在开机工作之前检查及维护的内容包括：电源开关、调节手柄、电流指针是否正常；焊接电缆连接处是否接触良好；开机后观察冷却风扇转动是否正常等。

（2）每周一次的检查及维护　在一周工作结束前填写检查记录。检查和维护内容包括：内外除尘，擦拭机壳；检查转动和滑动部分是否灵活，并定期上润滑油；检查电源开关接触情况及焊接电缆连接螺栓、螺母是否完好；检查接地线连接处是否接触牢固等。

（3）每年一次的综合检查及维护　检查维护内容包括：拆下机壳，清除绕组及铁心上的灰尘及油污；更换损坏的易损件；对机壳变形及破坏处进行修理并喷漆；检查变压器绕组的绝缘情况；对焊钳进行修理或更换；检修焊接电流指针及刻度盘；对破坏的焊接电缆进行修补或更换等。

2. 弧焊变压器的常见故障与维修

弧焊变压器产生故障的原因是多种多样的，除设计问题、制造质量问题外，绝大部分是由于使用和维护不当所造成的。一旦弧焊变压器出现故障，应能及时发现，立即停机检查，迅速准确地判定故障产生的原因，并及时排除故障。

弧焊变压器发生故障表现为工作中产生异常现象。由于弧焊变压器结构比较简单，其异常现象也容易被发现。

焊机的异常现象是故障的表现形式，有时一种异常现象表示几种故障原因。例如，焊条与工件之间打不着火，不能引弧，可能是电源开关损坏、熔丝烧断、电源动力线断脱、变压器一次绕组或二次绕组断路、焊接电缆和焊机输出端接触不良等多种原因造成的。从这些可能的原因中找出真正的故障所在，就需要有一定的理论知识和实践经验；利用各种仪器或仪表按一定的顺序对焊机电气线路进行检查，这样才能在较短的时间内准确地找出故障原因，避免判断错误而造成各种不良后果。

弧焊变压器的常见故障及维修方法见表8-1。

表8-1 弧焊变压器的常见故障及维修方法

故障现象	产生原因	维修方法
弧焊变压器无空载电压，不能引弧	1. 地线和工件接触不良 2. 焊接电缆断线 3. 焊钳和电缆接触不良 4. 焊接电缆与弧焊变压器输出端接触不良 5. 弧焊变压器一次绕组或二次绕组断路 6. 电源开关损坏 7. 电源熔丝烧断	1. 使地线和工件接触良好 2. 修复断线处 3. 使焊钳和电缆接触良好 4. 修复连接螺栓 5. 修复断路处或重新绕制绕组 6. 修复或更换开关 7. 更换熔丝
输出电流过小	1. 焊接电缆过细过长，电压降太大 2. 焊接电缆盘成盘状，电感大 3. 地线临时搭接而成 4. 地线与工件接触电阻过大 5. 焊接电缆与弧焊变压器输出端接触电阻过大	1. 减小电缆长度或加大线径 2. 将电缆放开，不使其成盘状 3. 换成正规铜质地线 4. 采用地线夹头以减小接触电阻 5. 使电缆和弧焊变压器输出端接触良好
焊接电流不稳定，忽大忽小	1. 电网电压波动 2. 调节丝杠磨损	1. 增大电网容量 2. 更换磨损部件
空载电压过低	1. 输入电压接错 2. 弧焊变压器二次绕组匝间短路	1. 纠正输入电压 2. 修复短路处
空载电压过高，焊接电流过大	1. 输入电压接错 2. 弧焊变压器绕组接线搞错	1. 纠正输入电压 2. 纠正接线
弧焊变压器过热，有焦糊味，内部冒烟	1. 弧焊变压器过载 2. 弧焊变压器一次或二次绕组短路 3. 一次绕组或二次绕组与铁心或外壳接触	1. 减小焊接电流 2. 修复短路处 3. 修复接触处
弧焊变压器噪声过大	1. 铁心叠片紧固螺栓未旋紧 2. 动、静铁心间隙过大	1. 旋紧紧固螺栓 2. 铁心重新叠片
弧焊变压器工作状态失常（如电流大、小档互换；空载电压过高或过低；无空载电压或空载短路等）	维修弧焊变压器时，将内部接线搞错	纠正接线

能力知识点四、 弧焊变压器的故障检测与排除实训

1. 实训目的

1）明确分析故障的方法。

2）掌握常用仪器、仪表的使用方法。

3）现场排除故障。

2. 实训概述

弧焊电源在使用过程中，难免会出现这样或那样的一些故障，应及时对各种故障进行检查、分析并排除。

3. 实训设备

各种类型弧焊变压器：若干台。

万用表（108型）：若干块。

4. 实训内容及要求

1）对弧焊变压器出现的故障一一进行分析，讨论各种故障产生的原因。

2）用万用表500V交流电压档测量动力线始端，应有380V或220V电压。若无电压或电压过低，说明刀开关的熔丝烧断或电网断相。

3）用万用表检测焊机上的电源开关输入端，应有380V或220V电压。若无电压，说明动力线电缆断线或输入端未接上动力线。

4）将焊机上的电源开关接通，焊机一次绕组输入端应有正常的输入电压。若无电压，说明此电压开关损坏或接触不良。

5）用万用表交流100V电压档测量焊机二次绕组输出端，应有60~80V的空载电压，若无电压，说明焊机一次绕组或二次绕组断线。

6）测量焊把线与地线之间应有正常的空载电压，若无电压，说明焊接电缆断线或焊机输出端接触不良。

7）根据表8-1现场排除焊机其他故障。

综合知识模块二　弧焊整流器

能力知识点一、硅弧焊整流器

（一）硅弧焊整流器的组成

硅弧焊整流器利用降压变压器将50Hz的工频单相或三相电网电压降为焊接时所需的低电压，经整流器整流和输出电抗器滤波，从而获得直流电，对焊接电弧提供电能。为了获得脉动小、较平稳的直流电，以及使电网三相负载均衡，通常采用三相整流电路。硅弧焊整流器的电路一般由主变压器、外特性调节机构、整流器、输出电抗器等几部分组成，如图8-7所示。

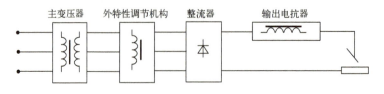

图8-7　硅弧焊整流器的组成

（1）主变压器　其作用是把三相380V的交流电转变成几十伏的三相交流电。

（2）外特性调节机构　其作用是使硅弧焊整流器获得形状合适、并且可以调节的外特性，以满足焊接工艺的要求。

（3）整流器　其作用是把三相交流电转变成直流电，通常采用三相桥式整流电路。

（4）输出电抗器　它是接在直流焊接回路中的一个带铁心并有气隙的电感线圈，其作用主要是改善硅弧焊整流器的动特性和进行滤波。

此外，硅弧焊整流器中都装有风扇和指示仪表。风扇用以加强对上述各部分、特别是硅二极管的散热，仪表用以指示输出电流或电压值。

（二）硅弧焊整流器的分类

硅弧焊整流器可按有无磁饱和电抗器来分类。

（1）有磁饱和电抗器的硅弧焊整流器　这类硅弧焊整流器根据结构特点不同又可分为：①无反馈磁饱和电抗器式硅弧焊整流器；②外反馈磁饱和电抗器式硅弧焊整流器；③全部内反馈磁饱和电抗器式硅弧焊整流器；④部分内反馈磁饱和电抗器式硅弧焊整流器。

（2）无磁饱和电抗器的硅弧焊整流器　这类硅弧焊整流器按主变压器的结构不同又可分为：①变压器为正常漏磁的，这类硅弧焊整流器的外特性是近于水平的，按空载电压调节方法不同又分为抽头式、辅助变压器式和调压器式；②变压器为增强漏磁的，这类硅弧焊整流器由于主变压器增强了漏磁，因而无需外加电抗器即可获得下降外特性，按增强漏磁的方法不同又可分为动圈式、动铁式和抽头式。

无反馈磁饱和电抗器式硅弧焊整流器具有陡降的外特性，国内典型产品有ZXG7-300、ZXG7-500和ZXG7-300-1等，可用于焊条电弧焊或钨极氩弧焊。但这种弧焊整流器的缺点是磁饱和电抗器没有反馈，电流放大倍数小，控制电流较大。

全部内反馈磁饱和电抗器式硅弧焊整流器采用带有正反馈的磁饱和电抗器使铁心达到"自饱和"，从而获得平的电源外特性。通过改变控制电流I_K，可调节弧焊整流器的输出电压U_h，即$U_h=f(I_K)$。全部内反馈磁饱和电抗器式弧焊整流器在国内的典型产品有ZPG1-500、ZPG1-1500、ZPG2-500、GD-500等型号。这种弧焊整流器适用于CO_2或惰性气体及混合气体保护下的熔化极电弧焊。

部分内反馈磁饱和电抗器式硅弧焊整流器的反馈作用介于无反馈式和全部内反馈式之间，所以外特性既不是陡降的也不是水平的，而是介于两者之间，为缓降的，这是通过内桥电阻R_n来实现的。部分内反馈磁饱和电抗器式弧焊整流器，国内典型产品有ZXG-300、ZXG-400及ZXG-500等型号，具有下降外特性，可用作焊条电弧焊和钨极氩弧焊的直流电源。另外还有可兼获下降和平外特性的多特性弧焊整流器，典型产品有ZDG-500-1、ZDG-1000R、ZPG-1000等型号，可用于焊条电弧焊、埋弧焊、CO_2气体保护焊等。

上述三种类型的磁饱和电抗器式弧焊整流器的基本原理都是利用磁化曲线的非线性，通过调节其控制绕组中的控制电流来改变磁饱和电抗器铁心的饱和程度、磁导率和交流绕组的感抗，以达到调节输出电流（无反馈式和部分内反馈式）和电压（全部内反馈式）的目的。三种类型磁饱和电抗器式弧焊整流器的特点见表8-2。

表 8-2　三种类型磁饱和电抗器式弧焊整流器的特点

项目	无反馈式	全部内反馈式	部分内反馈式
单相电路图	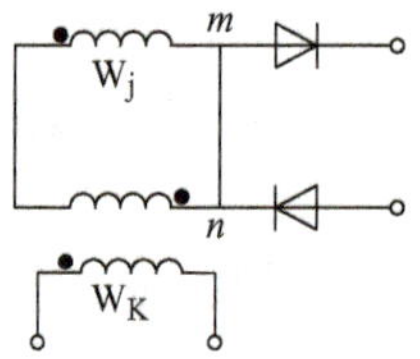 （电路图）	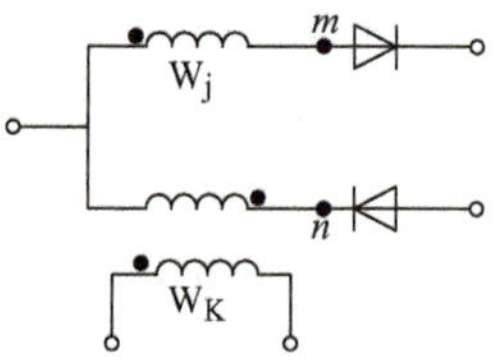 （电路图）	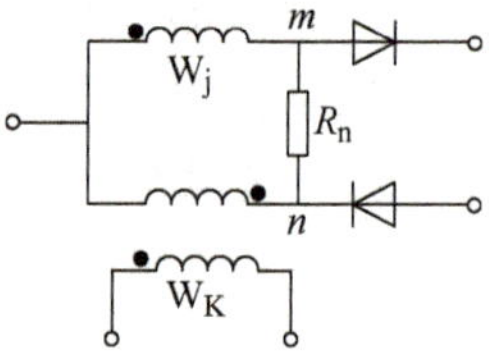 （电路图）
内桥电阻 R_n	$R_n = 0$	$R_n = \infty$	R_n 较小
外特性	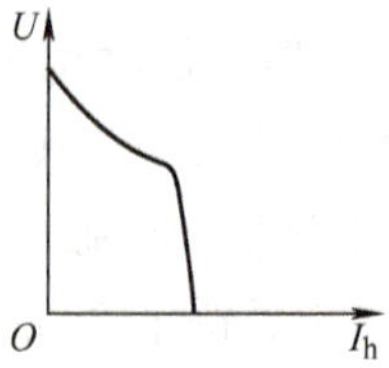 （曲线图）	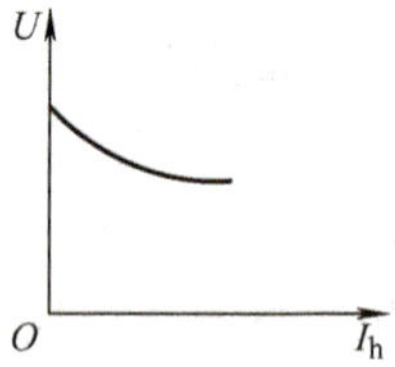 （曲线图）	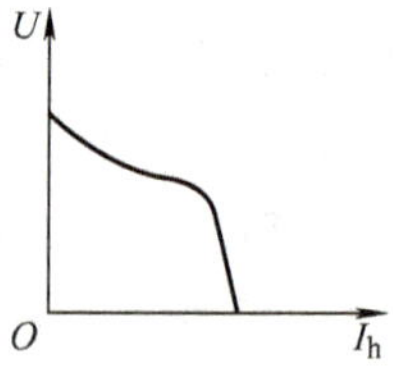 （曲线图）
调节特性	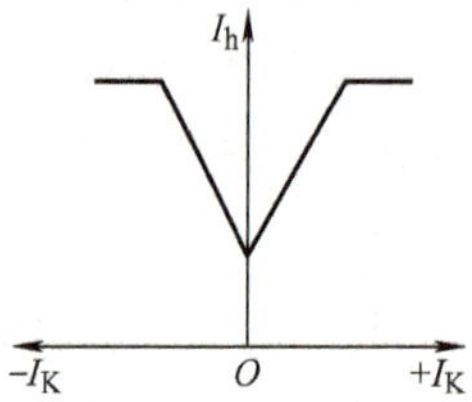 （曲线图）	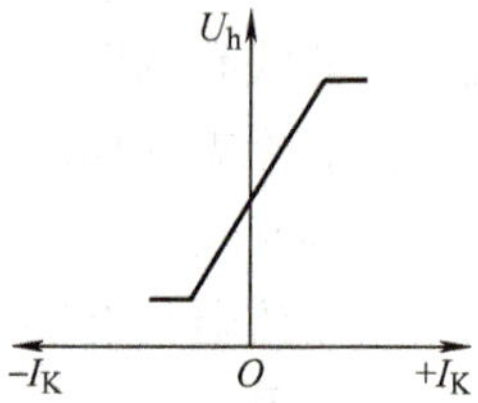 （曲线图）	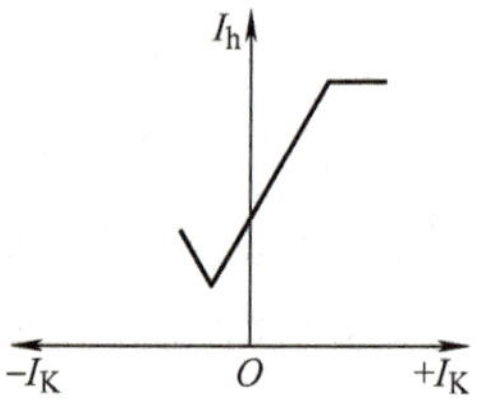 （曲线图）
交流绕组中的电流波形	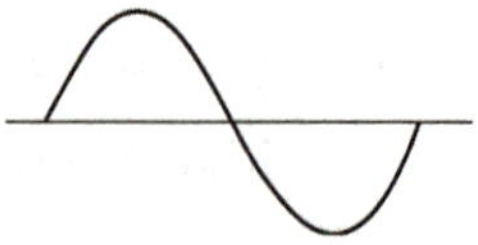 （波形图）	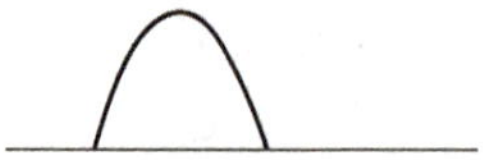 （波形图）	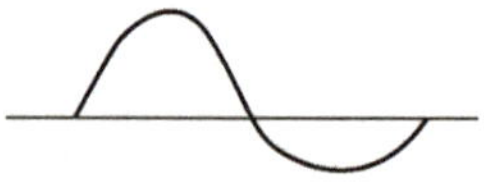 （波形图）
内正反馈	无	强	弱
电流放大倍数	小	大	中

（三）硅弧焊整流器的维护、常见故障与维修

1. 硅弧焊整流器的维护

硅弧焊整流器的维护包括以下内容。

1）定期检查焊机的绝缘电阻（在用兆欧表测量绝缘电阻前应将硅整流器件的正负极用导线短路）。

2）焊机不得在不通风的情况下进行焊接工作，以免烧毁硅整流器件。安放焊机的附近应有足够的空间，使排风良好。

3）焊机切忌剧烈振动，更不允许敲击焊机，因这样会影响磁饱和电抗器的性能，使焊机性能变坏，甚至不能使用。

4）应避免焊条与焊件长时间短路，以免烧毁焊机。

5）保持焊机清洁与干燥，定期用低压干燥的压缩空气进行清扫工作。

2. 硅弧焊整流器的常见故障与维修

硅弧焊整流器的常见故障及维修方法见表 8-3。

表 8-3　硅弧焊整流器的常见故障及维修方法

故 障 现 象	产 生 原 因	维 修 方 法
焊机外壳带电	1. 电源线误碰机壳 2. 变压器、电抗器、风扇及控制线路元件等碰机壳 3. 未接安全地线或接触不良	1. 检查并消除碰机壳处 2. 消除碰机壳处 3. 接妥接地线
空载电压过低	1. 电网电压过低 2. 变压器绕组短路 3. 磁力起动器接触不良 4. 焊接回路有短路现象	1. 调整电压至额定值 2. 消除短路现象 3. 使之接触良好 4. 检查焊机地线和焊枪线，消除短路处
运行时电源熔丝烧断	1. 硅整流器件被击穿造成短路 2. 电源变压器一次绕组与铁心短路 3. 焊机动力线接线板因灰尘堆积，受潮后将板面击穿而短路	1. 更换损坏的硅整流器件 2. 修复变压器，消除短路 3. 更换接线板或将接线板表面炭化层刮干净
焊接电源调节失灵	1. 控制绕组短路 2. 控制回路接触不良 3. 控制整流回路元件击穿	1. 消除短路处 2. 使接触良好 3. 更换元件
机壳发热	1. 主变压器一次绕组或二次绕组匝间短路 2. 相邻的磁饱和电抗器交流绕组间相互接，可能是卡进了金属杂物 3. 一只或几只整流二极管被击穿 4. 某一组（三只）整流二极管散热器相互导通，散热器之间不能相连接，如中间加的绝缘材料不好，或是散热器上留有螺母等金属物，造成短路	1. 排除短路情况，二次绕组绕在线圈外层，导线上不带绝缘层，出现短路的可能性更大 2. 消除磁饱和电抗器交流绕组间隙中卡进的螺栓、螺钉等金属物 3. 更换损坏的整流二极管 4. 更换二极管散热器间的绝缘材料，清除散热器上留有的螺栓、螺母等金属物
焊接电流不稳定	1. 主回路交流接触器抖动 2. 风压开关抖动 3. 控制回路接触不良，工作失常	1. 消除交流接触器抖动 2. 消除风压开关抖动 3. 检修控制回路
按下起动开关，焊机不起动	1. 电源接线不牢或接线脱落 2. 主接触器损坏 3. 主接触器触头接触不良	1. 检查电源输入处的接线是否牢固 2. 更换主接触器 3. 修复接触处，使之良好接触或更换主接触器
工作中焊接电压突然降低	1. 主回路全部或部分短路 2. 整流器件击穿短路 3. 控制回路断路或电位器未整定好	1. 修复线路 2. 更换器件，检查保护线路 3. 检修调整控制回路
风扇电动机不转	1. 熔断器熔断 2. 电动机引线或绕组断线 3. 开关接触不良	1. 更换熔断器 2. 接妥或修复 3. 使接触良好或更换开关

(续)

故障现象	产生原因	维修方法
电表无指示	1. 电表或相应接线短路或断线 2. 主回路故障 3. 饱和电抗器和交流绕组断线	1. 修复电表及线路 2. 排除故障 3. 排除故障
硅弧焊整流器电流冲击不稳定	1. 推力电流调整不合适 2. 整流器件出现短路,交流成分过大	1. 重新调整推力电流值 2. 更换被击穿的硅整流器件
硅弧焊整流器引弧困难	1. 空载电压不正常,故障在主电路中,整流二极管断路 2. 交流接触器的三个主触头有一个接触不良	1. 更换已损坏的整流二极管 2. 修复交流接触器,使接触良好或更换新的交流接触器
硅弧焊整流器输出电流不稳定	1. 焊接回路中的机外导线接触不良 2. 调节电流的传动螺杆螺母磨损后配合不紧,在电磁力作用下,动线圈由一个部件移到另一个部件	1. 通过外观检查或根据引弧情况来判断焊接回路的导通情况,紧固连接部位 2. 查找并更换磨损的螺杆螺母

能力知识点二、 晶闸管式弧焊整流器

ZD5-1250晶闸管式弧焊整流器在生产中的典型应用

晶闸管弧焊整流器属于电子控制型弧焊电源。由于其本身具有理想的外特性和优良的动特性,容易实现遥控、网压补偿、过载保护、热启动以及具有引弧容易、性能柔和、电弧稳定、飞溅少等优点,因此被列为更新换代产品,并已逐步取代磁饱和电抗器式弧焊整流器。

随着大功率晶闸管在20世纪60年代的问世,相应地出现了晶闸管式弧焊整流器。由于其本身具有良好的可控性,因而对电源外特性形状的控制、焊接参数的调节都可以通过改变晶闸管的导通角来实现,而不需要用磁饱和电抗器,它的性能更优于磁饱和电抗器式弧焊电源。国产晶闸管式弧焊整流器主要有ZDK系列和ZX5系列。

(一) 晶闸管式弧焊整流器的组成

晶闸管式弧焊整流器的组成如图8-8所示,主电路由主变压器T、晶闸管整流器UR和输出电抗器L组成。C为晶闸管的触发电路。当要求得到下降外特性时,触发脉冲的相位由给定电流U_{gi}和电流反馈信号U_{fi}确定;当要求得到平外特性时,触发脉冲的相位则由给定电压U_{gu}和电压反馈信号U_{fu}确定。此外还有操纵和保护电路CB。

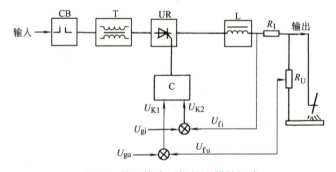

图8-8 晶闸管式弧焊整流器的组成

（二）晶闸管式弧焊整流器的主要特点

（1）动特性好　它与硅弧焊整流器相比，内部电感小，故具有电磁惯性小、反应速度快的特点。在其用于平特性电源时，可以满足所需的短路电流增长速度；当用于下降外特性电源时，不致有过大的短路电流冲击，且在必要时可以对其动特性指标加以控制和调节。

（2）控制性能好　由于它可以用很小的触发功率来控制整流器的输出，并具有电磁惯性小的特点，因此易于控制，通过不同的反馈方式可以获得所需的各种外特性形状，电流、电压可在较宽的范围内均匀、精确、快速地被调节，并且易于实现对电网电压的补偿，因此这种整流器可用作弧焊机器人的配套电源。

（3）节能　它的空载电压较低，效率、功率因数较高，输入功率较小，故节约电能。

（4）省料　与磁饱和电抗器式电源相比，它没有磁饱和电抗器，故可以节省材料，减轻重量。

（5）电路复杂　除主电路和控制电路外，它还有触发电路，使用的电子元件较多，这对电源的使用可靠性有很大影响，同时对电源的调试和维修技术要求也较高。

（6）存在整流波形脉动问题　晶闸管式弧焊整流器是通过改变晶闸管的导通角来调节电流和电压的，因而电流和电压波形的脉动比磁饱和电抗器式电源大，尤其是在下降外特性的情况下，空载电压比工作电压要高得多，要求电压变化范围很大。空载时，晶闸管需要全导通，以输出高电压；负载时，则要求其导通角变得较小，以输出低电压。当导通角很小时，整流波形脉动加剧，甚至出现波形不连续，导致焊接电弧不稳定。解决办法是在晶闸管上并联二极管和限流电阻构成维弧电路。

（三）应用范围

（1）平特性晶闸管弧焊整流器　适用于熔化极气体保护焊、埋弧焊以及对控制性能要求较高的数控焊，还可作为弧焊机器人的电源。

（2）下降特性晶闸管弧焊整流器　适用于焊条电弧焊、钨极氩弧焊和等离子弧焊。

（四）ZDK－500型弧焊整流器

ZDK－500型弧焊整流器具有平、陡降两种外特性，可用于焊条电弧焊、CO_2气体保护焊、氩弧焊、等离子弧焊、埋弧焊等。图8-9所示为ZDK－500型弧焊整流器电路原理框图，主变压器T的输出电压经晶闸管整流器UR整流，然后经输出电抗器L输出。硅整流器VC与限流电阻R组成维弧电路，维持电弧的稳定燃烧。触发电路ZD产生触发脉冲，用于触发整流器UR中的晶闸管。控制电压U_K则控制触发脉冲的相位，从而得到不同的输出电压或电流，获得不同的外特性。整个电路还受操纵、保护电路CB控制。

由上可知，ZDK－500型弧焊整流器主要包括主电路、触发电路、反

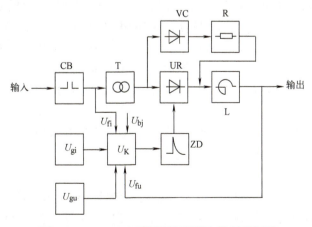

图8-9　ZDK－500型弧焊整流器电路原理框图

馈控制电路、操纵和保护电路四部分。下面介绍主电路、触发电路和反馈控制电路。

1. 主电路

晶闸管弧焊整流器的主电路有三相半波可控整流、三相全波可控整流、六相半波可控整流及带平衡电抗器的双反星形可控整流四种主要形式。

ZDK-500型弧焊整流器的主电路如图8-10所示,它是带平衡电抗器的双反星形可控整流电路,其作用是进行可控整流,以获得不同的焊接电流或电压。

在主电路中,输出电抗器L有两个作用:一是滤波;二是抑制短路电流峰值,改善动特性。

带平衡电抗器的双反星形整流器在主电路中有电抗器L时,具有如下特点。

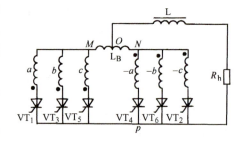

图8-10　ZDK-500型弧焊整流器的主电路

1)带平衡电抗器的双反星形整流电路,相当于正极性和反极性两组三相半波整流电路的并联。

2)任何瞬时,正、反极性组均有一支电路导通工作。

3)输出电压脉动小,触发电路简单。

4)设备容量小,整流器件承载能力强。

由于这种电路能较好地满足弧焊工艺低电压、大电流的要求,因此在我国得到了广泛的应用。

2. 触发电路

ZDK-500型弧焊整流器采用同步电压为正弦波的晶体管式触发电路,它的任务是产生晶闸管 $VT_1 \sim VT_6$ 所需的触发脉冲,其相位能够移动。由于主电路采用的是共阴极的带平衡电抗器双反星形形式,因此采用六套触发脉冲电路。

ZDK-500型弧焊整流器触发脉冲应满足以下要求。

(1) 触发脉冲应有足够的功率　触发电压、电流和脉冲宽度应足以触发晶闸管。

(2) 触发脉冲与加于晶闸管的电源电压必须同步　触发脉冲与主电路电源电压应有相同的频率,且有一定的相位关系,这样才能使每个周期中都在同样的相位触发,即各周期中控制角不变,从而可输出稳定的电压和电流。晶闸管式弧焊整流器采用三相或六相整流电路,为保持各相平衡还要求各相的晶闸管具有相同的控制角。

(3) 触发脉冲应能移相并达到要求的移相范围　为了调节焊接参数和控制电源的外特性,需改变晶闸管的导通角,这要靠触发脉冲移相来实现。晶闸管式弧焊整流器工作于电阻电感负载的条件下,其输出电压从最大调节至零,对应的控制角 α 调节范围就是要求触发脉冲移相的范围。带平衡电抗器的双反星形和六相半波可控整流电路,都要求触发脉冲移相范围为 $0° \sim 90°$。

3. 反馈控制电路

ZDK-500型晶闸管式弧焊整流器采用了电压负反馈和电流截止负反馈,可分别获得平、陡降两种外特性,其简化了的闭环控制电路如图8-11所示。当要得到陡降外特性时,将开关 SA_1 扳至"降"位置。当需要得到平特性时,只要把开关 SA_1 扳到"平"位置即可。

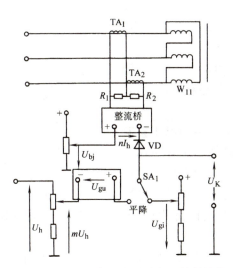

图 8-11 ZDK-500 型弧焊整流器的闭环控制简化电路图

4. 主要技术参数

ZDK-500 型弧焊整流器的主要技术参数如下。

额定焊接电流：500A；

电流调节范围：50~600A；

额定负载持续率：80%；

额定容量：36.4kV·A；

质量：350kg；

外形尺寸：940mm×540mm×1000mm。

（五）ZX5-400 晶闸管式弧焊整流器

ZX5 系列晶闸管弧焊整流器有 ZX5-250 和 ZX5-400 等型号，具有下降外特性。其动态响应迅速，瞬间冲击电流小，飞溅小，空载电压高，引弧方便可靠，而且具有优良的电路补偿功能和自动补偿环节，还备有远控盒，以便远距离调节电流，广泛适用于焊条电弧焊和碳弧气刨。ZX5 系列弧焊整流器原理框图如图 8-12 所示。现以 ZX5-400 为例加以简介。

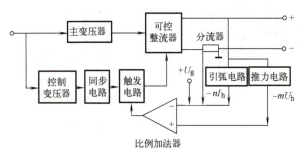

图 8-12 ZX5 系列弧焊整流器原理框图

1. 主电路

ZX5-400 型弧焊整流器的主电路如图 8-13 所示。它的整流电路都采用带平衡电抗器的双反星形形式共阳极。直流输出电路中的滤波电感 L 具有足够的电感量，它不仅可以减小焊接电流波形的脉动程度，而且使主电路具有电阻电感负载，因而当相电压变为负值时，晶闸管并不立即关断。这样焊机从空载到短路所要求的触发脉冲移相范围为0°~90°，使触发电路得以简化（用两套触发电路）。另外，滤波电感L在很大程度上可抑制短路电流冲击，对改善电源动特性有很好的作用。

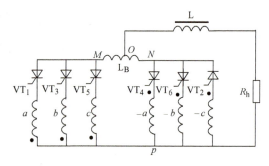

图8-13 ZX5-400型弧焊整流器的主电路

ZX5-400型弧焊整流器的主电路中接有分流器，除了用于电流测量外，还可用作电流负反馈的电流信号采样。这种采样方式简单、准确，无需增添专用元件（如互感器），且不会增加能量损耗；但所取得的信号很微弱，需经放大后才能用于控制。

2. 触发电路

ZX5-400型弧焊整流器采用单结晶体管触发电路，产生两套触发脉冲分别触发主电路中的正极性组和反极性组中的晶闸管。单结晶体管触发电路结构较简单，有一定的抗干扰能力，输出脉冲前沿较陡。但其触发功率较小，脉冲较窄，一般只能用于直接触发50A以下的晶闸管。在ZX5系列弧焊整流器中，该触发电路用以触发脉冲分配器中的晶闸管，再通过后者去触发主电路中的晶闸管，因而触发功率还是足够的。但单结晶体管参数分散性较大，给调试工作带来了一定困难。

3. 控制电路

ZX5-400型弧焊整流器控制电路的简化图如图8-14所示，主要包括运算放大器N_1和N_2，其作用是控制外特性和进行电网电压补偿。

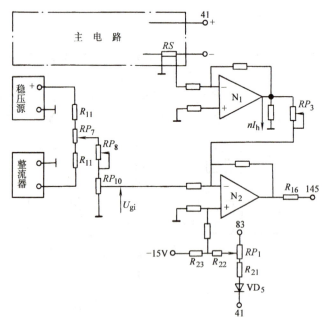

图8-14 ZX5-400型弧焊整流器控制电路的简化图

（1）对外特性的控制 ZX5-400型弧焊整流器的外特性曲线如图8-15所示。

此外，ZX5-400弧焊整流器带有电弧推力控制环节。当弧焊整流器输出端电压U_h高于

15V时，电弧推力控制环节不起作用。当 U_h 低于15V时，电压负反馈起作用，使整流器的外特性在低压段下降变缓、出现外拖，短路电流增大，使焊件熔深增加并避免焊条被粘住。调节相应电位器可改变外特性在低压外拖段的斜率，以满足施焊不同工件时对电弧穿透力的要求。

（2）电网电压补偿及过电流保护电路

1）电网电压补偿。ZX5－400型弧焊整流器还具有电网电压补偿作用。当电网电压上升时，通过合适的电路反馈作用使 U_K 的绝对值和晶闸管的导通角减小，从而可抵消电网电压升高的影响。反之，当电网电压下降时，则使 U_{gi} 和 U_K 的绝对值和晶闸管的导通角增大，抵消电网电压下降的影响。该整流器对电网电压补偿的强弱可以调节。

2）过电流保护电路。ZX5－400型弧焊整流器含有过电流保护电路。当焊接电流超过一定限度后，弧焊整流器的控制电路停止工作，主电路晶闸管截止，即整流器自动停电。过载保护动作的电流值可以调节。

4. 主要技术参数

图8-16所示为ZX5－400型弧焊整流器的实物图，其主要技术参数如下。

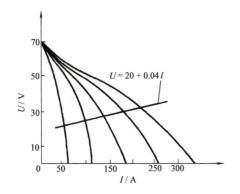

图8-15　ZX5－400型弧焊整流器的外特性曲线　　图8-16　ZX5－400型弧焊整流器

额定焊接电流：400A；

功率因数：0.75；

额定负载持续率：60%；

空载电压：63V；

质量：200kg；

外形尺寸：504mm×653mm×1010mm。

（六）晶闸管式弧焊整流器的常见故障与维修

晶闸管式弧焊整流器的常见故障及维修方法见表8-4。

表8-4　晶闸管式弧焊整流器的常见故障及维修方法

故障现象	产生原因	维修方法
接通电源，指示灯不亮	1. 电源无电压或断相 2. 指示灯损坏 3. 熔丝烧断 4. 连接线脱落	1. 检查并接通电源 2. 更换指示灯 3. 更换熔丝 4. 查找脱落处并接牢

(续)

故障现象	产生原因	维修方法
打开焊机开关，电焊机不转	1. 开关接触不良或损坏 2. 控制熔丝烧坏 3. 电风扇电容损坏 4. 电风扇损坏 5. 与电风扇的接线未接牢或脱落	1. 检修或更换开关 2. 更换熔丝 3. 更换电容 4. 检修或更换风扇 5. 接牢接线
焊机内出现焦糊味	1. 主电路部分或全部短路 2. 风扇不转或风力过小 3. 主电路中有晶闸管被击穿、短路	1. 修复线路 2. 修复风扇 3. 更换晶闸管
焊接、引弧推力不可调	1. 调节电位器的活动触头松动或损坏 2. 控制电路板零部件损坏 3. 连接线脱落、虚焊	1. 检查电位器或更换电位器 2. 更换已坏零件 3. 接牢脱落处或焊牢
引弧困难，电压表显示空载电压为50V以上	1. 整流二极管损坏 2. 整流变压器绕组有两相烧断 3. 输出电路有断线 4. 整流电路的降压电阻损坏	1. 更换二极管 2. 检修变压器绕组 3. 接好断线 4. 更换降压电阻
打开焊机开关，瞬时烧坏熔丝	1. 控制变压器绕组匝间或绕组与框架短路 2. 电风扇搭壳短路 3. 控制电路板零部件损坏引起短路 4. 控制接线脱落引起短路	1. 排除短路 2. 检修电风扇 3. 更换损坏零件 4. 将脱线处接牢
噪声变大、振动变大	1. 风扇风叶碰风圈 2. 风扇轴承松动或损坏 3. 主电路中晶闸管不导通 4. 固定箱壳或内部的某固定件松动 5. 三相输入电源中某一相开路	1. 整理风扇支架使其不碰风圈 2. 修理或更换 3. 修理或更换 4. 拧紧紧固件 5. 调整触发脉冲，使其平衡
焊机外壳带电	1. 电源线误碰机壳 2. 变压器、电抗器、电源开关及其他电器元件或接线碰机壳 3. 未接接地线或接触不良	1. 检查并消除碰机壳处 2. 消除碰机壳处 3. 接妥接地线
不能引弧，即无焊接电流	1. 焊机的输出端与工件连接不可靠 2. 变压器二次绕组匝间短路 3. 主电路晶闸管（6只）中有几只不触发 4. 无输出电压	1. 使输出端与工件连接 2. 消除短路处 3. 检查控制线路触发部分及其引线，修复 4. 检查并修复
焊接电流调节失灵	1. 三相输入电源其中一相开路 2. 近、远程选择与电位器不相对应 3. 主电路晶闸管不触发或击穿 4. 焊接电流调节电位器无输出电压 5. 控制线路有故障	1. 检查并修复 2. 使其对应 3. 检查并修复 4. 检查控制线路给定电压部分及引出线 5. 检查并修复

(续)

故障现象	产生原因	维修方法
无输出电流	1. 熔丝熔断 2. 风扇不转或长期超载使整流器内温度过高，从而使温度继电器动作 3. 温度继电器损坏	1. 更换熔丝 2. 修复风扇 3. 更换
焊接时焊接电弧不稳定，性能明显变差	1. 线路中某处接触不良 2. 滤波电抗器匝间短路 3. 分流器到控制箱的两根引线断开 4. 主电路晶闸管中的一只或几只不导通 5. 三相输入电源中的一相开路	1. 使接触良好 2. 消除短路处 3. 应重新接上 4. 检查控制线路及主电路晶闸管，修复 5. 检查并修复

综合知识模块三　脉冲弧焊电源

WZM1-400管子管板全位置数控脉冲氩弧焊机在生产中的典型应用

能力知识点一、脉冲弧焊电源的特点及应用范围

在生产实践中，对薄板和热输入敏感性大的金属材料的焊接以及全位置施焊等工艺，若采用一般电流进行焊接，则在熔滴过渡、焊缝成形、接头质量以及工件变形等方面往往是不够理想的。而采用脉冲电流进行焊接，不仅可以精确地控制焊缝的热输入，使熔池体积及热影响区减小，还可以使高温停留时间缩短，因此其无论是对薄板还是厚板，及普通金属、稀有金属和热敏感性强的金属，都有较好的焊接效果。用脉冲电流焊接还能较好地控制熔滴过渡，可以用低于喷射过渡临界电流的平均电流来实现喷射过渡，对全位置焊接有独特的优越性。

脉冲弧焊电源与一般弧焊电源的主要区别就在于所提供的焊接电流是周期性脉冲式的，包括基本电流（维弧电流）和脉冲电流；它的可调参数较多，如脉冲频率、脉冲幅值、宽度、电流上升速度和下降速度等，还可以改变脉冲电流波形，以更好地适应焊接工艺的要求。

目前脉冲弧焊电源主要用于气体保护焊和等离子弧焊。它的控制线路一般比较复杂，维修比较麻烦，在工艺要求较高的场合才应用。但结构简单、使用可靠的单相整流式脉冲弧焊电源也用在一般场合。

能力知识点二、脉冲电流的获得方法和脉冲弧焊电源的分类

1. 脉冲电流的获得方法

归纳起来有以下四种基本方法来获得脉冲电流。

（1）利用硅二极管的整流作用获得脉冲电流　这类脉冲弧焊电源采用硅二极管提供脉冲电流，可获得100Hz和50Hz两种频率的脉冲电流。

（2）利用电子开关获得脉冲电流　它是在普通直流弧焊电源直流侧或交流侧接入大功率晶闸管，分别组成晶闸管交流断续器或直流断续器，利用它们的周期性通、断获得脉冲

电流。

(3) 利用阻抗变换获得脉冲电流

1) 变换交流侧阻抗值,使三相阻抗 Z_1、Z_2、Z_3 数值不相等而获得脉冲电流。

2) 变换直流侧电阻值,采用大功率晶体管组来获得脉冲电流。在这里,大功率晶体管组既可工作在放大状态,起着改变电阻值的作用,又可工作在开关状态,起开关作用。

(4) 利用给定信号变换和电流截止反馈获得脉冲电流

1) 给定信号变换式。在晶体管式、晶闸管式弧焊电源的控制电路中,把脉冲信号指令送到给定环节,从而在主电路中得到脉冲电流。

2) 电流截止反馈式。通过周期性变化的电流截止反馈信号,使晶体管式弧焊电源获得脉冲电流输出。

用 1)、2) 方法获得的脉冲电流波形是不连续的。为了使电弧不至在脉冲电流休止时熄灭,需采取相应措施或用另一电源来产生基本电流,以维持电弧连续、稳定地燃烧。因此,脉冲弧焊电源可以由脉冲电流电源和基本电流电源并联构成,称为双电源式;也可以采用一台电源来兼顾,称为单电源式或一体式,这时需通过切换它的两条外特性,来分别满足脉冲和维弧的需要。

2. 脉冲弧焊电源的分类

脉冲弧焊电源可以按不同的角度分类,常见的分类方法如下:

(1) 按获得脉冲电流的主要器件不同分类 ①单相整流式脉冲弧焊电源;②磁饱和电抗器式脉冲弧焊电源;③晶闸管式脉冲弧焊电源;④晶体管式脉冲弧焊电源。

(2) 按获得脉冲电流的方法分类 ①交流断续器式(单相整流式、单相半控整流式和交流开关式)脉冲弧焊电源;②直流断续器式(RC 充放电式、辅助电源充电式、派生的辅助电源充电式、变压器充电式、LC 振荡式和主电源短路式)脉冲弧焊电源;③阻抗变换式(单相不平衡式、磁放大器式和晶体管式)脉冲弧焊电源。

下面分述常用脉冲弧焊电源的基本原理和特点。

能力知识点三、 单相整流式脉冲弧焊电源

单相整流式脉冲弧焊电源采用单相整流电路提供脉冲电流,常见的有并联式、差接式和阻抗不平衡式三种。

1. 并联式单相整流式脉冲弧焊电源

这是一种最简单的脉冲弧焊电源。它由一台普通直流弧焊电源提供基本电流 i_j,用另一台有中心抽头的单相变压器和硅二极管组成的单相整流器与其并联,提供脉冲电流 i_m。其电路原理如图 8-17 所示。当开关 SA 断开时为半波整流,脉冲电流频率为 50Hz;开关 SA 闭合时为全波整流,脉冲电流频率为 100Hz。改变变压器抽头可调节脉冲电流的幅值,如果采用晶闸管代

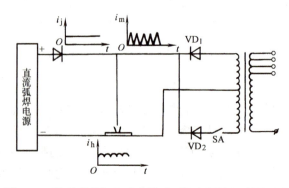

图 8-17 并联式单相整流式脉冲弧焊电源的电路原理图

替硅二极管构成整流电路,还可以通过控制触发信号的相位来调节脉冲宽度,从而调节脉冲的幅度,用以对脉冲电流进行细调。

这种脉冲弧焊电源结构简单,基本电流和脉冲电流可以分别调节,使用方便可靠,成本低。但是,它的可调参数不多,且会相互影响,所以它只适合于一般要求的脉冲弧焊工艺,一般采用陡降特性的弧焊电源来提供基本电流,用平特性的整流器来提供脉冲电流。

2. 差接式单相整流脉冲弧焊电源

差接式单相整流脉冲弧焊电源的电路原理如图 8-18 所示。它的工作原理与上述并联式单相整流式脉冲弧焊电源基本相同,只是不用带中心抽头的变压器,而改用两台二次电压和容量不同的变压器组成单相半波整流电路,再反向并联而成,在正、负半周交替工作:二次电压较高者提供脉冲电流;二次电压较低者提供基本电流。调节 u_1 和 u_2 时(它们可分别调节,互不影响),即可改变基本电流

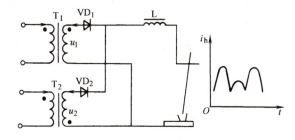

图 8-18 差接式单相整流脉冲弧焊电源的电路原理图

和脉冲电流的幅值以及脉冲焊接电流的频率。当 $u_1 \neq u_2$ 时,脉冲电流频率为 50Hz;当 $u_1 = u_2$ 时,脉冲电流频率为 100Hz。

这种脉冲弧焊电源的两个电源都采用平特性,用于等速送丝熔化极脉冲弧焊时,具有电弧稳定、使用和调节方便的特点,但制造较复杂,专用性较强。

3. 阻抗不平衡式单相整流脉冲弧焊电源

阻抗不平衡式单相整流脉冲弧焊电源的电路原理及电流波形如图 8-19 所示,它采用正、负半周阻抗不相等的方式获得脉冲电流。图中阻抗 Z_1、Z_2 大小不相等,正半周时,通过 Z_1 为电弧提供基本电流 i_1;负半周时,通过 Z_2 为电弧提供脉冲电流 i_2。因此,改变 Z_1、Z_2 的大小就可以调整脉冲焊接电流的幅值。

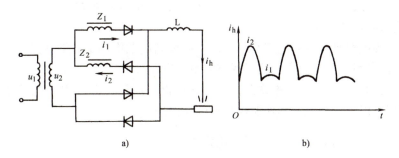

图 8-19 阻抗不平衡式单相整流脉冲弧焊电源的电路原理及电流波形
a)主电路原理图 b)电流波形图($Z_1 > Z_2$)

这种脉冲弧焊电源具有使用简单、可靠的特点,但脉冲频率和宽度不可调节,应用范围受到一定限制。

能力知识点四、磁饱和电抗器式脉冲弧焊电源

磁饱和电抗器式脉冲弧焊电源与磁饱和电抗器式弧焊整流器十分相似,它是利用特殊结

构的磁饱和电抗器来获得脉冲电流的。根据获得脉冲电流的原理不同，磁饱和电抗器式脉冲弧焊电源可分为阻抗不平衡型和脉冲励磁型两种。

1. 阻抗不平衡式磁饱和电抗器式脉冲弧焊电源

阻抗不平衡式磁饱和电抗器式脉冲弧焊电源的主电路如图 8-20 所示。它通过使三相磁饱和电抗器中某一相的交流感抗增大或减小，引起输出电流有一相不同于另两相，从而获得周期性的脉冲输出电流。另外，也可以通过三相电压的不平衡来获得脉冲电流。

2. 脉冲励磁型磁饱和电抗器式脉冲弧焊电源

脉冲励磁型磁饱和电抗器式脉冲弧焊电源的主电路如图 8-21 所示。其主电路与普通磁饱和电抗器式弧焊整流器相同，但它的励磁电流 I_K 不是稳定的直流电流，而采用了周期性变化的脉冲电流，使 I_h 随着 I_K 周期性变化而变化，从而获得周期性的脉冲焊接电流 I_h。

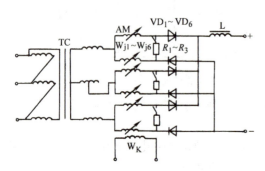

图 8-20　阻抗不平衡式磁饱和电抗器式
脉冲弧焊电源的主电路图

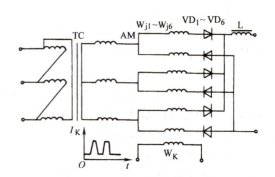

图 8-21　脉冲励磁型磁饱和电抗器式
脉冲弧焊电源主电路图

综上所述，磁饱和电抗器式脉冲弧焊电源是利用特殊结构的磁饱和电抗器来获得脉冲电流的，它具有下列特点：

1）脉冲电流与基本电流取自同一台变压器，属于一体式，故结构简单，体积小。

2）通过改变磁饱和电抗器的饱和程度，可以在焊前或在焊接过程中无级调节输出功率，调节工艺参数容易，使用方便。

3）这种弧焊电源具有控制功率小、可以方便地利用磁饱和电抗器式弧焊整流器进行改装、可做到一机多用、电流大小和波形调节方便等优点。

4）由于磁饱和电抗器时间常数大，反应速度慢，使输出脉冲电流的频率受到一定限制，一般在 10Hz 以下，因此常用作非熔化极气体保护焊的电源。

能力知识点五、晶闸管式脉冲弧焊电源

晶闸管式脉冲弧焊电源按获得脉冲电流的方式不同，可分为晶闸管给定值式脉冲弧焊电源和晶闸管断续器式脉冲弧焊电源两类。晶闸管给定值式脉冲弧焊电源的主电路与普通晶闸管式弧焊整流器相同，但在控制电路中比较环节的给定值（电压信号）不是恒定的直流电压，而是脉冲电压，使弧整流器的输出电流也相应地为脉冲电流，即焊接脉冲电流是由脉冲式给定电压控制的，这就是所谓的给定信号变换式脉冲弧焊电源。当脉冲式给定电压为高幅值时，主电路将输出相应幅值的脉冲电流。这类脉冲弧焊电源的脉冲频率调节范围较小，应用受到了一定的限制。当脉冲式给定电压为低幅值时，主电路则输出与其相应的基本电流，这类脉冲弧焊电源应用较广。

晶闸管断续器式脉冲弧焊电源主要由直流弧焊电源和晶闸管断续器两个部分组成。晶闸管断续器在脉冲弧焊电源中所起的作用，从本质上说相当于开关。正是依靠这种开关作用，把直流弧焊电源供给的连续直流电流切断，变为周期性间断的脉冲电流。

晶闸管断续器式脉冲弧焊电源可分为交流断续器式脉冲弧焊电源和直流断续器式脉冲弧焊电源两种。

1. 交流断续器式脉冲弧焊电源

这种脉冲弧焊电源是在普通弧焊整流器的交流回路中，即主变压器的一次侧或二次侧回路中串入晶闸管交流断续器，通过晶闸管交流断续器周期性地接通与关断，获得脉冲电流的。晶闸管交流断续器能保证在电流过零时自行可靠地关断，因而工作稳定、可靠。但是它也存在一些缺点，例如输出脉冲电流波形的内脉动（脉冲时间内脉冲电流的脉动）很大，施焊工艺效果不够理想，需用基本电流电源提供维弧电流。同时，由于晶闸管的触发相位受弧焊电源功率因数的限制，使电源的功率得不到充分利用。

2. 直流断续器式脉冲弧焊电源

直流断续器式脉冲弧焊电源的直流断续器接在脉冲电流电源的直流侧，起开关作用。按一定周期触发和关断晶闸管，就可获得近似矩形波的脉冲电流，其内脉动大小与直流弧焊电源的种类有关。这种脉冲弧焊电源的电流通断容量可达数百安培，频率调节范围广，电流波形近似矩形而对焊接有利，焊接工艺效果较好，可在较高频率下工作，并能较精确地控制熔滴过渡。

这种采用直流断续器的脉冲弧焊电源，在非熔化极氩弧焊、熔化极氩弧焊、等离子弧焊和微束等离子弧焊以及全位置窄间隙焊中都得到了较为广泛的应用。

晶闸管直流断续器式脉冲弧焊电源，按供电方式不同可分为单电源式和双电源式两种，下面分别介绍。

（1）单电源式脉冲弧焊电源　如图 8-22 所示，这种脉冲弧焊电源主要由直流弧焊电源、晶闸管直流断续器 VT、电阻箱 R 组成。其基本电流和脉冲电流都由直流弧焊电源提供，但电流的流通路径不同。基本电流通过电阻 R 流出，而脉冲电流则通过直流断续器 VT 流出。当 VT 断开（即晶闸管断开）时，电源通过电阻 R 提供基本电流；当 VT 闭合（即晶闸管导通）时，R 被短路，电源通过VT 提供脉冲电流。改变 VT 断开和闭合的时刻，即可调节脉冲频率和脉宽比；改变直流弧焊电源的输出和电阻 R 的大小，可调节基本电流的大小和脉冲电流的幅值。

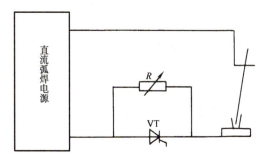

图 8-22　单电源式脉冲弧焊电源示意

单电源式脉冲弧焊电源具有结构简单、电源利用率高、成本低等优点，但它是利用电阻限流来提供基本电流的，工作中电能损耗较大，且不利于基本电流和脉冲电流的分别调节。

（2）双电源式脉冲弧焊电源　这种弧焊电源与单电源式脉冲弧焊电源的主要差别是采用两台电源供电，其电路如图 8-23 所示。它由并联工作的两台电源供电。基本电流由一台额定电流较小的直流电源供电，脉冲电流则由另一台额定电流较大的直流电源供电。晶闸管直流断续器串入脉冲电流的供电回路中，控制脉冲电流的通与断。

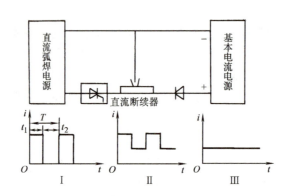

图 8-23 双电源式脉冲弧焊电源示意

Ⅰ—脉冲电流波形　Ⅱ—焊接电流波形　Ⅲ—基本电流波形

这种脉冲弧焊电源由于采用双电源供电，基本电流和脉冲电流可以分别调节，可调参数多，小电流时电弧也较稳定；但其结构复杂，电源利用率低，故较少采用。

能力知识点六、晶体管式脉冲弧焊电源

晶体管式脉冲弧焊电源是 20 世纪 70 年代后期发展起来的一种弧焊电源。它的主要特点是，在变压、整流后的直流输出端串入大功率晶体管组。这种弧焊电源是依靠大功率晶体管组、电子控制电路与不同的闭环控制相配合来获得不同的外特性和输出电流波形的。

实质上，大功率晶体管组在主电路中起着两种作用：一是起到线性放大调节器（即可控电阻）的作用；二是起着电子开关的作用。根据晶体管组的工作方式不同，常把前者称为模拟式晶体管弧焊电源，后者则称为开关式晶体管弧焊电源。

晶体管式弧焊电源的两种形式，既可输出平稳的直流电压、电流，也可输出脉冲电压、电流。但是，输出脉冲电压、电流更能体现它的优越性。因此，在实际应用中多采用脉冲电压、电流输出，通常也把这类弧焊电源称为晶体管式脉冲弧焊电源。

（一）模拟式晶体管脉冲弧焊电源

1. 主电路组成

如图 8-24 所示，其主电路由三相变压器 TC、整流器 UR、滤波电容器组 C、大功率晶体

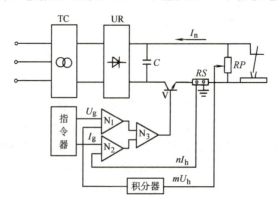

图 8-24 模拟式晶体管脉冲弧焊电源基本原理图

管组V、分流器 RS、分压器 RP 等组成。

三相变压器将电网电压降至几十伏的交流电压，经整流器 UR 整流、电容器组 C 滤波后得到所需的焊接空载电压（几十伏）。串入主电路的大功率晶体管组 V 工作在放大状态，起可变电阻作用，以控制外特性形状、调节焊接参数和控制电流波形。晶体管组由几十至几百只晶体管并联而成。

电容器组 C 除了滤波之外，主要的作用是在脉冲弧焊时，保证三相电源负载均衡。

2. 特点和应用

其主要特点如下：

1）模拟式晶体管脉冲弧焊电源是一个带反馈的大功率放大器，可以在很宽的频带内获得任意波形的输出电流。

2）控制灵活，调节精度高，对采用计算机控制具有很强的适应性，便于实现一机多用。

3）通过"比例－积分"电子线路，就可以方便地控制 di/dt，进而减少短路过渡焊接时出现的飞溅，获得十分理想的动特性。

4）电源的外特性可任意调节，因而适用范围广。

5）这类弧焊电源的主要缺点是功耗大，晶体管消耗了 40% 以上的电能，因而效率低。这是因为晶体管工作在模拟状态，管压降大所致。因此，其一般仅用于高质量焊接的场合。

模拟式晶体管脉冲弧焊电源可以用于 MAG、MIG、TIG、等离子弧焊、埋弧焊等多种焊接，也可用于机器人焊接。

（二）开关式晶体管脉冲弧焊电源

1. 基本原理

模拟式晶体管脉冲弧焊电源的大功率晶体管组工作在放大状态（本质上做可变电阻用），晶体管组通过的焊接电流很大，而且管压降较高，因此晶体管组上的功耗很大，效率低。为了解决这一问题，可使晶体管组工作在开关状态，这就出现了开关式晶体管弧焊电源。

图 8-25 所示为开关式晶体管脉冲弧焊电源原理框图，它的晶体管组 V 工作在开关状态。当它"开"（饱和导通）时，输出电流很大，而管压降接近于零；当它"关"（截止）时，管压降高而输出电流接近于零。两种状态下晶体管的功耗都很小，因而效率高，且耗电量小。但是，这种晶体管电源为保证电弧电流连续，必须附加滤波电路（常由电感和续流二极管组成）。

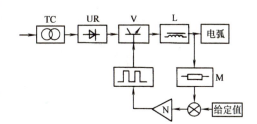

图 8-25　开关式晶体管脉冲弧焊电源原理框图

开关式晶体管弧焊电源的外特性控制和焊接参数调节，一般是在脉冲频率一定的条件下通过改变脉冲占空比来实现的，这就是"定频率调脉冲宽度"的控制调节方式，即通过引入电压和电流的反馈来控制占空比，以获得任意斜率的外特性。

2. 开关式晶体管脉冲弧焊电源的种类

开关式晶体管脉冲弧焊电源按开关频率的给定方式，可分为指令式和电流截止反馈式两种。

(1) 指令式开关晶体管脉冲弧焊电源 这种电源的原理简图如图 8-26 所示,其开关频率由指令器给定。它的主电路由主变压器 TC、整流器 UR、滤波电容 C、开关晶体管组 V 以及分流器 RS 等组成。50Hz 的三相交流电源经变压器降压、整流器整流及电容器滤波后,得到恒定不变的直流电压（见图 8-26 波形①、②),由指令器经电子控制电路放大后提供给晶体管组,作为开关信号。经晶体管组开关控制后输出矩形波脉冲直流电（见图 8-26 波形③),脉冲频率约为 20kHz。其开关频率由给定值决定,而脉冲占空比则受反馈信号（包括 nI_h、mU_h)控制,输出电压（电流）平均值大小由占空比来调节。当长脉冲短间歇时,则为高电压（大电流）；而短脉冲长间歇时,则为低电压（小电流),如图 8-27 所示。只引入电压反馈（mU_h）时,则可获得平的外特性。同时引入电流反馈（nI_h),则可获得任意斜率的外特性。由于大功率晶体管难以完全截止,故总有较小的维弧电流通过。

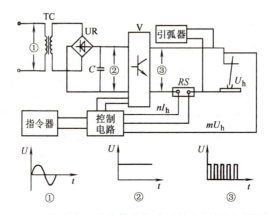

图 8-26 指令式开关晶体管脉冲弧焊电源的原理简图

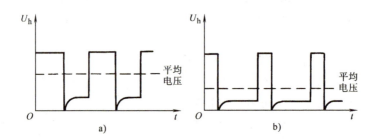

图 8-27 指令式开关晶体管脉冲弧焊电源输出电压波形图
a) 高电压输出 b) 低电压输出

(2) 电流截止反馈式开关晶体管脉冲弧焊电源 原理简图如图 8-28 所示。

这类晶体管弧焊电源由三相变压器 TC 将交流电网电压降低,经整流器 UR 和滤波电容后成为几十伏的平稳直流电压,再经开关晶体管组 V_5 的控制后输出矩形波脉冲直流电压。该电路工作时,作为驱动管的 V_4 的基极受运算放大器 N 的控制。N 接成正反馈,工作在继电器状态。门坎电压 $U_e = \alpha U_A$,$\alpha = R_1/(R_1 + R_2)$ 为反馈系数。

它的焊接主电路还接有滤波电抗器 L 和续流二极管 VD,使 V_5 关断时电流不过零点,有维弧电流,使高频电弧不致熄灭。此外,这类弧焊电源还有高压引弧电路,控制电路还可以设电流衰减装置，以便填满弧坑。

这类弧焊电源还可以对给定值 U_g 进行低频脉冲调制，此时 U_g 应有两个给定值，一为脉冲给定值，二为维弧给定值，可用灵敏的时间继电器进行切换，以获得低频脉冲电流，脉冲周期一般为 0.2~2s。

3. 特点和应用

电流截止反馈式开关晶体管脉冲弧焊电源的主要特点如下：

1）大功率晶体管组工作在开关状态，功耗小、效率高，而且单位电流用晶体管少，造价低。

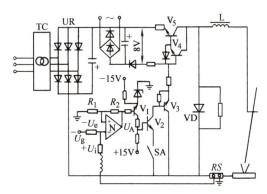

图 8-28 电流截止反馈式开关晶体管脉冲弧焊电源原理简图

2）开关频率为 10~30kHz，在工作过程中频率不变，通过调节脉冲占空比来调节焊接参数和控制外特性形状。滤波环节时间常数不宜太大，否则会降低动态性能。

3）通常输出矩形波，但因电路有电感，滤波会有畸变。当用低频调制获得低频脉冲电流时，有较大内脉动。此外，受开关频率的限制，调节范围较小。

综上所述，晶体管式脉冲弧焊电源是一种焊接性良好的弧焊电源，可以适应多种弧焊方法的需要。模拟式输出电流没有纹波，反应速度快，很适合于熔化极气体保护焊，但耗电多，只有在质量要求高的场合才采用。开关式输出电流有一定的纹波，最适用于钨极氩弧焊和等离子弧焊。

综合知识模块四　弧焊逆变器

能力知识点一、概述

直流、交流之间的变换称为逆变，实现这种变换的装置称为逆变器。为焊接电弧提供电能，并具有弧焊方法所要求性能的逆变器，即为弧焊逆变器。

自 20 世纪 70 年代初以来，随着大功率电子元件和集成电路技术的发展，先进的中频逆变技术迅速推广、应用。它从应用于中频加热、稳压电源、电化学加工，发展到应用于电弧焊接、电阻焊接和电子束焊接等。第一台晶闸管式弧焊逆变器于 1978 年问世，1981 年又出现了晶体管式弧焊逆变器，1982 年我国学者在实验室首先初步研制成功了场效应管式弧焊逆变器。1989 年在埃森世界焊接与切割博览会上又展出了 IGBT 式弧焊逆变器。弧焊逆变器具有节省材料和电能等突出优点，各种类型的弧焊逆变器已相继研制成功，并逐步应用于各种弧焊方法。由此可见，弧焊逆变器是一种很有发展前途的新型弧焊电源。图 8-29 所示为弧焊逆变器的典型产品。

图 8-29　弧焊逆变器的典型产品

(一) 弧焊逆变器的组成及作用

弧焊逆变器的基本组成框图如图 8-30 所示，其主要组成部分及其作用如下：

1. 主电路

主电路由供电系统、电子功率系统和焊接电弧等组成。

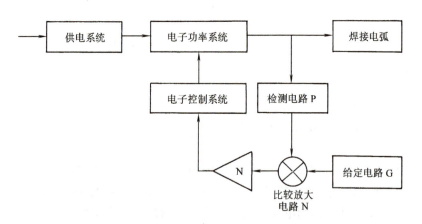

图 8-30　弧焊逆变器的基本组成框图

（1）供电系统　50Hz 三相或单相的工频交流电经整流器整流和滤波之后，获得逆变电路所需的稳定的直流电压 U_d（单相整流约 310V，三相整流约 520V）。输入端的滤波器包括低通滤波器和整流滤波器。低通滤波器置于输入整流器之前，与工频电网连接，其作用是防止工频电网上的高频干扰进入弧焊逆变器，同时阻止弧焊逆变器本身产生的高频干扰反串入工频电网。

（2）电子功率系统　由逆变主电路、中频变压器起开关、变换电参数（电压、电流及波形）的作用，并以低电压大电流向焊接电弧提供所需的电气性能和工艺参数。这里必须指出，一个电子功率系统，其本身并不能用于焊接，必须与电子控制系统结合起来才能用于焊接。

2. 电子控制系统

为电子功率系统提供足够大的、按电弧所需变化规律的开关脉冲信号，驱动逆变主电路工作。电子控制系统包括驱动电路和电子控制电路两部分。

3. 给定反馈系统

由检测电路 P、给定电路 G、比较放大电路 N 等组成。检测电路 P 主要用于提取电弧电压和电流的反馈信号；给定电路 G 用于提供给定信号，决定对电弧提供焊接参数的大小；比较放大电路 N 用于把反馈信号与给定信号进行比较后进行放大，与电子控制系统一起，实现对弧焊逆变器的闭环控制，并使它获得所需的外特性和动特性。

(二) 弧焊逆变器的基本工作原理

弧焊逆变器的基本工作原理如图 8-31 所示。

在供电系统中，单相或三相交流电网电压经输入整流器 UR_1 整流和滤波器 L_1C_1 滤波后，转变为逆变器 UI 所需的平滑直流电压。该直流电压在电子功率系统中经逆变器的大功率开关器件（晶闸管、晶体管、场效应晶体管或 IGBT）组 Q 的交替开关作用，变成几千至几万

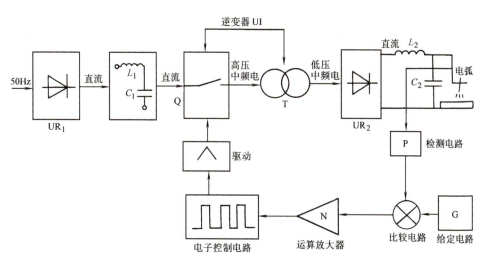

图 8-31　弧焊逆变器的基本工作原理框图

赫兹的高压中频电，再经中频变压器 T 降至适合于焊接的低压中频电，并借助于电子控制系统的控制驱动电路和给定反馈电路（P、G、N 等组成）及焊接回路的阻抗，获得焊接工艺所需的外特性和动特性。如果需要采用直流电进行焊接，还需经整流器 UR_2 整流和 L_2C_2 滤波，把中频交流电变成稳定的直流电输出。

弧焊逆变器主电路的基本工作原理可以归纳为：工频交流→直流→高压中频交流→降压→交流并再次变成直流，必要时再把直流变成矩形波交流。

因此，在弧焊逆变器中可采用三种逆变体制：

1）AC—DC—AC。

2）AC—DC—AC—DC。

3）AC—DC—AC—DC—AC（矩形波）。

目前常采用的是第二种逆变体制，在国外常把它称为弧焊整流器、逆变式弧焊整流器或逆变式弧焊电源。第三种逆变体制也有不少应用，主要用在铝合金的焊接。由于它最终输出的是矩形波交流电，故被称为逆变式矩形波交流弧焊电源或矩形波交流弧焊逆变器。

（三）弧焊逆变器的外特性及焊接参数调节

根据各种弧焊工艺方法的要求，通过电子控制电路和电弧电压反馈、电弧电流反馈，弧焊逆变器可以获得各种形状的外特性，如图 8-32 所示。图 8-32a、b 所示的外特性用于焊条电弧焊；图 8-32c 所示的外特性用于 TIG；图 8-32d 所示的外特性用于 MIG、MAG。

弧焊逆变器焊接参数的调节方法大致有以下三种。

（1）定脉宽调频率　脉冲电压宽度不变，通过改变逆变器的开关频率来调节参数大小。开关频率越高，输出电压越大。通常，晶闸管式弧焊逆变器采用的就是这种调节方法。

（2）定频率调脉宽　脉冲电流频率不变，通过改变逆变器开关脉冲的脉宽比来调节焊接参数。脉宽比越大，则工作电流也越大。晶体管式、场效应晶体管式弧焊逆变器都适合采用这种焊接参数调节方法。

（3）混合调节　调频率和调脉宽相结合的调节方式。

（四）弧焊逆变器的特点

弧焊逆变器与弧焊变压器、弧焊发电机、弧焊整流器等传统的弧焊电源相比，具有如下

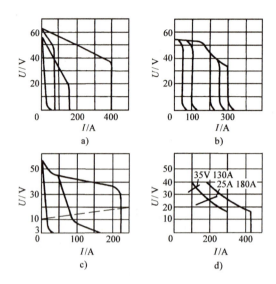

图 8-32 弧焊逆变器常用的几种外特性

特点。

1）高效节能。效率可达 80%～95%，功率因数可提高到 0.99，空载损耗极小，比传统弧焊电源节电 1/3 以上。

2）体积小、重量轻。中频变压器的重量仅为传统弧焊电源降压变压器的几十分之一；整机重量仅为传统弧焊电源的 1/10～1/5；整机体积也只有传统弧焊电源的 1/3 左右。

3）具有良好的动特性和弧焊工艺性能。它采用电子控制电路，可以根据不同的焊接工艺要求设计出合适的外特性，并保证具有良好的动特性，从而可进行各种位置的焊接，获得良好的焊接工艺性。

4）可用计算机或单旋钮控制调节焊接参数。

5）设备费用较低，但对制造技术要求较高。

（五）弧焊逆变器的分类

弧焊逆变器可从不同的角度进行分类。通常是按大功率开关器件进行分类，分为晶闸管式弧焊逆变器、晶体管式弧焊逆变器、场效应晶体管式弧焊逆变器、IGBT 式弧焊逆变器等。

能力知识点二、晶闸管式弧焊逆变器

（一）组成与工作原理

晶闸管式弧焊逆变器的原理框图与图 8-31 基本相同，只是逆变器中的大功率开关器件为晶闸管。

弧焊逆变器的控制电路比较复杂，本书不做介绍。现以图 8-33 所示的晶闸管式弧焊逆变器主电路为例，介绍其组成与工作原理。

主电路由输入整流器 UR_1、逆变电路和输出整流器 UR_2 等组成。主电路的核心部分是逆变电路，由晶闸管 VT_1、VT_2、中频变压器 T、电容 $C_2\sim C_5$，电感 L_1、L_2 等组成，构成所谓"串联对称半桥式"逆变器。为便于讨论它的工作原理，可将其简化成图 8-34 所示的电路。

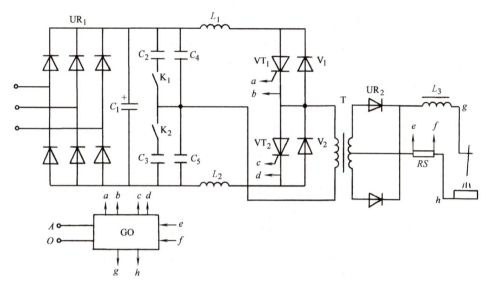

图 8-33 晶闸管式弧焊逆变器主电路

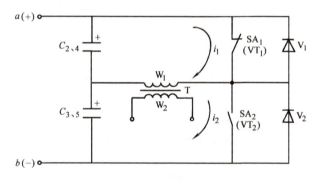

图 8-34 对称半桥式逆变器原理示意图

在图 8-34 中,当开关 SA_1(即 VT_1)闭合,而 SA_2(即 VT_2)断开时,电容 $C_{2,4}$ 的放电电流 i_1 由 $C_{2,4}^+ \to SA_1 \to T \to C_{2,4}^-$,电容 $C_{3,5}$ 的充电电流则由 a(+)$\to SA_1 \to T \to C_{3,5}^+ \to C_{3,5}^- \to b$(-),从而在中频变压器 T 上形成正半波的电流 i_1。当 SA_2 闭合、SA_1 断开时,电容 $C_{3,5}$ 的放电电流 i_2 由 $C_{3,5}^+ \to T \to SA_2 \to C_{3,5}^-$,电容 $C_{2,4}$ 的充电电流由 a(+)$\to C_{2,4}^+ \to C_{2,4}^- \to T \to SA_2 \to b$(-),从而在变压器 T 上形成负半波电流。这样 SA_1、SA_2 每交替闭合和断开一次,就在变压器 T 上产生一个周波的交流电,它们每秒钟通断的次数就决定了逆变器的工作频率,这就是所谓的"逆变调频"原理。通过这样的逆变,就将三相整流器 UR_1 整流后的直流电转变成 1~2kHz 或更高的中频交流电,然后经变压器 T 降压、UR_2 整流,从而得到稳定的直流输出。

(二)外特性控制原理和焊接参数调节

晶闸管式弧焊逆变器的外特性形状是通过电流、电压负反馈与电子控制电路的配合以改变频率 f 来控制的。例如,从图 8-33 所示的分流器 RS 取电流负反馈信号送到电子控制电路,于是随着焊接电流的增大,逆变器的工作频率迅速降低,从而获得恒流外特性。如果采用电压负反馈，则可得到恒压外特性。若按一定的比例取电流和电压反馈信号，便可得到一系列一定斜率的下降外特性，其形状如图 8-32 所示。

晶闸管式弧焊逆变器是采用"定脉宽调频率"的调节方法来调节焊接工艺参数的，即通过改变晶闸管的开关频率（逆变器的工作频率）来调节焊接工艺参数。晶闸管的开关频率越高，电弧电流（或电压）越大。

（三）特点

晶闸管式弧焊逆变器采用大功率晶闸管作为开关器件，这种晶闸管是最早应用于逆变器的，技术成熟，容量大，但它本身的开关速度慢，其技术性能为晶闸管式弧焊逆变器带来了如下特点。

1）工作可靠性较高。这是因为晶闸管的生产历史长，技术成熟，设计者和生产厂家对它的性能、结构特点了解比较透彻，掌握比较好。

2）逆变工作频率较低。这是由于晶闸管是所用半导体开关管中速度最慢的器件，即受到管关断时间的制约所致，逆变工作频率只有数千赫，因此焊接过程存在噪声，并且不利于效率的提高和进一步减轻重量及体积。

3）驱动功率低，控制电路比较简单。晶闸管采用较窄的脉冲就可达到触发导通的目的，通常脉冲宽度为 10μs，幅值在安培级之内，因此所需触发脉冲功率较小，控制驱动电路也可相应简化（相对于晶体管式弧焊逆变器而言）。

4）控制性能不够理想。这是因为晶闸管一旦导通后，只要有足够的维持电流就能一直导通下去。但这对于逆变器工作来说却是一个很大的缺点，即关断困难。若关断措施工作不可靠，则两只交替工作的晶闸管可能同时导通，使网路电源被短路，以致烧坏晶闸管，并使逆变过程失效。

5）晶闸管的价格相对比较低，有利于降低成本。

6）单管容量大，不必解决多管并联的复杂技术问题。

能力知识点三、 晶体管式弧焊逆变器

晶闸管式弧焊逆变器虽然具有晶闸管生产技术成熟、管容量大、价格便宜等优点，但存在工作频率低、关断难和有电弧噪声等问题。因此，在 20 世纪 80 年代初又研制出了工作频率较高、控制特性好的晶体管式弧焊逆变器。

1. 组成与工作原理

晶体管式弧焊逆变器的主要特性是，采用大功率晶体管（GTR）组取代大功率晶闸管来作为逆变器的大功率开关器件。它的原理框图如图 8-35 所示。可见，它与晶闸管式弧焊逆变器的主要区别仅在逆变电路上，其余部分基本相同。

2. 外特性控制原理和焊接工艺参数调节

晶体管式弧焊逆变器的外特性仍然是通过电流和电压反馈电路与电子控制电路相配合以改变脉冲宽度来控制的。例如，从图 8-35 中的分流器 RS 取电流反馈信号，经过检测器 P 与给定值 G 比较以后，将其差值经放大器 N 放大送到电子控制电路。于是，随着焊接电流的增大，逆变器的脉冲宽度迅速减小，从而可以得到恒流外特性。如果采取电压反馈方式，则可得到恒压外特性。若按一定的比例取电流和电压反馈信号，便可获得一系列一定斜率的下降外特性。

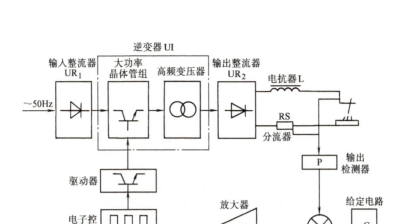

图 8-35 晶体管式弧焊逆变器的基本原理框图

晶体管式弧焊逆变器是采用"定频率调脉宽"的调节方式来调节焊接工艺参数的。当占空比（脉冲宽度与工作周期之比）增大时，焊接电流增大。

3. 特点

与晶闸管式弧焊逆变器相比，晶体管式弧焊逆变器具有以下特点。

1）逆变器的工作频率较高。晶体管式弧焊逆变器的工作频率可达 16kHz 以上，因而既无噪声的影响，又有利于进一步减轻弧焊电源的重量和体积。

2）采用"定频率调脉宽"的方式调节焊接工艺参数和外特性，可以无级调节焊接工艺参数，不必分档调节，操作方便。

3）控制性能好。晶闸管式弧焊逆变器中晶闸管导通时间的长短不取决于触发脉冲的宽度，而取决于逆变回路的电参数（如 L、C 等），且关断较麻烦。而晶体管式弧焊逆变器采用电流控制型，用基极电流控制晶体管的开关，控制性能好，不存在通易关难的问题，而且控制比较灵活，受主电路参数影响较小。

4）成本较高。晶体管式弧焊逆变器存在明显的缺点：一是晶体管存在二次击穿问题；二是控制驱动功率较大，需要设驱动电路。

能力知识点四、MOSFET 式和 IGBT 式弧焊逆变器

晶体管（GTR）式弧焊逆变器与晶闸管（SCR）式弧焊逆变器相比，虽然提高了逆变频率，有利于提高效率，减小电源的体积和重量，但过载能力差，热稳定性不理想，存在二次击穿，且需要较大的电流驱动（电流控制型），故出现了性能更为理想的大功率 MOS（MOSFET）场效应晶体管。它属于电压控制型，只需要极微小的电流就能实现开关控制，而且开关速度更快，无二次击穿问题。

但是，场效应晶体管也存在一定的不足之处，主要是场效应晶体管的容量不够大，允许通过的电流较小，需采用多管并联，调试较麻烦。为了把晶体管的大容量和场效应晶体管的电压控制等独特优点结合起来，又研制出了 IGBT 功率开关管（绝缘栅双极晶体管）。IGBT 管由于容量较大，生产调试相对比较方便，因而很快得到了推广和应用。但 IGBT 式弧焊逆变器的逆变频率没有 MOSFET 式高，二者各有特色，为当前并举发展和推广的新型弧焊电源。

(一) 组成与工作原理

MOSFET 式和 IGBT 式弧焊逆变器的组成和工作原理与 GTR 式相比大同小异，图 8-36 所示为它们的原理框图。对比图 8-35，有如下异同点。

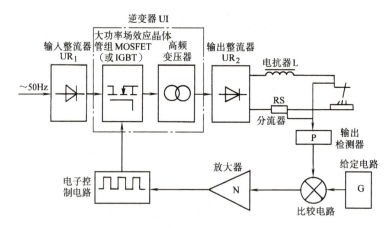

图 8-36　MOSFET 式和 IGBT 式弧焊逆变器原理框图

1. 三种弧焊逆变器的相同点

IGBT 式和 GTR 式弧焊逆变器的主电路逆变频率为 20kHz 左右，MOSFET 式弧焊逆变器一般采用 40~50kHz。其外特性的获得与控制都采用"定频率调脉宽"的调节方式，而且输入整流滤波电路、逆变主电路、输出滤波电路、带反馈的闭环控制电路及其原理，都是基本相同的。

2. 三种弧焊逆变器的不同点

1）MOSFET 式弧焊逆变器和 IGBT 式弧焊逆变器主电路分别采用大功率 MOSFET 和 IGBT 管组，取代功率开关晶体管 GTR。

2）MOSFET 式弧焊逆变器和 IGBT 式弧焊逆变器采用电压控制（属电压控制型）。

3）MOSFET 式弧焊逆变器和 IGBT 式弧焊逆变器只需要极小的驱动功率，而 GTR 式弧焊逆变器需要较大的驱动功率，因而为驱动放大往往需要增设驱动电路。

(二) 特点和应用

1. MOSFET 式弧焊逆变器

与 GTR 式弧焊逆变器相比，MOSFET 式弧焊逆变器有如下特点。

1）控制功率极小。MOSFET 式弧焊逆变器的直流输入电阻很高，采用电压控制，只要控制电压大于一定值，MOSFET 管就能进入饱和导通状态，因而所需控制功率极小。而开关晶体管（GTR）只有在基极控制电流足够大时才能达到饱和导通状态，而且管的放大倍数一般都较小，需要较大的控制功率。

2）工作频率高。MOSFET 管的逆变速度可达 40kHz 以上，且开关过程损耗小，有利于提高逆变器的效率和减小体积。

3）多管并联相对较易实现。

4）过载能力强，热稳定性好。MOSFET 管不存在二次击穿问题，可靠工作范围更宽，动特性更好。

5）管容量较小，成本较高。

MOSFET 式弧焊逆变器可以输出直流、脉冲、矩形波交流焊接电流，不仅可以应用于焊条电弧焊、钨极氩弧焊、熔化极气体保护焊、等离子弧焊，还可用于半自动焊、自动焊、机器人焊接等。

2. IGBT 式弧焊逆变器

IGBT 式弧焊逆变器与 MOSFET 式弧焊逆变器相比有以下特点。

1）因为 IGBT 管耐压 1200V、最大容量可达 600A，而 MOSFET 管耐压 1000V、最大容量只有 30A 左右，所以，即便用于埋弧焊的 IGBT 式弧焊逆变器也不必采用多管并联，以减少调试工作。

2）IGBT 管的饱和压降比较低，有利于降低逆变器的功率损耗。

3）IGBT 管的开关损耗比 GTR 管小，一般为其 1/5～1/3，但比 MOSFET 管大，这与它们的开关速度有关。IGBT 管工作频率为 10～30kHz，MOSFET 管工作频率在 30kHz 以上，GTR 管的工作频率为 25kHz。

IGBT 式弧焊逆变器除输出直流外，还有脉冲、矩形波交流输出，具有多种外特性，可用于焊条电弧焊、CO_2 气体保护焊、MAG、MIG、等离子弧焊等。

由以上分析可知，弧焊逆变器的产生和快速发展是以电力半导体器件制造技术的发展为前提的。没有高工作频率、大容量的半导体器件的成功研制，就不可能制造出性能优良的弧焊逆变器。

综合知识模块五　数字化焊接电源

能力知识点一、现代焊接技术的发展趋势

现代焊接技术的发展趋势为

1）工艺高效化。
2）电源数字化。
3）控制智能化。
4）生产机器人化。

华南理工大学黄石生教授提出：高速、高效、优质和自动、智能化是现代焊接技术的主要发展方向，研发和推广应用数字化焊机是它的基础，也是实现现代化焊接工艺的重要标志。

近年来，随着铝合金在国防、航空、航天、汽车、船舶、高速列车等制造领域越来越广泛的应用，铝合金焊接技术也在突飞猛进地发展。基于对传统电弧焊接技术的改进和创新，出现了多种新型铝合金脉冲电弧焊接技术，如脉冲变极性 TIG 焊接技术、变极性穿透型等离子弧焊接技术、双脉冲 MIG 焊接技术、变极性 MIG 焊接技术等。

功率半导体技术的发展促使电能的变换和应用从电磁时代走向电子时代。相应地，焊接电源则从电磁和机械控制的发电机式、变压器式、硅整流式等发展为电子控制的可控硅整流式、逆变式等，从而为实现更精确、更复杂的电源输出特性控制和焊接工艺过程控制奠定了基础。

现代工业制造技术的发展对焊接接头的质量和精密性、焊接电源系统的柔性和人机交互性能、焊接生产的网络化运行和管理等提出了更高的要求。

虽然模拟控制的电子式焊接电源能够在一定程度上满足现代焊接生产的需求,但存在许多局限性,如电路的复杂性增加、控制精度的稳定性不强、难于实现焊接生产的网络化运行和管理等,这促使了数字化控制焊接电源的诞生和迅速发展。

能力知识点二、 数字化焊接电源的释义

根据计算机词典,数字化的定义为
1) 按照一定规则,用数字表示字母或符号。
2) 把连续的物理量用数字0/1的形式表示出来。

按照这一表述,所谓数字化焊机就是指这样一种焊机:在逆变焊机的基础上,施加数字信号处理和数字控制技术,即用0/1编码的数字信号代替模拟信号,从而获得具有精密化、人性化、高效化、绿色化和网络化的新型焊机。

成都电焊机研究所高级工程师郑思潜提出:数字化焊接技术是指用计算机技术来控制焊接设备的运行状态,使其满足和达到焊接工艺所提出的要求,以得到完全合格的焊缝。

所谓数字化焊接电源,就是在电子式焊接电源的基础上,以单片机、CPLD/FPGA以及DSP等大规模集成电路作为控制核心来实现焊接电源的部分或者全部数字化控制。综合数字化焊接电源的发展和现状,焊接电源的数字化主要体现在以下三个方面。

1. 主电路的数字化

自晶闸管弧焊逆变器产品问世以来,国际上各大焊接设备公司都相继推出各自的弧焊逆变器产品,如当前在逆变主电路中使用的IGBT、MOSFET等更高开关频率的功率器件。弧焊逆变器的推广使用,标志着焊接主电路从模拟到数字化的跨越,主电路中的功率器件工作在0和1的开关状态。由于工作频率提高,回路输出电流的纹波更小,响应速度更快,弧焊电源可以获得更好的动态响应特性,能够进行更精确的控制,与数字化信号处理和控制技术相结合,可大大增强其功能和性能。

2. 控制电路的数字化

控制电路的数字化,一般是以数字信号处理器(DSP)或单片微型计算机(MCU)为核心,根据弧焊工艺要求构建控制通道,对给定信号流、参数反馈流和网压信号流,做综合处理与运算、控制,达到弧焊电源数字化、信息化、柔性化的控制。DSP的硬件结构及指令执行速度更适合于高频电源控制的需要。但是当前芯片的发展使DSP具备了更强的输入/输出和中断处理能力;同时MCU则具备了更强的数据信号处理能力,DSP与MCU的界限正在模糊化。

3. 专家数据库软件系统

弧焊电源发展到数字化阶段要体现实际操作的简单、方便,可将专家的经验作为系统输入固化到焊机内部形成专家系统,这样可大大提高数字化弧焊电源的可操作性。通常由专业人员将通过大量工艺实验得到的专家参数置于焊接电源内部。专家系统的设置使数字化弧焊电源操作变得简单,操作者只需按动操作界面上的按钮便可方便地调用焊接所需的参数进行焊接。同时利用软件设计的灵活性,可实现一机多用。采用多特性输出的设计,分别具有直流脉冲特性、平特性、陡降特性,可用于MIG/MAG焊、CO_2气体保护焊、焊条电弧焊等,

适用于结构钢、细晶钢、高合金钢、铝及铝合金、铜和铜合金等材料的焊接。

在数字化弧焊电源中，DSP/微处理器、软件及 IC 集成电路技术扮演了核心角色。现代的 DSP 和微处理器技术使数据处理容量和速度显著提高。软件程序既控制逆变电源的工作，又控制焊接特性，不同的焊接应用可以由不同的软件程序获得。更快的控制速度和更高的控制精度，可使人们任意控制电弧，从而提高焊件质量和生产率。

能力知识点三、 数字化弧焊电源的特点

1. 多功能集成

对于数字化弧焊电源来说，电源的控制通过数字控制器中的软件编程代替模拟式硬件电路，同一套硬件电路可以实现不同的焊接工艺控制，对于不同焊接工艺方法和不同焊丝材料、直径，可以选用不同的控制策略、控制参数，从而使焊机在实现多功能集成的同时，每一种焊接工艺方法的工艺效果也将得到大幅度的提高。对于模拟系统，系统的配置和增益由阻容网络等硬件参数所决定，一旦确定就很难改变，而对于数字化控制系统，这一切仅仅是改变软件而已。

2. 接口的兼容性好

数字化弧焊电源具有良好的接口兼容性。由于数字化弧焊电源大量采用了单片机、DSP 等数字芯片，数字控制系统可以便捷地与外部设备建立数据交换通道，实现大量的信息交换。随着现代焊接生产网络化管理的发展和普及，数字化弧焊电源良好的接口兼容性必然会发挥越来越重要的作用，可以方便建立机器人焊接系统、焊接生产的网络化管理与监控等。

3. 稳定性更好

在模拟系统中，信号的处理是通过有源或无源的电网络进行的，处理参数的设定是通过电阻、电容参数的选择来完成的。这样在模拟系统中阻容参数的容差、漂移必然导致控制器参数的变化，一方面模拟控制的温度稳定性较差，另一方面模拟控制时的产品一致性难以保证。而在数字化控制中，信号的处理或控制算法的实施是通过软件的加/减、乘/除运算来完成的，不存在模拟控制电路中的温漂和时漂等问题，因此其稳定性好，产品的一致性也得到了很好的保证。

4. 控制精度更高

模拟控制的精度，一般由元件参数值引起的误差和运算放大器非理想特性参数引起的误差所决定。而数字化控制的精度仅仅与模-数转化的量化误差及系统有限字长有关，相对而言，数字化控制可以获得很高的精度。

5. 便于功能升级

采用软件方式及在线编程技术实现焊接工艺过程控制，使得数字化弧焊电源的功能可以方便、快速地升级，从而使数字化弧焊电源的市场适应性和竞争力更强。

数字化控制弧焊电源的发展已经历了以下两个阶段。

（1）以单片机控制的弧焊逆变器　它属于数字化弧焊电源开创时期的产品。其主要特征就是，单片机在完成弧焊电源的管理和弧焊参数的给定等功能中起主要作用。而弧焊工艺中的恒压、恒流控制则通过模拟的比例积分（PI）控制器来完成。

（2）以 DSP 为控制核心　实现弧焊的直接数字化控制，包括控制信号的高速并行处理、PWM 信号的直接输出、弧焊参数的数据库管理等。从某种意义上说，只有在数字化弧焊电

源进入直接数字化阶段才真正地实现了数字化，才充分体现了数字化控制所带来的优势。

能力知识点四、 数字化焊接电源产品介绍

作为焊接电源的发展趋势，国内外许多焊接设备生产企业都在致力于数字化焊接电源的技术开发工作，并且推出了成熟的产品。下面简单介绍几款市场上销售的数字化焊接电源产品。

数字化焊接电源典型产品介绍-逆变式多功能弧焊机 NBC-210P

1. 全数字脉冲氩弧焊机 WSM－400（PNE30－400P）（图 8-37）

该焊机的主要特点为

1）信息视窗采用 320×240 大屏幕图形液晶显示屏、全汉字显示。

2）信息输入采用轻触薄膜键盘，并与液晶显示屏共同构成菜单式编辑模式。

3）有多种调节参数的方法，支持待机状态和焊接状态下的参数调节。

4）有 14 种直流氩弧操作方式和 14 种脉冲氩弧操作方式，并设有多种引弧方式。

5）焊机配置的 RS－485 接口可由用户连接至计算机或其他自动化焊接中心。数字化控制使焊机引弧更加容易，焊接电流稳定、飞溅极小。

2. 全数字 CO_2/MAG 焊机 YD－500GM（图 8-38）

图 8-37　全数字脉冲氩弧焊机　　　图 8-38　全数字 CO_2/MAG 焊机

该焊机采用了基于双 CPU 控制＋高速 CPLD 控制的数字化技术，以及成熟的焊接专家系统，通过数字技术和模拟技术的合理结合实现了良好的焊接性和再现性。其主要特点如下：

1）多种焊接规范操作切换更便捷，不仅可以在焊接面板上存储、调用焊接规范，还可以在遥控器上进行三种焊接规范的存储和调用操作，既减少调整操作时间，又方便焊接工艺的管理。

2）内置多种焊接条件的成熟数据，具有碳素钢/不锈钢、实芯/药芯、CO_2/MAG/无脉冲 MIG 等 17 种焊接条件的配合专家系统参数，可满足多种焊接施工需求。

3）可快速地适应用户的特殊焊接工艺要求。全数字控制技术无须改动硬件，通过对软件的修改和升级，即可柔性地适应个性化需求。

4）操作简单方便。数字化人机操作界面可以对焊接过程进行更精确、更直观、更多样化的设置。面板操作和遥控器均采用双旋钮操作，延续了传统的焊接规范调整操作方式，符合操作者的使用习惯。

5）功能扩展。标准配置与模拟专机配套的接口端子，可与专机配套进行自动焊接。

6）丰富的保护功能。具有短路保护、过热保护、电网异常保护功能，可通过数显报警号识别报警原因，并能记录报警履历。

3. 数字化 MIG/MAG 焊机 GLC353/GLC553MC3（图 8-39）

该焊机的主要特点如下：

1）焊接参数一元化调节，焊工只需输入焊接电流、送丝速度或母材厚度，主机内的微处理器即自动设定最佳焊接参数。

2）内置与焊接材料、保护气体、焊丝直径相匹配的焊接参数专家系统。

3）可存储 50 个焊接程序，供焊工调用。

4）使用 4 步操作方式时，热起弧、焊后收弧、焊接电流升降均可通过焊接开关实现。

5）可焊接碳素钢、镀锌板、不锈钢、铝合金、铜合金及钛合金等。

6）可用于 MIG 电弧钎焊。

7）焊铝时可选用特殊的双脉冲功能。

8）可接 PC 和打印机，全部自动焊接口。

4. TPS 系列数字化 MIG/MAG 焊机（TPS2700/4000/5000）（图 8-40）

图 8-39　数字化 MIG/MAG 焊机

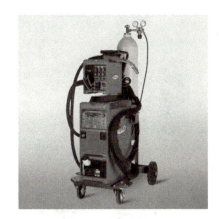

图 8-40　TPS 系列数字化 MIG/MAG 焊机

该焊机的主要特点如下：

1）采用 DSP 集中处理所有焊接数据，控制和监测整个焊接过程。

2）焊机内存 80 组焊接专家系统，实现一元化调节，焊接时只需输入工件板厚，极大地降低了对工人的要求，也方便了工人操作。

3）采用特殊的焊铝程序，解决了焊铝起弧处难熔合，焊后易形成弧坑和焊穿等问题。

4）数字化显示焊接电流、焊接电压、弧长、送丝速度、板厚/焊脚尺寸、焊接速度、JOB 记忆序号、电感量等参数。

5）焊机可升级。在不用改动任何硬件的情况下即可用计算机将焊机升级，升级内容包括：增加特殊材料焊接程序、无飞溅引弧、双脉冲等，大大地减少了重复投资。

6）由于焊机大部分功能改由软件控制，因而减少了40%的电子元件数量，降低了焊机故障率。

7）集成了MIG/MAG、TIG、手工焊和MIG钎焊多种焊接功能，能胜任各种任务。

8）广泛用于碳素钢、镀锌板、不锈钢的焊接，尤其适合铝合金的焊接。

5. Auto-Axcess 300/450/750（见图8-41）

该焊机的主要特点如下：

1）用于机器人自动化、数字控制技术和逆变焊接电源及机器人接口的无缝结合。

2）自动连接（Auto-LineTM）：使机器在任意电压（190~630V）下自动连接，在一次电压波动时可确保稳定一致的输出。

3）72芯接头：可实现与通常的模拟机器人控制器的快速、方便的连接。

4）MIG焊接程序：包括Accu-PulseTM、标准或自适应脉冲、传统MIG和金属粉芯焊丝焊接程序。

5）Accu-PulseTM MIG工艺：即使对大焊缝和空间受限的角焊，也能实现精密的电弧控制。

6）SureStartTM技术：通过精确控制适用于特定焊丝和气体配比的电流大小，实现一致的电弧启动。

7）可选软件：RMDTM（Regulated Metal Deposition）、基于PalmTM OS® 的AxcessTM（文件管理）和WaveWriteTM（文件管理+波形程序）。

6. OrigoTig3000i 交直流氩弧焊机（图8-42）

图8-41 Auto-Axcess 300/450/750　　图8-42 OrigoTig3000i 交直流氩弧焊机

其主要特点如下：

1）起弧容易（高频电压达110kV），电流输出稳定可靠（4~300A）。

2）独有的Qwave技术让电弧在极小的输出时能有稳定的电弧，同时降低了噪声。

3）TA24操作面板简单而且带有图示，可形象化地设置脉冲基值、电流缓升、缓降、峰值、周期等。

4）特有的ESAB双程序功能让焊接前预设程序和实际焊接过程中在两种焊接程序之间

无间断切换成为现实，从而解决了一直困扰焊工的难以操作进口焊机的问题，节约了设置时间，提高了生产率。

®PalmTM OS 是已经获得国家商标局下发的商标注册证书的软件系统，受国家法律保护，未经授权，不得擅自使用。

【单元小结】

1. 弧焊变压器作为一种弧焊电源，是一种特殊的变压器，虽然其基本工作原理与普通的电力变压器相同。但为了满足弧焊工艺的要求，它还应具有一些不同于普通电力变压器的特点，如要有一定的空载电压和较大的电感；要有下降的外特性；其内部感抗值应可调，以进行焊接参数的调节。根据获得下降外特性的方法不同，可将弧焊变压器分为正常漏磁式和增强漏磁式两大类。正常漏磁式弧焊变压器又分为分体式（BN 系列）、同体式（BX、BX2 系列）、多站式（BP 系列）三种；增强漏磁式弧焊变压器又分为动圈式（BX3 系列）、动铁式（BX1 系列）、抽头式（BX6 系列）三种。

2. 硅弧焊整流器的电路一般由主变压器、外特性调节机构、整流器、输出电抗器等几部分组成。硅弧焊整流器可按有无磁饱和电抗器分为：（1）有磁饱和电抗器的硅弧焊整流器，①无反馈磁饱和电抗器式硅弧焊整流器、②外反馈磁饱和电抗器式硅弧焊整流器、③全部内反馈磁饱和电抗器式硅弧焊整流器、④部分内反馈磁饱和电抗器式硅弧焊整流器；（2）无磁饱和电抗器的硅弧焊整流器，①正常漏磁式的弧焊整流器、②增强漏磁式的弧焊整流器。

3. 晶闸管式弧焊整流器主要由主电路、触发电路、反馈电路和操纵保护电路等组成。晶闸管式弧焊整流器可通过不同的方式改变晶闸管的导通角，从而获得不同形状的外特性。导通角的大小由触发电路的直流控制电压 U_K 来确定，通常可获得陡降与水平的外特性。晶闸管式弧焊整流器还包括控制电源输出电压，或电流值的控制电路以及操纵保护电路，具有抵消电网电压的波动、过载保护、增大推弧电流等作用。

4. 脉冲弧焊电源。

（1）单相整流式脉冲弧焊电源采用单相整流电路提供脉冲电流，常见的有并联式、差接式和阻抗不平衡式三种。

并联式脉冲弧焊电源结构简单，基本电流和脉冲电流可以分别调节，使用方便可靠，成本低。但是，它的可调参数不多且会相互影响，所以它只适合于一般要求的脉冲弧焊工艺。一般采用陡降特性的弧焊电源来提供基本电流，用平特性的整流器来提供脉冲电流。

差接式脉冲弧焊电源的两个电源都采用平特性，用于等速送丝熔化极脉冲弧焊时，具有电弧稳定、使用和调节方便的特点，但制造较复杂，专用性较强。

阻抗不平衡式脉冲弧焊电源具有使用简单可靠的特点，但脉冲频率和宽度不可调节，应用范围受到了一定限制。

（2）磁饱和电抗器式脉冲弧焊电源是利用特殊结构的磁饱和电抗器来获得脉冲电流的。

阻抗不平衡式磁饱和电抗器式脉冲弧焊电源是使三相磁饱和电抗器中某一相的交流感抗增大或减小，引起输出电流有一相不同于另两相，从而获得周期性脉冲输出电流的。

脉冲励磁式磁饱和电抗器式脉冲弧焊电源的主电路与普通磁饱和电抗器式弧焊整流器相

同，但它的励磁电流 I_K 不是稳定的直流电流，而采用了周期性变化的脉冲电流，使 I_h 随着 I_K 周期性变化而变化，从而获得周期性的脉冲焊接电流 I_h。

(3) 晶闸管式脉冲弧焊电源。

晶闸管式脉冲弧焊电源按获得脉冲电流的方式不同，分为晶闸管给定值式和晶闸管断续器式两类。前者的脉冲式给定电压为高幅值时，主电路将输出相应幅值的脉冲电流；当脉冲式给定电压为低幅值时，主电路则输出与其相应的基本电流。晶闸管断续器式脉冲弧焊电源主要由直流弧焊电源和晶闸管断续器两个部分组成。晶闸管断续器在脉冲弧焊电源中所起的作用，从本质上说相当于开关。它正是依靠这种开关作用，把直流弧焊电源供给的连续直流电流切断，变为周期性间断的脉冲电流。

(4) 晶体管式脉冲弧焊电源。

晶体管式脉冲弧焊电源的主要特点是，在变压、整流后的直流输出端串入大功率晶体管组。这种弧焊电源依靠大功率晶体管组、电子控制电路与不同的闭环控制相配合，从而获得不同的外特性和输出电流波形。

实质上，大功率晶体管组在主电路回路中起着两种作用：一是起到线性放大调节器（即可变电阻）的作用；二是起着电子开关的作用。根据晶体管组的工作方式不同，常把前者称为模拟式晶体管弧焊电源，把后者称为开关式晶体管弧焊电源。

5. 弧焊逆变器。

(1) 弧焊逆变器主电路的基本工作原理，可以归纳为：工频交流→直流→高、中频交流→降压→交流并再次变成直流，必要时再把直流变成矩形波交流。

在弧焊逆变器中采用的三种逆变体制：

AC – DC – AC；

AC – DC – AC – DC；

AC – DC – AC – DC – AC（矩形波）。

(2) 弧焊逆变器的焊接工艺参数调节方法：

1) 定脉宽调频率。

2) 定频率调脉宽。

3) 混合调节。

(3) 弧焊逆变器的特点。

1) 高效节能。

2) 体积小、重量轻。

3) 具有良好的动特性和弧焊工艺性能。它采用电子控制电路，可以根据不同的焊接工艺要求设计出合适的外特性，并保证具有良好的动特性，从而可进行各种位置的焊接，获得良好的焊接工艺性。

4) 可用微机或单旋钮控制调节焊接工艺参数。

5) 设备费用较低，但对制造技术要求较高。

6. 数字化焊接电源。

所谓数字化焊接电源，就是在电子式焊接电源的基础上，以单片机、CPLD/FPGA 以及 DSP 等大规模集成电路作为控制核心来实现焊接电源的部分或者全部数字化控制。综合数字化焊接电源的发展和现状，焊接电源的数字化主要体现在以下三个方面：

第八单元　典型弧焊电源介绍

1）主电路的数字化。
2）控制电路的数字化。
3）专家数据库软件系统。

数字化弧焊电源具有多功能集成、接口的兼容性好、稳定性更好、控制精度更高、便于功能升级等特点。

【综合训练】

8-1　弧焊变压器与普通电力变压器相比有何异同点？
8-2　试述弧焊变压器的分类，指出每一类弧焊变压器的典型型号及各符号的意义。
8-3　动圈式弧焊变压器是如何调节焊接工艺参数的？
8-4　动圈式弧焊变压器在小电流焊接时，弧焊变压器产生振动较小的原因是什么？
8-5　矩形、梯形动铁心式弧焊变压器的焊接工艺参数的调节有什么不同？
8-6　动圈式弧焊变压器在调节焊接电流时，焊机内部打火、冒烟、熔丝烧断，试分析其产生的原因。如何排除这些故障？
8-7　硅弧焊整流器由哪几部分组成？各起何作用？
8-8　比较三种磁饱和电抗器式弧焊整流器的特点。
8-9　晶闸管弧焊整流器主要由哪几部分组成？各部分有何作用？
8-10　晶闸管弧焊整流器的主要特点是什么？
8-11　ZX5－400焊机外壳带电，试分析其原因，并指出排除故障的方法。
8-12　脉冲弧焊电源与普通直流弧焊电源相比，有何优点？
8-13　脉冲弧焊电源常采用哪些方法获得脉冲电流？
8-14　试述脉冲弧焊电源的分类。
8-15　试述弧焊逆变器的工作原理。
8-16　试述弧焊逆变器的特点。
8-17　如何控制晶闸管式逆变器的外特性和焊接工艺参数的调节？
8-18　试述晶闸管式弧焊逆变器的特点。
8-19　试述晶体管式、场效应晶体管式、IGBT式弧焊逆变器的特点。
8-20　什么是数字化焊接电源？焊接电源的数字化主要体现在哪些方面？
8-21　数字化弧焊电源具有哪些特点？
8-22　全数字脉冲氩弧焊机WSM－400（PNE30－400P）有哪些主要特点？
8-23　数字化MIG/MAG焊机GLC353/GLC553MC3有哪些主要特点？

【焊接劳模工匠】

　　宁显海，男，汉族，生于1995年9月，四川省凉山州会东县人，中共党员，中国十九冶集团有限公司职工，高级技师，在第44届世界技能大赛上获焊接项目金牌。2016年6月，宁显海获得第44届世界技能大赛四川省选拔赛焊接项目第一名，并于同年7月获第44届世界技能大赛全国选拔赛第一名，入选国家集训队，被授予"全国技术能手"荣誉称

号。集训期间,他刻苦学习,最终成为第44届世界技能大赛焊接项目中国参赛选手,同时获得美国焊接项目邀请赛、中国国际技能大赛和澳大利亚全球技能挑战赛等国际赛事焊接项目"三连冠"。

世赛焊接项目金牌得主宁显海:六年坚持让中国焊枪闪耀世界

从大山走向大海,千里的路途,丈量着追梦的脚步。宁显海,这个从四川大凉山走来的焊接少年,在第44届世界技能大赛的赛场上,代表中国队赢得了焊接项目比赛的金牌。

2012年,宁显海仅以一个名次之差,无缘第42届世界技能大赛国家集训队;2014年,入围国家集训队的他,又遗憾止步第43届世界技能大赛5进2选拔赛。

2016年,宁显海以第44届世界技能大赛全国选拔赛焊接第一名的成绩入围国家集训队,被授予"全国技术能手"荣誉称号,经过层层选拔,2017年6月,宁显海如愿成为了第44届世界技能大赛焊接项目参赛选手。期间,宁显海还获得了2017美国国际焊接技能比赛冠军、2017年中国国际技能大赛焊接项目冠军、澳大利亚2017全球技能挑战赛焊接项目第一名。

梦想似乎触手可及,但又更加充满挑战。

宁显海的指导老师、世界技能大赛焊接项目中国教练组长、中华技能大奖获得者周树春介绍说:"第44届世界技能大赛焊接项目共有33个国家参赛,竞争相当激烈,稍有闪失就会失去夺金机会。"

为了心中的梦想,宁显海每天要接受长达14h的高强度训练,没休过一个节假日。但他从没犹豫过、退缩过,圆梦世赛的种子已在灵魂深处扎根,锻造工匠精神的信念愈发坚定执着。

熟练的手感,在日复一日的魔鬼训练中已转化为肌肉记忆,让宁显海在冷硬的构件之间行云走笔;专家与严师的谆谆教诲,鞭策着弟子精益求精,用一条条近乎完美的焊缝,让模块外观呈现出艺术品的美感。

2017年10月18日,历时四天、总时长18h的焊接比赛落下帷幕,宁显海以94.63分的高分夺得冠军,创造了焊接项目有记录的最高分。他完成的组合件、压力容器、铝合金结构和不锈钢结构四个模块,让在场的各国焊接专家赞叹不已。

当阿联酋首都阿布扎比亚斯岛Du体育馆闭幕式主持人宣布:"焊接项目金牌,宁显海——中国"时,全场沸腾了,中国代表团打出了"中国焊接,我们又赢了!"的大幅横幅。

"我为自己是一名中国焊工感到骄傲!"回顾整个比赛,宁显海,心中依然无比激动,当身披五星红旗登上领奖台的那一刻,6年的努力,流过的泪,吃过的苦,全都值了。

台上一分钟、台下十年功,要想取得成功就必须付出汗水,平时要理论与实践两手抓,勤学勤练。

"我是一个平凡的人,初中毕业后就到技师学院学习,从未想过自己会有什么璀璨的人生。直到接触了焊接,遇到了恩师,参加了比赛,才知道了青年人应该有梦想,有追求,应该有一技傍身,应该志存高远。"宁显海说,初心和坚持,是自己成功的法宝。

模块三

弧焊设备及操作

第九单元
常用弧焊设备及其选择、安装与使用

 学习目标

本单元主要介绍埋弧焊、熔化极气体保护焊、钨极氩弧焊、等离子弧焊与切割、激光焊、电子束焊、焊接自动化配套焊接设备等常用弧焊设备的功能、分类、结构特点、简单故障产生原因及排除方法，并对弧焊电源的选择、安装和使用常识进行重点介绍。

综合知识模块一 常用弧焊设备

能力知识点一、埋弧焊设备

埋弧焊由于具有生产率高、焊接机械化程度高、焊缝质量好、劳动条件好等一系列优点，是目前被广泛应用的一种电弧焊方法。

（一）埋弧焊机的功能和分类

1. 埋弧焊机的主要功能

电弧焊的焊接过程包括引弧、焊接和熄弧三个阶段。焊条电弧焊时，这三个阶段都是由焊工手工操作完成的，而埋弧焊却全部由机械设备自动来完成。为此，埋弧焊机应具有以下主要功能。

DC-1000埋弧自动焊机在生产中的典型应用

1）建立焊接电弧，向焊接电弧供给电能。
2）连续不断地向焊接区送进焊丝，并自动保持确定的弧长和工艺参数不变，使电弧稳定燃烧。
3）使电弧沿接缝移动，并保持确定的行走速度。
4）在电弧前方不断地向焊接区铺撒焊剂。
5）控制焊机的引弧、焊接和熄弧停机的操作过程。

2. 埋弧焊机的分类

埋弧焊机按送丝方式可分为等速送丝式和变速送丝式两种；按行走机构形式则分为小车式、悬挂式、车床式、悬臂式和门架式等几种。表9-1列出了常用国产埋弧焊机的主要技术数据。

表 9-1 常用国产埋弧焊机的主要技术数据

技术规格	型号						
	NZA-1000	MZ-1000	MZ1-1000	MZ2-1500	MZ3-500	MU-2×300	MU1-1000
送丝方式	变速送丝	等速送丝				变速送丝	
焊机结构特点	埋弧、明弧两用车	焊车		悬挂式自动机头	电磁爬行焊车	堆焊专用焊机	
焊接电流/A	200~1200	400~1200	200~1200	400~1500	180~600	160~300	400~1000
焊丝直径/mm	3~5	3~6	1.6~5	3~6	1.6~2	1.6~2	焊带宽30~80,厚0.5~1
电流种类	直流	交、直流两用				直流	
送丝速度/(cm/min)	50~600	50~200	37~670	47~375	180~700	160~540	25~100
焊接速度/(cm/min)	3.5~130	25~117	26.7~210	22.5~187	16.7~108	32.5~58.3	12.5~58.3
送丝速度调整方法	用电位器无级调速	用电位器调节直流电动机转速	调换齿轮	调换齿轮	用自耦变压器无级调节直流电动机转速	调换齿轮	用电位器无级调节直流电动机转速

(二) 埋弧焊机的自动调节原理

埋弧焊时,按下"起动"按钮后,焊机按设定的焊接参数进行焊接,焊接参数(特别是电弧电压和焊接电流)越稳定,焊缝质量越好。但是在焊接过程中,某些外界因素的干扰会使焊接参数偏离设定值,发生波动。例如:由于工件不平整或装配不良使弧长波动,造成电弧电压发生变化;焊机供电网络中其他大容量设备的突然起动或停止造成电网电压波动,使焊接电源外特性发生变化等。

当埋弧焊过程受到上述干扰时,操作者来不及或不可能采取调整措施。因此,埋弧焊机除了应具有各种动作功能外,还应具有自动调节的能力,以消除或减弱外界因素干扰的影响,保证焊接质量的稳定。埋弧焊机的自动调节按送丝方式的不同可分为两种调节系统:等速送丝式焊机采用电弧自身调节系统;变速送丝式焊机采用电弧电压反馈自动调节系统。

(三) 典型埋弧焊机

目前国内使用最普遍的埋弧焊机是 MZ-1000 型。它采用发电机-电动机反馈调节器组成自动调节系统,是一种变速送丝式埋弧焊机。这种埋弧焊机适合于水平位置或与水平面倾斜不大于 15°的各种有无坡口的对接、角接和搭接接头的焊接,也可借助滚轮转胎焊接圆筒形焊件的内外环缝。

MZ-1000 型埋弧焊机主要由焊车、控制箱和焊接电源三部分组成,相互之间由焊接电缆和控制电缆连接在一起。

1. 焊车

MZ-1000 型埋弧焊机配用的焊车是 MZT-1000 型,由送丝机构、行走小车、机头调节机构、控制盒、导电嘴、焊丝盘和焊剂漏斗等部分组成。

(1) 送丝机构　包括送丝电动机、传动系统、送丝滚轮和矫直滚轮等，如图 9-1 所示。它应能可靠地送进焊丝并具有较宽的调速范围，以保证电弧稳定。送丝电动机 1 经一对圆柱齿轮 2 和一对蜗轮蜗杆 3 减速后带动送丝滚轮 7 和 6 转动送丝，焊丝夹紧在滚轮之间，夹紧力的大小可以通过调节螺钉、弹簧和摇杆 5 进行调节。为防止送丝打滑，可利用圆柱齿轮 4 使送丝滚轮 7 和 6 均为主动轮（双主动式）。焊丝由送丝滚轮送出后还需经矫直滚轮矫直再进入导电嘴，并由此处接通电源。

(2) 行走小车　包括行走电动机、传动系统、行走轮及离合器等，如图 9-2 所示。行走电动机 1 经两级蜗轮蜗杆减速后带动小车的两个行走轮 3 和 7 转动，行走轮一般采用橡胶绝缘轮，以免焊接电流经车轮而短路。传动系统与行走轮之间设有爪形离合器 6，它可通过手柄 5 操纵。当离合器脱离时可用手推动小车以对准焊接位置，而当离合器接合时，则可由电动机驱动进行焊接。

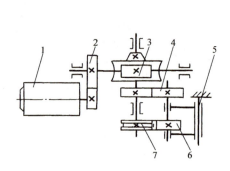

图 9-1　送丝机构示意

1—送丝电动机　2、4—圆柱齿轮　3—蜗轮蜗杆
5—摇杆　6、7—送丝滚轮

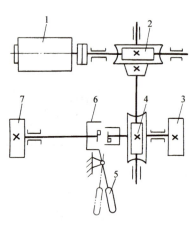

图 9-2　行走小车示意

1—行走电动机　2、4—蜗轮蜗杆
3、7—行走轮　5—手柄　6—离合器

(3) 机头调节机构　为使焊机适应各种位置焊缝的焊接，并使焊丝对准接缝位置，焊接机头应有足够的调节自由度。MZT－1000 型焊车的机头调节自由度及调节范围如图 9-3 所示。

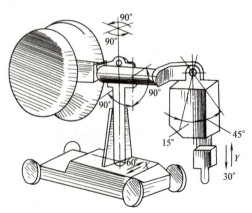

图 9-3　MZT－1000 型焊车的机头调节自由度及调节范围

(4) 导电嘴 其作用是引导焊丝的传送方向，并可靠地将电流输导到焊丝上。它既要有良好的导电性，又要有良好的耐磨性，一般由耐磨铜合金制成。常见的导电嘴结构有滚动式、夹瓦式和管式，如图9-4所示。

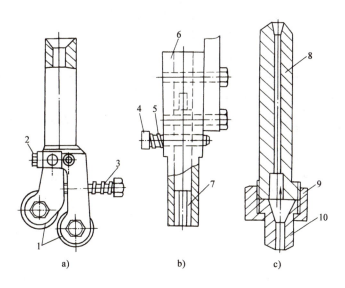

图9-4 导电嘴结构示意图
a) 滚动式 b) 夹瓦式 c) 管式
1—导电滚轮 2、4—旋转螺钉 3、5—弹簧 6—接触夹瓦
7—可换衬瓦 8—导电杆 9—螺母 10—导电嘴

2. 控制箱

MZ－1000型埋弧焊机配用的控制箱是MZP－1000型。控制箱内装有发电机—电动机组、接触器、中间继电器、变压器、整流器、镇定电阻和开关器件等，与焊车上的控制元件配合使用，实现自动送丝、焊车拖动控制、程序自动控制（主要是引弧和熄弧控制）及电弧电压反馈自动调节。

3. 焊接电源

MZ－1000型埋弧焊机可配备交流或直流电源，焊接电源应具有下降的外特性。配备交流电源时，一般采用BX2－1000型同体式弧焊变压器；配备直流电源时，可采用ZXG－1000型或ZDG－1000型弧焊整流器。

（四）埋弧焊机的维护、常见故障与维修

1. 埋弧焊机的维护保养

为保证焊接过程正常进行，提高生产率和焊接质量，延长焊机的使用寿命，减少事故的发生及维修的工作量，应正确使用焊机并对焊机进行经常性的维护保养。

1）安装埋弧焊机时，严格按照说明书中的要求进行安装。

2）要保持焊机清洁，保证焊机在使用过程中各部分动作灵活，避免焊剂、渣壳碎末阻塞活动部件。

3）保持导电嘴与焊丝接触良好，否则应及时更换，以免电弧不稳。

4）定期检查送丝滚轮的磨损情况，并及时更换。

5) 应定期对小车送丝机构减速箱内各运动部件加润滑油。

6) 焊机所有电缆的接头部分要保证接触良好。

2. 埋弧焊机的常见故障及维修

只有熟悉焊机的结构、工作原理和使用方法，才能正确地使用焊机并及时地排除各种故障。埋弧焊机的常见故障及维修方法见表9-2。

表9-2 埋弧焊机的常见故障及维修方法

故障现象	产生原因	维修方法
焊接电路接通时，电弧未引燃，而焊丝粘在工件上	焊丝与工件之间接触太紧	使焊丝与工件轻微接触
导电嘴末端随焊丝一起熔化	1. 电弧太长，焊丝伸出太短 2. 焊丝送给和焊车都停止，电弧仍在燃烧 3. 焊接电流太大	1. 增大送丝速度和焊丝伸出长度 2. 检查焊丝和焊车停止原因 3. 减少焊接电流
当按下焊丝"向下""向上"按钮时，焊丝不动或动作不对	1. 控制线路有故障 2. 电动机方向接反 3. 发电机或电动机电刷接触不好	1. 检查控制线路并修复 2. 换三相感应电动机输入接线 3. 更换电刷
焊接过程中一切正常，而焊车突然停止行走	1. 小车离合器脱开 2. 小车轮被电缆等物体阻挡	1. 使离合器接合 2. 排除车轮的阻挡物
按下"起动"按钮后，继电器动作，而接触器不能正常动作	1. 中间继电器失灵 2. 接触器线圈有故障，接触器磁铁接触面生锈或污垢太多	1. 检修中间继电器 2. 检修接触器
焊机起动后焊丝末端周期性地与工件"粘住"或常常断弧	1. 电弧电压太低，焊接电流太小 2. 电弧电压太高，焊接电流太大 3. 网路电压太高	1. 增加电弧电压或焊接电流 2. 减小电弧电压或焊接电流 3. 改善网路负荷状态
焊丝没有与工件接触，焊接回路却有电	焊接小车与工件间的绝缘被破坏	1. 检查小车车轮绝缘情况 2. 检查小车下面是否有金属与工件短路
焊接过程中电流不稳，焊缝成形不良	1. 焊接规范不合适 2. 导电嘴与焊丝接触不良 3. 送丝太松或太紧	1. 调整好焊接规范 2. 更换导电嘴 3. 找出是机械还是电气方面的问题并排除
焊接停止后，焊丝与工件粘住	1. 按下"停止"按钮的速度太快 2. 不经"停止1"直接按下"停止2"	1. 慢慢按下"停止"按钮 2. 先按"停止1"，待电弧自然熄灭后再按"停止2"
焊丝在导电嘴中摆动，导电嘴以下的焊丝不时变红	1. 导电嘴磨损 2. 导电不良	更换导电嘴
按下"起动"按钮，线路正常工作，但引不起弧	1. 焊接电源未接通 2. 电源接触器接触不良 3. 焊丝与工件接触不良 4. 焊接回路无电压	1. 接通焊接电源 2. 检查修复接触器 3. 使焊丝与工件轻微接触

能力知识点二、熔化极气体保护焊设备

熔化极气体保护焊按保护气体种类和焊丝的不同可分为惰性气体保护电弧焊（MIG）、氧化性混合气体保护电弧焊（MAG）、CO_2 气体保护电弧焊、药芯焊丝气体保护电弧焊（FCAW）四种。熔化极气体保护焊设备可分为半自动和自动两种类型。熔化极气体保护焊设备主要由焊接电源、送丝系统、焊枪及行走系统、供气系统和水冷系统、控制系统等组成，如图 9-5 所示。

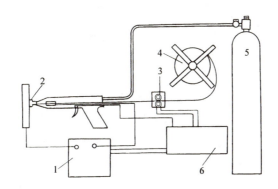

图 9-5　熔化极气体保护焊设备的组成
1—焊接电源　2—保护气体　3—送丝轮　4—送丝机构　5—气源　6—控制装置

（一）焊接电源

熔化极气体保护电弧焊通常配用直流焊接电源，采用直流反接，以减少飞溅。焊接电源的额定功率取决于不同用途所要求的电流范围，通常为 15～500A，特种应用时可达到 1500A；电源的负载持续率为 60%～100%；空载电压为 55～85V。

当保护气体为惰性气体、氧化性混合气体，焊丝直径小于 1.6mm 时，广泛采用平特性电源、等速送丝系统，在焊接中通过改变电源的外特性来调节电弧电压，通过改变送丝速度来调节焊接电流。当焊丝直径大于 2.0mm 时，一般采用下降外特性电源、变速送丝系统，在焊接中通过调节电源外特性来调节焊接电流，调节送丝系统的给定电压来调节电弧电压。

（二）送丝系统

送丝系统通常由送丝机构（包括电动机、减速器、校直轮、送丝轮）、送丝软管、焊丝盘等组成。熔化极气体保护电弧焊焊机的送丝系统根据其送丝方式的不同，通常可分为四种类型。

1. 推丝式

推丝式是半自动熔化极气体保护电弧焊应用最广泛的送丝方式之一。这种送丝方式的焊枪结构简单、轻便、操作维修都比较方便，如图 9-6a 所示。但这种送丝方式的焊丝要经过一段较长的送丝软管，焊丝的送丝阻力较大，特别是焊丝较细（直径小于 0.8mm）时，随着软管的加长，送丝阻力加大，送丝的稳定性变差。一般钢焊丝软管的长度为 3～5m，铝焊丝的软管长度不超过 3m。

2. 拉丝式

拉丝式有三种形式：一种是将送丝机构安装在焊枪内，焊丝盘和焊枪分开，两者通过送

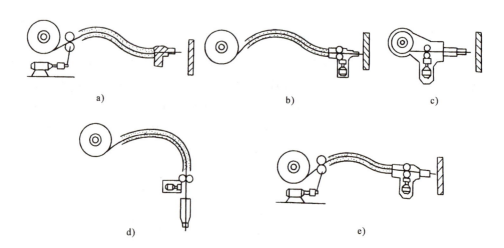

图9-6 送丝方式示意图

a) 推丝式 b)、c)、d) 拉丝式 e) 推拉丝式

丝软管连接,如图9-6b所示;另一种是将焊丝盘、送丝机构直接安装在焊枪上,如图9-6c所示,这两种都适用于细丝半自动熔化极气体保护焊,但焊枪较重,操作不灵活,加重了焊工的劳动强度;还有一种是焊丝盘、送丝机构与焊枪分开,如图9-6d所示,这种送丝方式一般用于自动熔化极气体保护电弧焊。

3. 推拉丝式

这种送丝方式的特点是在推丝式焊枪上加装了微型电动机作为拉丝动力,如图9-6e所示。推丝电动机是主要的送丝动力,拉丝电动机的主要作用是保证焊丝在送丝软管中始终处于轻微的拉伸状态,减少焊丝由于弯曲在软管中产生的阻力。推拉丝的两个动力在调试过程中要有一个配合,尽量做到同步,但以推为主。这种送丝方式的送丝软管最长可以加长到15m左右,扩大了半自动焊的操作距离。

4. 行星式(线式)

行星式送丝系统是根据"轴向固定的旋转螺母能轴向推送螺杆"的原理设计的,如图9-7所示,三个互为120°的滚轮交叉地安装在一块底座上,组成一个驱动盘。驱动盘相当于螺母,通过三个滚轮中间的焊丝相当于螺杆。三个滚轮与焊丝之间有一个预先调定好的螺旋角。当电动机控制主轴带动驱动盘旋转时,三个滚轮即向焊丝施加一个轴向的推力,将焊丝往前推送。送丝过程中,三个滚轮在围绕焊丝公转的同时又绕着自己的轴自转。调节电动机的转速即可调节焊丝的送进速度。这种送丝机构可一级一级地串联起来使用而成为所谓的线式送丝系统,使送丝距离更长(可达60m)。

(三)焊枪

熔化极气体保护电弧焊的焊枪分为半自动焊枪和自动焊枪。

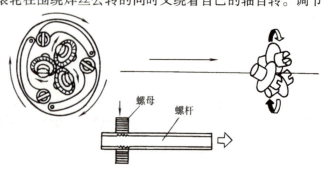

图9-7 行星式送丝系统工作原理

1. 半自动焊枪

半自动焊枪按冷却方式可分为气冷和水冷两类；按结构形式分为手枪式和鹅颈式。手枪式焊枪适用于较大直径的焊丝，它对冷却效果要求较高，因而采用内部循环水冷却。因手枪式焊枪的重心不在手握部分，操作时不太灵活。鹅颈式焊枪适合于小直径的焊丝，其重心在手握部分，操作灵活方便，使用较广。图 9-8 所示为这两种焊枪的典型结构。其组成如下：

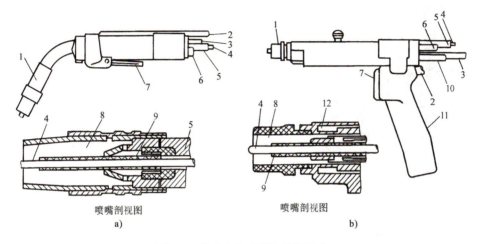

图 9-8　典型半自动焊枪结构示意

a）鹅颈式（气冷）　b）手枪式（水冷）

1—喷嘴　2—控制电缆　3—导气管　4—焊丝　5—送丝导管　6—电源输入
7—开关　8—保护气体　9—导电嘴　10—进水管　11—手柄　12—冷却水

（1）导电部分　把焊接电源连接到焊枪后端，电流通过导电杆、导电嘴导入焊丝。导电嘴是一个较重要的零件，要求导电嘴材料导电性好、耐磨性好、熔点高，故通常采用纯铜，最好是锆铜。

（2）导气部分　保护气体从焊枪导气管进入焊枪后先进入气室，这时气流处于紊流状态。为了使保护气体形成流动方向和速度趋于一致的层流，在气室接近出口处安装了有网状密集小孔的分流环。保护气体流经的最后部分即焊枪的喷嘴部分。喷嘴按材质分为陶瓷喷嘴和金属喷嘴。

（3）导丝部分　焊丝经过焊枪时的阻力越小越好。对于鹅颈式焊枪，要求鹅颈角度合适，鹅颈过弯时则阻力过大，不易送丝。

2. 自动焊枪

自动焊枪的主要作用与半自动焊枪相同，其常见结构如图 9-9 所示。自动焊枪固定在机头上或行走机构上，经常在大电流情况下使用，除要求其导电部分、导气部分及导丝部分性能良好外，为了适应大电流、长时间连续焊接，还要采用水冷装置。

（四）供气系统和水冷系统

1. 供气系统

供气系统一般由气源（高压气瓶）、减压阀、流量计和气阀组成。对于 CO_2 气体，通常还需要安装预热器、高压干燥器和低压干燥器，如图 9-10 所示。对于熔化极氧化性混合气体保护电弧焊，还需要安装气体混合装置。

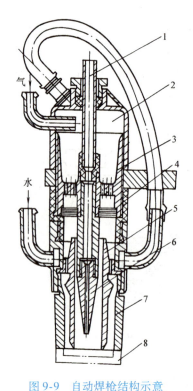

图9-9 自动焊枪结构示意
1—铜管 2—镇静室 3—导流体 4—铜筛网
5—分流环 6—导电嘴 7—喷嘴 8—帽盖

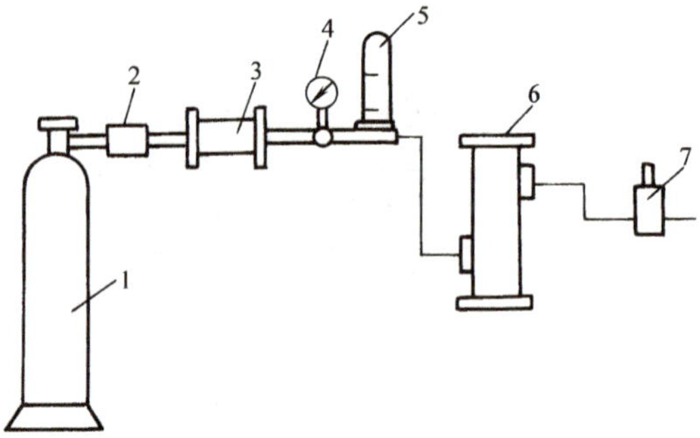

图9-10 供气系统示意
1—气瓶 2—预热器 3—高压干燥器 4—气体减压阀
5—气体流量计 6—低压干燥器 7—气阀

(1) 减压阀 减压阀用来将气瓶内的高压气体降低到焊接所需的压力,并维持压力的恒定。每种气体都有专用减压阀。

(2) 流量计 流量计用来标定和调节保护气体的流量大小,通常采用转子流量计。转子流量计的读数是用空气作为介质来标定的,而各保护气体的密度与空气不同,所以保护气体实际的流量与流量计的标定值有些差异。要想准确地知道实际气体的流量大小,必须进行换算。

(3) 气阀 气阀是用来控制保护气体暂时通断的元件,包括机械气阀和电磁气阀。其中电磁气阀应用比较广泛,焊接时由控制系统自动完成保护气体的通断。

(4) 预热器 CO_2 气瓶中混有一定的水分,CO_2 气体在减压时,气体温度降低,易使气体中混有的水分在钢瓶出口处及减压表中结冰,堵塞气路,因此在减压前要用预热器将 CO_2 气体预热。预热器一般装在钢瓶出口处,且开启气瓶前,先将预热器通电加热。

(5) 干燥器 为了最大限度地减少 CO_2 气体中的水分含量,供气系统中一般设有干燥器。干燥器分为装在减压阀之前的高压干燥器和装在减压阀之后的低压干燥器两种。可根据钢瓶中 CO_2 气体纯度选用其中之一,或二者都用。如果 CO_2 气体纯度较高,能满足焊接生产的要求,也可不设干燥器。

2. 水冷系统

水冷式焊枪的水冷系统由水箱、液压泵、冷却水管及水压开关组成。水箱里的冷却水经液压泵流经冷却水管,经水压开关后流入焊枪,然后经冷却水管再回流入水箱,形成冷却水循环。也有采用不需水箱、液压泵的直排式非循环水冷却系统的。显然，非循环水冷却系统将造成大量的冷却水浪费。水冷却系统中的水压开关，将保证冷却水未流经焊枪或流经的水量不足时，焊接系统不能起动，以免由于未经冷却或冷却不足而烧坏焊枪。

（五）控制系统

熔化极气体保护电弧焊设备的控制系统由基本控制系统和程序控制系统组成。

1. 基本控制系统

基本控制系统主要包括：焊接电源输出调节系统、送丝速度调节系统、焊车（或工作台）行走速度调节系统和气流量调节系统。它们的作用是在焊前或焊接过程中调节焊接电流或电压、送丝速度、焊接速度和气流量的大小。

2. 程序控制系统

程序控制系统的主要作用如下：

1）控制焊接设备的起动和停止。
2）控制气阀动作，实现提前送气和滞后停气，使焊接区得到良好的保护。
3）控制水压开关动作，保证焊枪得到良好的冷却。
4）控制引弧和熄弧。

当焊接起动开关闭合后，整个焊接过程按照设定的程序自动进行。

（六）CO_2 焊机的使用维护及常见故障的排除

1. CO_2 焊机的维护保养

1）应按外部接线图正确安装焊机，焊机外壳必须可靠接地。
2）操作者必须掌握焊机的一般构造、电气原理和使用方法。
3）要经常检查送丝软管的工作情况，以防其被污垢堵塞。
4）应经常检查导电嘴磨损情况，及时更换磨损大的导电嘴，以免影响焊接电流的稳定。
5）施焊时要及时清除喷嘴上的金属飞溅物。
6）经常检查送丝滚轮的压紧情况和磨损程度，要及时更换已磨损的送丝滚轮。
7）经常检查供气系统的工作情况，防止发生漏气、焊枪分流环堵塞、预热器及干燥器工作不正常等情况，保证气流均匀通畅。
8）当焊机较长时间不用时，应将焊丝从软管中退出，以免日久生锈。
9）工作完毕或因故离开，要关闭气路，切断一切电源。

2. CO_2 焊机的常见故障及维修方法

CO_2 焊机的常见故障及维修方法见表 9-3。

表 9-3　CO_2 焊机的常见故障及维修方法

故障现象	产生原因	维修方法
送丝不均匀	1. 送丝电动机电路故障 2. 减速器故障 3. 送丝滚轮压力不当或磨损 4. 送丝软管接头处堵塞或内层弹簧管松动 5. 焊枪导电部分接触不好或导电嘴孔径大小不合适 6. 焊丝绕制不好，时松时紧或有弯折	1. 检修电动机电路 2. 检修 3. 调整送丝滚轮压力或更换送丝滚轮 4. 清洗或修理 5. 检修或更换导电嘴 6. 调直焊丝

（续）

故障现象	产生原因	维修方法
焊接过程中熄弧和焊接参数不稳	1. 导电嘴打弧烧坏 2. 送丝不均匀，导电嘴磨损过大 3. 焊接参数不合适 4. 焊件和焊丝不清洁，接触不良 5. 焊接回路各部件接触不良 6. 送丝滚轮磨损	1. 更换导电嘴 2. 检查送丝系统，更换导电嘴 3. 调整焊接参数 4. 清理焊件和焊丝 5. 检查电路元件及连接导线 6. 更换送丝滚轮
焊丝停止送进，送丝电动机不转	1. 送丝滚轮打滑 2. 焊丝与导电嘴熔合 3. 焊丝弯曲，卡在焊丝进口管处 4. 熔丝烧断 5. 电动机电源变压器损坏 6. 电动机电刷磨损 7. 焊枪开关接触不良或控制线路断路 8. 控制继电器烧坏或触头烧损 9. 调速电路故障	1. 调整送丝滚轮压力 2. 连同焊丝拧下导电嘴并更换 3. 将焊丝退出，将弯曲处剪下 4. 更换 5. 检修或更换 6. 换电刷 7. 检修并接通线路 8. 换继电器或修理触头 9. 检修
焊丝在送丝滚轮和软管进口间发生弯曲和打结	1. 弹簧管内径太小或阻塞 2. 送丝滚轮离软管接头进口太远 3. 送丝滚轮压力太大，焊丝变形 4. 焊丝与导电嘴配合太紧 5. 软管接头内径太大或磨损严重 6. 导电嘴与焊丝粘住或熔合	1. 清洗或更换弹簧管 2. 移近距离 3. 适当调整压力 4. 更换导电嘴 5. 更换接头 6. 更换导电嘴
气体保护不良	1. 电磁气阀故障 2. 电磁气阀电源故障 3. 气路阻塞 4. 气路接头漏气 5. 喷嘴因飞溅而阻塞 6. 减压表冻结	1. 修理电磁气阀 2. 检修电磁气阀电源 3. 检查气路导管 4. 紧固气路接头 5. 清除飞溅物 6. 查清减压表冻结原因
电压失调	1. 三相多线开关损坏 2. 继电器触头或线包烧损 3. 线路接触不良或断线 4. 变压器烧损或抽头接触不良 5. 移相和触发电路故障 6. 大功率晶体管击穿	1. 检修或更换 2. 检修或更换 3. 用万用表逐级检查 4. 检修 5. 检修或更换 6. 检查并更换

能力知识点三、钨极氩弧焊设备

钨极氩弧焊是以高熔点的纯钨或钨合金做电极，以氩气做保护气体的非熔化极惰性气体保护电弧焊，主要用于铝、镁等非铁金属及其合金的焊接。钨极氩弧焊设备由焊接电源、引弧及稳弧装置、焊枪、供气系统、水冷系统和焊接控制系统等部分组成，对于自动钨极氩弧焊还应增加小车行走机构和送丝装置。图 9-11 所示为手工钨极氩弧焊设备系统，其中控制箱内包括了引弧及稳弧装置、焊接程序控制系统等。

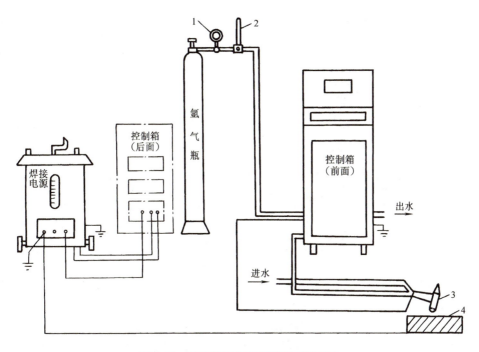

图 9-11　手工钨极氩弧焊设备系统示意
1—减压表　2—流量计　3—焊枪　4—工件

（一）焊接电源

钨极氩弧焊焊接电源按焊接电流的种类可分为直流、交流和脉冲电源三种形式，一般根据被焊材料的特点来进行选择。无论是交流还是直流，钨极氩弧焊要求采用具有陡降或恒流外特性的电源，以减小或排除因弧长变化而引起的焊接电流的波动，保证焊缝的熔深均匀。直流正接用于除铝、镁等易氧化金属以外的其他金属的焊接，直流反接用于铝、镁等易氧化金属薄件的焊接。在生产实践中，焊接铝、镁及其合金一般采用交流电源。表9-4 列出了部分国产钨极氩弧焊机的主要技术数据及适用范围。

表 9-4　部分国产钨极氩弧焊机的主要技术数据及适用范围

技术数据	自动钨极氩弧焊机				手工钨极氩弧焊机			
	NZA6-30	NZA2-300	NZA3-300	NZA-500	WSM-63	NSA-120-1	WSE-160	NSA-300
电源电压/V	380	380	380	380	220	380	380	220/380
空载电压/V						80		
工作电压/V							16	20
额定焊接电流/A	30	300	300	500	63	120	160	300
电流调节范围/A		35~300		50~500	3~63	10~120	5~160	50~300
钨极直径/mm		2~6	2~6	1.5~4			0.8~3	2~6
焊丝直径/mm	0.5~1	1~2	0.8~2	1.5~3				
送丝速度/(m/min)		0.4~3.6	0.11~2	0.17~9.3				
焊接速度/(m/min)	0.17~1.7	0.2~1.8	0.22~4	0.17~1.7				

（续）

技术数据	自动钨极氩弧焊机				手工钨极氩弧焊机			
	NZA6-30	NZA2-300	NZA3-300	NZA-500	WSM-63	NSA-120-1	WSE-160	NSA-300
氩气流量/(L/min)								20
冷却水流量/(L/min)		3~16						1
负载持续率（%）	60	60	60	60		60		60
电流种类	脉冲	交、直流两用	交、直流两用	交、直流两用	直流脉冲	交流	交、直流脉冲	交流
适用范围	不锈钢、合金钢薄板（0.1~0.5mm）	铝、镁及其合金；不锈钢、耐热钢、钛、铜及其合金	不锈钢、镁、钛等	不锈钢、耐热钢、钛、铝、镁及其合金	不锈钢、合金钢薄板	厚度为0.3~3mm的铝、镁及其合金	铝、镁及其合金、钛、不锈钢等金属	铝及铝合金

（二）引弧及稳弧装置

钨极交流氩弧焊在引弧时，由于电极是不熔化的钨或钨合金，为了防止焊缝中产生夹钨缺陷，不允许采用接触引弧，因此钨极氩弧焊需要特殊的引弧措施。并且，交流电流每秒钟100次过零点，为防止电弧在电流过零点处熄灭，也需要特殊的稳弧措施。

引弧和稳弧装置有两种：一种是高频振荡器，它能周期性地输出150~260kHz、2400~3000V的高频高压加在钨极和焊件之间，由于它的工作不够可靠（主要是相位关系不好保持），并且高频对电子仪器有干扰作用，现在应用较少。目前应用效果最好、最广泛的是高压脉冲引弧、稳弧器，它在电源负极性半周内、空载电压瞬时值为最高的相位角处，加一个2000~3000V的高压脉冲于钨极和工件之间进行引弧；电弧引燃后，在负极性开始的一瞬间，加2000~3000V的高压脉冲于钨极和工件之间进行稳弧。

（三）焊枪

钨极氩弧焊焊枪分为气冷式和水冷式两种。前者用于小电流焊接（$I \leqslant 150A$），后者主要供大电流焊接时使用，因带有水冷系统，所以结构复杂，焊枪较重。它们都由喷嘴、电极夹头、枪体、电极帽、手柄及控制开关等组成。

焊枪喷嘴结构形式有收敛形、圆柱形、扩散形三种，其中圆柱形喷嘴易使保护气获得较稳定的层流，应用较为广泛。喷嘴材料有金属和陶瓷两种，陶瓷喷嘴的使用电流不能超过300A，金属喷嘴一般用不锈钢、黄铜等材料制成，其使用电流可高达500A，但在使用中要避免与工件接触。

钨极氩弧焊的电极应具有耐高温、焊接中不易损耗、电子发射能力强、电流容量大等特点。常用的钨极分纯钨、钍钨及铈钨等，钍钨及铈钨是在纯钨中分别加入微量稀土元素钍或铈的氧化物制成的。纯钨引弧性能及导电性能差，载流能力小。钍钨及铈钨导电性能好，载流能力强，有较好的引弧性能，同时钍和铈均为稀土元素，有一定的放射性，其中铈钨放射性较小。在焊接电流较小时，一般采用小直径的钨极，并将其端部磨成尖锥角（约20°）；大电流焊时要求钨极直径大，且端部磨成钝角（大于90°）或带有平顶的锥形。

（四）供气系统和水冷系统

1. 供气系统

供气系统主要由氩气瓶、减压阀、流量计和电磁气阀组成，如图9-12所示。

2. 水冷系统

该系统主要用来在焊接电流大于 150A 时冷却焊接电缆、焊枪、钨棒。为了保证冷却水可靠接通且具有一定压力时才能起动焊机,钨极氩弧焊焊机中设有水压保护开关。

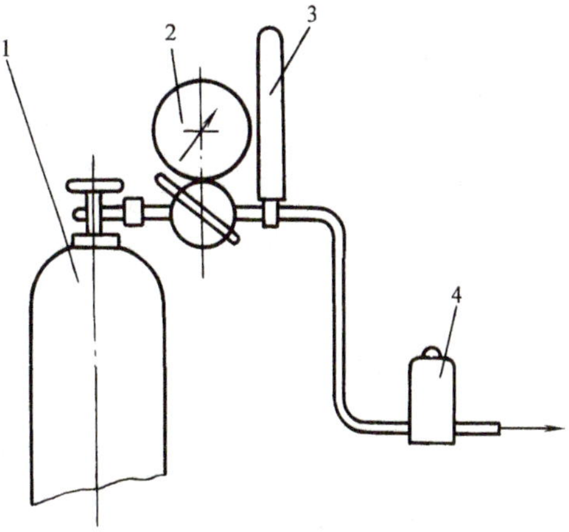

(五) 控制系统

控制系统由引弧器、稳弧器、行车（或转动）速度控制器、程序控制器、电磁气阀和水压开关等组成。焊接控制系统应满足如下要求。

1) 控制电源的通断。

2) 焊前提前 1.5~4s 输送保护气体,以驱除焊接区空气。

3) 焊后延迟 5~10s 停气,以保护尚未冷却的钨极和熔池。

4) 自动接通和切断引弧和稳弧电路。

5) 焊接结束前电流自动衰减,以消除火口和防止弧坑裂纹。

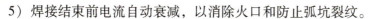

图 9-12 钨极氩弧焊供气系统

1—氩气瓶　2—减压阀　3—流量计　4—电磁气阀

(六) 钨极氩弧焊机的维护、常见故障及维修

1. 焊机的维护保养

1) 应及时更换烧坏的喷嘴,以保证良好的保护。

2) 经常注意焊枪冷却水系统的工作情况,以防烧坏焊枪。

3) 注意供气系统的工作情况,发现漏气及时解决。

4) 应定期检查焊接电源和控制部分继电器、接触器的工作情况,发现触头接触不良及时修理或更换。

5) 经常保持焊机清洁,定期以干燥空气进行清洁。

2. 钨极氩弧焊机的常见故障及维修方法

钨极氩弧焊机的常见故障及维修方法见表 9-5。

表 9-5　钨极氩弧焊机的常见故障及维修方法

故障现象	产生原因	维修方法
电源开关接通但指示灯不亮	1. 开关损坏 2. 熔断器烧坏 3. 控制变压器损坏 4. 指示灯损坏	1. 更换开关 2. 更换熔断器 3. 检修变压器 4. 更换指示灯
控制线路有电但焊机不能起动	1. 焊枪开关接触不良 2. 继电器故障 3. 控制变压器损坏	检修
电弧引燃后焊接过程中电弧不稳定	1. 稳弧器故障 2. 消除直流分量的元件故障 3. 焊接电源故障	1. 检修 2. 检修或更换 3. 检修焊接电源

(续)

故障现象	产生原因	维修方法
焊机起动后无氩气输送	1. 气路阻塞 2. 电磁气阀故障 3. 控制线路故障 4. 气体延时线路故障	检修
焊接结束时衰减不正常	1. 继电器故障 2. 衰减控制线路故障 3. 焊接电源故障	检修
焊接电流不稳定	1. 工件不清洁 2. 焊接电缆接触不良 3. 焊机内线路接触不良 4. 控制板损坏	1. 清除工件表面的油、锈等污物 2. 检查并接通 3. 检查并接通 4. 更换控制板

能力知识点四、等离子弧焊与切割设备

等离子弧是一种压缩电弧，具有温度高、能量密度大、焰流速度快、电弧挺度好等特点，因此等离子弧被广泛应用于焊接、喷涂、堆焊及金属和非金属的切割。

（一）等离子弧发生器

等离子弧发生器是用来产生等离子弧的装置，根据用途不同可分为焊枪、割炬和喷枪。

等离子弧焊枪的设计应保证等离子弧燃烧稳定，引弧及转弧可靠，电弧压缩性好，绝缘、通气及冷却可靠，更换电极方便，喷嘴和电极对中性好。焊枪主要由电极，喷嘴，中间绝缘体，上、下枪体，保护罩，水路，气路等组成。冷却水一般由下枪体水套进入，由上枪体水套流出。进水口和出水口同时也是水冷电缆的接口。

割炬的结构与大电流焊枪结构相似，不同之处是割炬没有保护气通道和保护气喷嘴。

（二）等离子弧焊设备

等离子弧焊设备主要由焊接电源、焊枪、控制线路、气路和水路等部分组成。自动等离子弧焊设备除上述部分之外，还有焊接小车和送丝机构。

1. 焊接电源

等离子弧焊接设备一般配备具有陡降或垂直陡降外特性的直流弧焊电源，用纯氩做离子气时，电源空载电压只需80V即可。当采用氩+氢混合气做离子气时，为了可靠地引弧，电源空载电压则需要110~120V。为保证收弧处的焊缝质量，等离子弧焊接一般采用电流衰减法熄弧，因此应具有电流衰减装置。

2. 供气系统

等离子弧焊典型供气系统如图9-13所示，包括离子气、焊接区保护气、背面保护气等。为了保证引弧处和收弧处的焊缝质量，离子气应分成两路供给，其中一路可在焊接收尾时经气阀放入大气，以实现气流衰减控制，经调节阀可调节离子气的衰减时间；另一路经流量计进入焊枪。

3. 控制系统

等离子弧焊设备的控制系统一般包括高频引弧电路、拖动控制电路、延时电路和程序控

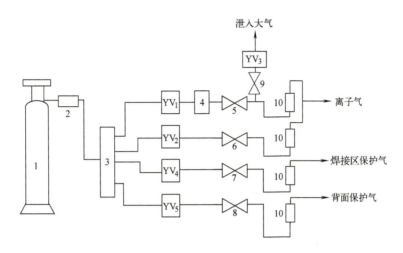

图 9-13 等离子弧焊典型供气系统

1—氩气瓶 2—减压表 3—气体汇流排 4—储气桶 5~9—调节阀
10—流量计 YV_1~YV_5—电磁气阀

制电路等部分。控制系统一般应具备以下功能。

1) 可预调气体流量并实现离子气流的衰减。
2) 焊前能进行对中调试。
3) 提前送气,滞后停气。
4) 调节焊接小车行走速度及填充焊丝的送进速度。
5) 可靠地引弧及转弧。
6) 实现起弧电流递增,熄弧电流递减。
7) 无冷却水时不能开机。
8) 发生故障及时停机。

(三) 等离子弧切割设备

等离子弧切割设备主要由电源、割炬、控制系统、气路系统和水路系统等组成。如果是自动切割,还要有切割小车。表 9-6 列出了部分国产等离子弧切割机的型号及技术数据。

1. 等离子弧切割电源

等离子弧切割和等离子弧焊接一样,一般均采用垂直陡降外特性的直流电源。为提高切割电压,要求切割电源具有较高的空载电压 (150~400V)。等离子弧切割设备都配有配套使用的专用电源。与 LG-400-1 型等离子弧切割机配套的电源,是 ZXG2-400 型硅弧焊整流电源,其空载电压较高,分 300V 和 1000V 两档。在没有专用的切割电源时,也可采用普通的直流电源串联使用,串联的电源台数由切割材料的厚度决定。但需要注意的是,电源串联使用时,切割电流不应超过每台电源的额定电流值,以免电源过载。

表 9-6 部分国产等离子弧切割机的型号及技术数据

技术数据	型 号				
	LG-400-2	LG-250	LG-100	LGK-90	LGK-30
空载电压/V	300	250	350	240	230

（续）

技术数据	型号				
	LG-400-2	LG-250	LG-100	LGK-90	LGK-30
切割电流/A	100~500	80~320	10~100	45~90	30
工作电压/V	100~500	150	100~150	140	85
负载持续率（%）	60	60	60	60	45
电极直径/mm	φ6	φ5	φ2.5		
备注	自动型	手工型	微束型	压缩空气型	压缩空气型

2. 控制系统

等离子弧切割时，控制系统应满足以下要求。

1）能提前送气和滞后送气，以免电极氧化。
2）采用高频引弧，在等离子弧引燃后高频振荡器应能自动断开。
3）离子气流有递增过程。
4）无冷却水时切割机不能起动；若切割过程中断水，切割机能自动停止工作。
5）在切割结束或切割过程中断弧时，控制电路能自动断开。

3. 供气系统和水冷系统

等离子弧切割设备的供气系统不用保护气和气流衰减回路，在割炬中通入离子气除了可压缩电弧和产生电弧冲力外，还可减少钨极的氧化烧损，因此切割时必须保证气路畅通。

为防止割炬的喷嘴烧坏，切割时必须对割炬进行通水强制冷却。在水冷系统中装有水压开关，以保证在没有冷却水时不能引弧；工作过程中断水或水压不足时，应立即停止工作。冷却水可以采用自来水，但水压小于0.098MPa时，必须安装专用液压泵供水，以提高水压，保证冷却效果。

（四）等离子弧切割设备的维护、常见故障及维修

1. 等离子弧切割设备的使用维护

1）切割机应保持清洁，在切断电源的情况下定期用压缩空气对切割机内的粉尘进行清理。
2）定期检查切割机内紧固螺钉、引线接头有无松动。
3）定期检查气路各接头的密封情况。
4）切割机累计工作一段时间后须将减压器过滤的油、水排放一次。
5）在运输或推动中应防止切割机振动。

2. 等离子弧切割设备的常见故障及维修方法

等离子弧切割设备的常见故障及维修方法见表9-7。

表9-7 等离子弧切割设备的常见故障及维修方法

故障现象	产生原因	维修方法
电源空载电压过低	1. 电网电压过低 2. 硅整流器件损坏短路 3. 变压器绕组短路 4. 磁放大器短路	1. 检查电网电压 2. 用仪表检查短路处

(续)

故障现象	产生原因	维修方法
按高频按钮无高频放电火花	1. 火花放电器间隙太大 2. 高频振荡器损坏 3. 高频电源未接通 4. 高频旁路电容损坏 5. 电极内缩长度太长	1. 检查火花放电器间隙 2. 检查相应的元件
高频工作正常但电弧不能引燃	1. 离子气不通或气体压力不足 2. 控制元件损坏或接触不良	1. 检查气体压力 2. 检查控制线路
断弧	1. 割炬抬得太高 2. 工件表面不清洁 3. 地线接触不良 4. 喷嘴压缩孔道太长或孔径太小 5. 空载电压太低 6. 电极内缩长度太长	1. 压低割炬 2. 清理工件表面 3. 检查工作地线 4. 改变喷嘴结构 5. 提高电源空载电压 6. 减小电极内缩长度
指示灯不亮	1. 电源未接通或控制线路断 2. 熔丝熔断 3. 控制变压器损坏	1. 接通电源 2. 更换熔丝或灯泡 3. 检查控制变压器和控制线路
按动割炬开关,无气流喷出	1. 割炬开关损坏或开关线断路 2. 继电器不吸合 3. 气路阻塞或电磁气阀损坏	1. 更换开关,检查开关线 2. 更换继电器 3. 疏通气路或更换电磁气阀

能力知识点五、 激光焊接设备

激光焊接设备（图9-14）应用激光器产生的波长为1064nm的脉冲激光（经过扩束、反射、聚焦后）辐射加工件表面，表面热量通过热传导向内部扩散，通过数字化精确控制激光脉冲的宽度、能量、峰值功率和重复频率等参数，使工件熔化，形成特定的熔池，从而实现对被加工件的激光焊接，完成传统工艺无法实现的精密焊接。

图9-14 激光焊接设备

（一）激光焊接设备的组成

（1）激光器　激光器是激光加工设备的重要部件。对激光焊接和切割而言，要求以激光的横模为基模，功率应能够根据加工要求调整。

（2）光学系统　用以进行光束的传输和聚焦。在进行大功率或大能量传输时，必须采取屏蔽措施，以免对人造成伤害。在小功率系统中，聚焦多采用透镜；在大功率系统中一般采用反射聚焦镜。

（3）激光加工机　其精度对焊接切割的精度影响很大。根据光束与工件的相对运动方式，激光加工机可分为二维、三维和五维三种。

（4）辐射参数传感器　用于检测激光器的输出功率或输出能力，并对输出功率或能量进行控制。

(5) 工艺介质传送系统 该系统用于传送惰性气体，保护焊缝。在大功率 CO_2 焊接时，针对不同的焊接材料，输送适当的混合气体，可将焊缝上方的等离子体部分吹走，提高能量利用率，增加焊缝熔深。

(6) 工艺参数传感器 主要用于检测加工区域的温度、工件表面状况以及等离子体特性等，以便通过控制系统进行必要的调整。

(7) 控制系统 对参数进行实时显示和报警，输入参数并加以控制，此外还有保护作用。

(8) 准直用 He-Ne 激光器 一般采用小功率的 He-Ne 激光器进行光路的调控和工件的对中。

(二) 激光焊接设备的特点

1) 激光焊接可以对薄壁材料、精密零件实现点焊、对接焊、叠焊、密封焊等。

自动填丝的激光焊接过程

2) 激光功率大，焊缝具有高的深宽比，热影响区域小，变形小，焊接速度快。

3) 焊缝质量高，平整美观、无气孔，焊后材料韧性至少相当于母体材料。

4) 人体化设计，液晶屏显示，集中按键化，操作更简单。

5) 采用四维滚珠丝杠工作台，进口伺服控制系统，可选旋转工作台，可以实现点焊、直线焊、圆周焊等自动焊接，适用范围广、精度高、速度快。

6) 电流波形可任意调整。可根据焊材的不同设置不同的波形，使焊接参数和焊接要求相匹配，以达到最佳的焊接效果。

(三) 激光焊接设备操作规程

1. 开机前的准备工作

1) 检查工作环境，温度：20~28℃，湿度：65%RH 以下。

2) 检查机器内循环水、外循环水是否达到规定要求。

3) 检查机器表面有无灰尘、花斑、油污等。

激光焊接设备的应用：板式换热器的激光焊接

2. 开机

1) 打开总电源开关，接通三相电源。

2) 打开外循环水开关。

3) 打开主板钥匙开关 (POWER)，主机系统复位，此时能听到冷却水水流声和水泵运转的响声。

4) 打开激光电源开关，电源 LCD 显示菜单并提示 "Wait……" 正常情况下大约 40s 后，提示 "OK-OK"，则可进行后续操作，稍候能听到机内主接触器的吸合声。

5) 打开氮气阀门，调节好用气流量。

6) 输入当前要执行的工作参数 [系统开机时，默认工作台位置与自动调用的原点位置一致，如与实际不符，应执行一次原点复位命令 (HOME)]。

7) 执行 "LOCK" 命令，使 LCD 指示灯亮 (此时激光被锁住)，按 "RUN" 键或踩一次脚踏开关，让激光按所修改的工作参数预览一次 (可以检查所修改的工作参数是否准确)。

8) 执行焊接操作。

3. 关机

1）关闭激光电源开关［在电源 LCD 显示菜单中，按"→"选中系统栏，按"OK"键进入子菜单，选择"Systemexit"（退出系统）项，按"OK"键，本电源执行保存当前工作参数到默认号 00 和自动关机动作］。当 LCD 显示菜单显示"Systemexit OK"时，主机（激光电源开关）即可关闭。

2）左旋主机面板钥匙开关关闭机器。

3）关闭氮气瓶阀门。

4）关闭外循环水开关。

5）关闭总电源开关。

4. 注意事项

1）在操作过程中，如遇到紧急情况（漏水、激光器有异常声音等）需快速切断整机供电时，可按主面板左上侧的"EMERGENCY"红色按钮。

2）必须在操作前打开激光焊接的外循环水开关。

3）激光器系统采用水冷却方式，激光电源采用风冷却方式。当冷却系统出现故障时，严禁开机工作。

4）不得随意拆卸机器内的任何部件，不得在机器密封罩打开时进行焊接，严禁在激光器工作时用眼睛直视激光或反射激光，及用眼睛正对 YAG 激光器，以免眼睛受伤害。

5）不得把易燃、易爆材料放置到激光光路上或激光束可以照射到的地方，以免引起火灾和爆炸。

6）机器工作时，电路呈高压、强电流状态，严禁在工作时触摸机器内的各电路元器件。

7）未经培训人员，禁止操作激光焊接设备。

5. 日常维护及保养

1）每日工作前后，需保持工作环境的清洁，设备的清洁（包括主机的外表面、主控柜的外表面、光学系统外表面、冷却系统外表面、工作台等要无杂物，保持洁净，清洗时用干抹布或略湿的布擦拭）。

2）每周检查冷却水水质。若水质变差、浑浊、透明度变差等，应及时换水。随时观察冷水机后部液位指示管的水位，不得低于水箱高度的 80%。当水位低于水箱高度的 80% 时，应及时添加纯净水。

3）每周清洁聚焦镜头（取下镜头用长纤维脱脂棉蘸 99.5% 以上的酒精进行擦洗），保证镜片干净、透明、无油污。

4）每月必须更换循环水，清洗水箱及金属过滤网，每月清洗一次冷凝散热器散热翅片（冷却系统除尘）。

5）每半年需给工作台的丝杠加润滑油，给主机箱除尘（打开主机箱盖，用干燥的压缩空气将灰尘吹走）。

图 9-15 所示为激光焊接设备焊接的样品。

能力知识点六、电子束焊接设备

电子束焊接是一种利用电子束作为热源的焊接工艺。电子束发生器中的阴极加热到一定

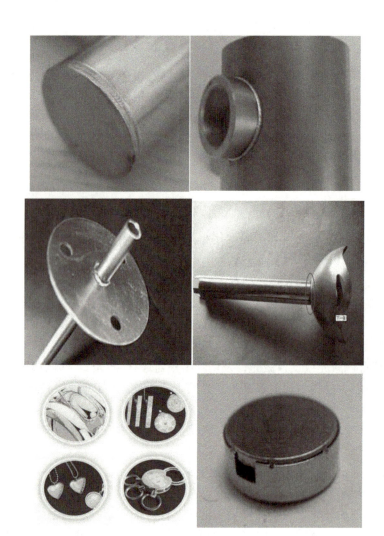

图 9-15 激光焊接设备焊接的样品

温度时逸出电子,电子在高压电场中被加速,通过电磁透镜聚焦后,形成能量密集度极高的电子束。当电子束轰击焊接表面时,电子的动能大部分转变为热能,使焊接件接合处的金属熔融,当焊件移动时,在焊件接合处形成一条连续的焊缝。

(一) 电子束焊接的特点

1) 电子束能量密度高,一般可达 $10^6 \sim 10^9 \text{W/cm}^2$,是普通电弧焊和氩弧焊的 100~10 万倍,因此可实现焊缝深而窄的焊接,深宽比大于 10∶1。

2) 电子束焊接的焊缝化学成分纯净,焊接接头强度高、质量好。

3) 电子束焊接所需线能量小,而焊接速度高,因此焊件的热影响区小、焊件变形小,除一般焊接外,还可以对精加工后的零部件进行焊接。

4) 可焊接普通钢材,不锈钢,合金钢及铜、铝等金属,难溶金属(如钽、铌、钼)和一些化学性质活泼的金属(如钛、锆、铀等)。

5) 可焊接异种金属,如铜和不锈钢、钢与硬质合金、铬和钼、铜铬和铜钨等。

6) 电子束焊接的工艺参数,如加速电压、束流、聚焦电流、偏压、焊速等可以精确调

整，因此易于实现焊接过程自动化和程序控制，焊接重复性好。

7）电子束焊接能焊接几何形状复杂的工件。

8）与普通焊接相比，其焊接速度更高（尤其对于大厚件的焊接工件）。

电子束焊接技术因其高能量密度和优良的焊缝质量，率先在国内航空工业得到应用。先进发动机和飞机工业中已广泛应用了电子束焊接技术，并取得了很大的经济效益和社会效益，该项技术从20世纪80年代开始逐步在向民用工业转化，汽车工业、机械工业等已广泛应用该技术。

（二）电子束焊接设备的分类

1. 按照真空室压力分

分为高真空电子束焊机、低真空电子束焊机和非真空电子束焊机。

电子束焊接设备

2. 按照加速电压分

分为高压型电子束焊机（60～150kV）、中压型电子束焊机（40～60kV）和低压型电子束焊机（≤40kV）。

3. 按照电子枪固定方式分

分为动枪式电子束焊机和定枪式电子束焊机。

目前，电子束焊接设备的主要生产研制机构有德国波宾集团公司（PROBEAM）、美国西亚基公司（SCIAKY）、法国泰克米特公司（TECHMETA）、英国剑桥真空工程公司（CVE）、乌克兰国家科学院巴顿焊接研究所、北京航空工艺研究所、中科院沈阳金属研究所、桂林电器科学研究院有限公司、桂林狮达技术股份有限公司、桂林实创真空数控设备有限公司等。图9-16所示为电子束焊机的典型产品。

a)

b)

图9-16 电子束焊机的典型产品

a) 法国泰克米特公司生产的 MEDARD 43 型电子束焊机

b) 乌克兰国家科学院巴顿焊接研究所生产的 KL110 型电子束焊机

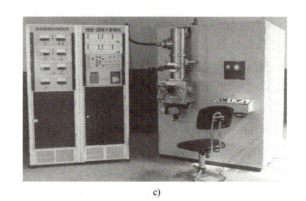

c)

图 9-16 电子束焊机的典型产品（续）

c) 桂林电器科学研究院有限公司生产的 HDZ-3B EB 电子束焊机

电子束焊接原理

（三）电子束焊接设备的组成及工作原理

电子束焊机由电子枪、高压电源、真空机组、真空焊接室、电气控制系统、工装夹具与工作台行走系统等组成。

电子束焊机的关键部件是电子枪。电子枪中的阴极经电流加热后，在阴阳极间几十至上百千伏的加速电压作用下发射出电子流，该电子流在偏压栅极的控制和聚束作用下形成一束电子从阳极孔中穿过，经过电子枪隔离阀后在聚焦磁透镜的作用下以极高的能量密度和光速 70% 的速度注入焊接工件，强大的电子动能迅速转化为热能将焊接工件局部熔化，从而达到焊接的目的。

因为电子枪工作在高压状况下，为了减少电子在射入工件前与其他气体分子碰撞而引起能量损失和电子束发散，电子枪与焊接室都必须工作在一定的真空状态下。图 9-17 所示为电子束焊机的原理。

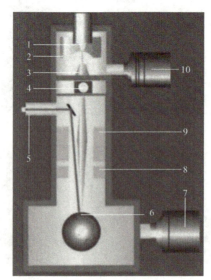

图 9-17 电子束焊机的原理

1—阴极　2—聚束极　3—阳极　4—隔离阀　5—光学观察系统　6—焊接工件　7—焊室真空系统
8—偏转磁透镜　9—聚焦磁透镜　10—枪室真空系统

能力知识点七、焊接自动化配套焊接设备

随着焊接自动化不断地发展与升级，对所配备的焊接电源提出了更多的要求。基于焊接电源与自动化设备的通信要求及其自身的特点，焊接自动化用焊接电源相对于手工焊电源有了较大变化，主要体现在功能全面化、数据库专业化、性能稳定化，且对送丝系统及焊枪的要求有较大的修正。

在自动化焊接工程中，焊接电源的性能和选用是一项极为重要的技术问题，因为焊缝质量的优劣及控制，大都与焊接电源有着直接的关系。图9-18所示为奥地利Fronius公司生产的焊接电源，图9-19所示为瑞典ESAB公司生产的弧焊电源。

图9-18 奥地利Fronius公司生产的焊接电源　　图9-19 瑞典ESAB公司生产的弧焊电源

为了保证焊接电源与自动化设备能更好地连接，针对弧焊电源系统，机器人焊接工程的要求包括：

1）焊接电弧的抗磁偏吹能力。
2）焊接电弧的引弧成功率。
3）熔化极弧焊电源的焊缝成形问题。
4）自动化设备与弧焊电源的通信问题。
5）自动化设备对自动送丝机的要求。
6）自动化设备对所配置焊枪的要求。

在机器人焊接工程中，对弧焊机器人用弧焊电源的要求，远比人工焊接所用的弧焊电源更高，对弧焊机器人焊接工艺的适用性成为弧焊电源设计上需要考虑的重要因素。

（一）焊接电源特点及要求

1）机器人用电弧焊设备配置的焊接电源要有稳定性高、动态性能佳、调节性能好的特点。

2）同时具备可以与机器人进行通信的接口，这要求焊接设备具备专家数据库和全数字化系统。一些中高端客户还要求焊接电源具有一元化模式、一元化设置模式或二元化模式。

3）需要配置自动化送丝机（图9-20）。

4）送丝机可安装在机器人的肩上（图9-21），且在一些高端配置中，焊接电源需要有进/退丝功能，同时送丝机上也配置点动送丝/送气按钮。

图9-20　自动化送丝机

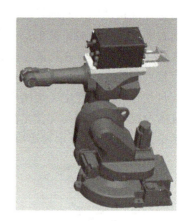

图9-21　送丝机安装在机器人肩上

（二）弧焊电源工艺性能对机器人焊接质量的影响

焊接电弧的引弧成功率指电弧焊开始时有效引发电弧次数的概率。无论对使用熔化极电弧焊枪的机器人还是使用非熔化极电弧焊枪的机器人，都要求焊接电弧有100%的引弧成功率。这是因为在实际生产线上工作的弧焊机器人，特别是汽车车身焊装线上的熔化极气体保护焊机器人，如果初次引弧不成功，则会有电弧未然而焊丝继续送出的现象，虽然一般焊接控制系统都设计有电弧状态监测环节，但此时已送出但未熔化的这一段焊丝必须被处理掉，才能重新开始引弧程序。

为保证引弧成功率，现在弧焊机器人用的熔化极气体保护焊电源设计了所谓的"去（焊丝端部）小球"电路。该设计的出发点是，在一次熔化极气体保护焊结束时，发现焊丝端部可能出现小球，这会为再次引弧造成困难。

薄板电弧焊时，在薄板焊缝的两端都会形成向内凹陷的豁口，豁口尖端的形状对拼焊薄板的抗拉强度有很大的影响。为形成圆弧状豁口，可以通过对起弧段上升电流和收弧段下降电流分别进行调节的方式实现。现在的数字化电源都有这个功能。

（三）弧焊机器人用焊接电源

由于机器人焊接对生产率和焊接质量有一系列要求，须对焊接电源进行相应的配套设置，根据机器人的要求在软、硬件方面着手对电路进行处理，从而达到与机器人的完美结合。

目前与机器人进行配置的焊接电源除电流、电压可调外，还需要具备一些基本功能：起弧电流大小可调节、起弧电流持续时间可调节、弧长修正可调节、电感可调节、收弧电流大小可调节、收弧电流持续时间可调节、回烧修正可设置、电缆补偿可设置、预通气时间可设置、滞后断气时间可设置、起弧/收弧电流衰减可设置。以上这些功能可在与机器人通信后通过机器人来调节。

针对一些中高端用户，焊接电源需要具有专家数据库。为了方便一线操作人员的使用，降低操作人员对焊接设备的使用难度，将焊接电源设计为二元化和一元化并存的形式。

焊接控制系统应能对弧焊电源进行故障报错，并及时报警停止运行，除通知机器人故障外,还应显示故障码,并可以通过复位来排除故障。

(四) 弧焊机器人用焊枪

目前弧焊机器人用焊枪有两种:一种是焊接机器人中空内置焊枪,如图9-22所示;一种是焊接机器人外置焊枪,如图9-23所示。

图9-22　焊接机器人中空内置焊枪

图9-23　焊接机器人外置焊枪

中空手腕式弧焊机器人是将焊枪内置,内置方式有三种:第一种是直接连接到送丝机上,这种焊枪在使用过程中随着第六轴手腕的转动,焊枪电缆受扭力的作用,在长期受力情况下寿命大大降低;第二种是将焊枪和焊枪电缆分开,并在送丝机前端做成可旋转接头,这种连接方式在一定程度上降低了扭力对焊枪电缆寿命的影响;第三种是将焊枪和焊枪电缆在机器人第六轴安装位置处分开做成可旋转接头,这种连接方式从根源上消除了由于机器人运动而产生的扭力作用对焊枪电缆寿命的影响,但其价格稍高。

外置焊枪机器人需要在弧焊机器人第六轴上安装焊枪把持器,这在某些复杂零部件焊接时降低了焊枪的可达性。这种焊枪较内置焊枪的价格稍低,故一般在外置焊枪可以达到使用要求的情况下,综合考虑成本,都会选用外置焊枪。

机器人所使用的焊枪需要安装防碰撞传感器,以便在调试和使用过程中出现故障时能够及时使机器人停止动作,从而降低设备的损坏程度,在一定程度上保护设备的完好性。

(五) 通信方式

目前机器人和焊接电源的主流通信方式主要有以下几种:I/O、DeviceNet、Profibus 和以太网等。

1. I/O 通信

I/O 通信是机器人 CPU 基于系统总线通过 I/O 电路与焊接电源交换信息,需要外供24V电源,分为数字 I/O 和模拟 I/O 两种,其中数字 I/O 可直接与机器人进行通信连接,而模拟 I/O 需要通过 A/D 转换才能与机器人进行通信连接。这种通信方式接线麻烦,需要的空间较大,每个点只限一个信号,工作量大,综合成本高。

2. DeviceNet

DeviceNet 是国际上20世纪90年代中期发展起来的一种基于 CAN 技术的开放型、符合全球工业标准的低成本、高性能的现场总线通信网络。这种方式不仅使设备之间以一根电缆互相连接和通信,更重要的是它给系统所带来的设备及诊断功能。该功能在传统的 I/O 上是很难实现的,而是通过提供网络数据流的能力来提供无限制的 I/O 端口,提高了机器人与焊机之间的通信效率。它简化了配线,避免了潜在的错误点,减少了所需的文件,降低了人工成本并节省了安装空间,但是需要外供 24V 电源。这是目前焊接电源与机器人之间的主流通信方式。

3. Profibus

基于现场总线 Profibus DP/PA 控制系统位于工厂自动化系统中的底层,即现场级和车间级。现场总线 Profibus 是面向现场级和车间级的数字化通信网络。

4. 以太网

以太网是当今现有局域网最通用的通信协议标准。以太网使用 CSMA/CD(载波监听多路访问及冲突检测)技术,接线简单,传输速度快,效率高,不需要外供 24V 电源,是焊接电源与机器人较为先进的通信连接方式。

综合知识模块二　弧焊电源的选择及安装

能力知识点一、 弧焊电源的选择

弧焊电源是焊接电弧能量的提供装置,其性能和质量直接影响电弧燃烧的稳定性,从而影响焊接质量。不同类型的弧焊电源,其使用性能和经济性存在差异,主要区别见表 9-8。所以,只有根据不同工况正确选择弧焊电源,才能确保焊接过程顺利进行,并在此基础上获得良好的接头性能和较高的生产率。

表 9-8　交、直流弧焊电源特点比较

项目	交流	直流	项目	交流	直流
电弧的稳定性	差	好	构造与维修	简单	复杂
磁偏吹	很小	较大	成本	低	高
极性	无	有	供电	一般单相	一般三相
空载电压	较高	较低	触电危险	较大	较小

(一)按焊接方法选择弧焊电源

由表 9-8 可知,交流弧焊电源和直流弧焊电源相比,具有结构简单、维修方便、成本低等优点。因此,在确保焊接质量的前提下,应尽量选用交流弧焊电源,以免优才劣用,造成不必要的浪费。目前,在我国实际焊接生产中,交流弧焊电源占多数,但交流弧焊电源由于存在电弧稳定性差,且存在无极性之分的缺点,因此在焊接工艺要求较高时,无法满足要求,这时应采用直流弧焊电源。下面结合具体的焊接方法介绍弧焊电源的选择。

1. 焊条电弧焊

焊条电弧焊电弧工作在静特性曲线的水平段,应采用具有下降外特性的弧焊电源。

焊条电弧焊使用的焊条按药皮熔化后熔渣特性分为酸性焊条和碱性焊条。酸性焊条在焊接普通碳素结构钢、普通低合金钢、民用建筑钢时被广泛采用,其具有良好的工艺性,适合选用交流弧焊电源，即弧焊变压器，如动铁式弧焊变压器（BX1‐400）、动圈式弧焊变压器（BX3‐400）、抽头式弧焊变压器（BX6‐120）等。在焊接重要的结构件，如压力容器、锅炉等受压元件以及铸铁、部分非铁金属及其合金、不锈钢等材料时，一般选用综合力学性能较好，但焊接工艺性较差的碱性焊条。这时应选用性能更加优良的直流弧焊电源，如弧焊整流器（ZXG‐400、ZXG1‐250、ZXG7‐300、ZDK‐500、ZX5‐400）、弧焊逆变器（ZX7‐400）等，且大多采用直流反接（工件接负极）形式。

2. 埋弧焊

埋弧焊电弧工作在静特性曲线的水平段或略上升段。等速送丝时，选用较平缓下降外特性的弧焊电源；变速送丝时，则选用陡降外特性的弧焊电源。

埋弧焊一般选用大容量的弧焊变压器，如同体式弧焊变压器（BX2‐500、BX2‐1000、BX2‐2000等），对产品质量要求较高时，应采用弧焊整流器或矩形波交流弧焊电源。

3. 氩弧焊

氩弧焊分为钨极氩弧焊和熔化极氩弧焊。

钨极氩弧焊应选用陡降外特性或恒流外特性的交流弧焊电源或直流弧焊电源。除焊接铝、镁及其合金外，为清除表面致密的氧化膜并减轻钨极烧损，需采用交流弧焊电源，如弧焊变压器、矩形波交流弧焊电源；焊接其他非铁金属、钢铁金属时，一般采用直流弧焊电源，如弧焊整流器、弧焊逆变器等，并采用直流正接（工件接正极）形式。

对于熔化极氩弧焊，应选用平外特性（等速送丝）或下降外特性（变速送丝）的弧焊整流器、弧焊逆变器等。

对于较高要求的氩弧焊，如1mm以下的薄板焊接，可选用脉冲弧焊电源。

4. CO_2 气体保护焊

CO_2 气体保护焊一般选用平外特性或缓降外特性的弧焊整流器、弧焊逆变器等，一般采用直流反接。

5. 等离子弧焊

等离子弧焊一般采用非熔化极，应选用陡降外特性或垂直陡降外特性的直流弧焊电源，如弧焊整流器、弧焊逆变器等。

（二）从经济和节能、环保方面考虑来选择弧焊电源

1. 经济方面

由于交流弧焊电源具有结构简单、成本低、易维护、使用方便等优点，因此在满足使用性能要求及保证产品质量的前提下，应优先选用交流弧焊电源。

2. 节能、环保方面

由于电弧焊是高能耗领域，因此在条件允许的情况下，应尽可能选用高效节能、环保的弧焊电源。随着IGBT等电力电子器件的不断发展和成熟，弧焊逆变器得到越来越广泛的应用。和普通弧焊电源相比，弧焊逆变器具有高效节能、体积小、重量轻和良好的动特性等优点，且对环境噪声污染小。而直流弧焊发电机由于能耗大、成本高、效率低、噪声大等缺点，已被国家停止生产并强制淘汰。

（三）弧焊电源功率的选择

1. 根据额定电流粗略估计

焊接设备铭牌中焊接电源型号后面的数字表示额定电流（如ZX5‐400中"400"即表

示额定电流为400A），可根据该电流值确定弧焊电源是否满足要求。一般这种方法对于焊条电弧焊来说比较适用，只要实际焊接电流值小于额定电流值即可。

2. 根据负载持续率确定许用焊接电流

弧焊电源的输出功率（电流值）主要由其发热值确定，因而在弧焊电源的相关标准中对不同的绝缘等级规定了相应的允许温升。

弧焊电源的温升除取决于焊接电流的大小外，还取决于负载状态，即负载持续率。

弧焊电源的负载持续率是用来表示焊接电源工作状态的参数，它表示在选定的工作时间周期内允许焊接电源连续使用的时间，用 FS 表示。其公式为

$$FS = \frac{负载运行持续时间}{负载运行持续时间 + 空载（休止）时间} \times 100\% = \frac{t}{T} \times 100\% \qquad (9\text{-}1)$$

式中，T 为弧焊电源的工作周期，是负载与空载时间之和；t 为负载运行持续时间。例如工作周期为5min，负载运行持续时间为3min，空载（休止）时间为2min，则 $FS=60\%$。

标准所规定的负载持续率为额定负载持续率，以 FS_e 表示，有15%、25%、40%、60%、80%、100%六种。焊条电弧焊电源一般取60%；轻便弧焊电源一般取15%或25%；自动、半自动弧焊电源一般取100%或60%。

弧焊电源铭牌上规定的额定电流就是指在额定负载持续率 FS_e 时允许的焊接电流 I_e，即在额定负载持续率 FS_e 下以额定焊接电流 I_e 工作时，弧焊电源不会超过它的允许温升。

根据发热量相同的原则，可以导出不同负载持续率下允许的焊接电流值，即

$$I = I_e \sqrt{\frac{FS_e}{FS}} \qquad (9\text{-}2)$$

例如，已知某弧焊电源 $FS_e=60\%$，额定输出电流 $I_e=500A$，根据式(9-2)可以求出在不同的 FS 下的许用焊接电流，列于表9-9。

表9-9 不同负载持续率下的许用焊接电流

FS	50%	60%	80%	100%
I/A	548	500	433	387

3. 额定容量（功率）

弧焊电源铭牌上一般都标有"额定容量"。额定容量 S_e 是电网必须满足弧焊电源供应的额定视在功率。对弧焊变压器来说

$$S_e = U_{1e} I_{1e}$$

式中，U_{1e} 为额定一次电压（V）；I_{1e} 为额定一次电流（A）。

根据铭牌上的额定容量及额定一次电压值，不但可以对电网的供电能力提出要求，还可以推算出额定一次电流的大小，以便选择动力线直径及熔断器规格。

值得指出的是，弧焊电源铭牌上的额定容量是指视在功率，而实际运行中的有功功率还取决于焊接回路的功率因数。功率因数是输出的有功功率与视在功率的比值，即

$$\cos\varphi \approx U_h / U_0$$

故弧焊变压器在额定状态下输出的有功功率为

$$P_e = U_e I_e \cos\varphi = S_e \cos\varphi$$

能力知识点二、 弧焊电源的安装

(一) 附件的选择

弧焊电源主电路中除包括主机外，还包括电缆线、熔断器、开关等附件。现以焊条电弧焊为例，简单介绍附件弧焊电源的选择。

1. 电缆的选择

电缆包括从电网到弧焊电源的动力线和从弧焊电源到焊件、焊钳的焊接电缆。

(1) 动力线的选择　动力线一般选用耐压为交流 500V 的电缆。对单芯铜电线，以电流密度为 $5\sim10\text{A/mm}^2$ 选择导线截面积；多芯电缆或长度较大（大于 30mm）时，以电流密度为 $3\sim6\text{A/mm}^2$ 选择导线截面积。

(2) 焊接电缆的选择　选择焊接电缆时，应选用专用焊接电缆，不得选用普通电缆。当焊接电缆长度小于 20m 时，以电流密度为 $4\sim10\text{A/mm}^2$ 选择导线截面积。当焊接电缆较长时，应考虑电缆电压降对焊接作业的影响。一般来说，电缆电压降不宜超过额定工作电压的 10%。否则，应采取相应措施。

2. 熔断器的选择

熔断器是防止过载或短路的最常用的保护电器，常用的有管式、插式和螺旋式等。熔断器内装有熔丝，是用低熔点合金材料制成的，当电路过载或短路时，熔丝熔断，切断电路。

选择熔断器主要是选择熔丝。熔断器的额定电流应不小于熔丝的额定电流。

3. 开关的选择

开关是把弧焊电源接在电网电源上的低压连接电器，主要用作电路隔离及不频繁地接通或分断电路之用。常用的开关有胶盖瓷底刀开关、铁壳开关和断路器。

对于弧焊变压器、弧焊整流器和弧焊逆变器等焊接电源，开关的额定电流应不小于弧焊电源的一次额定电流。

(二) 弧焊电源的安装

1. 弧焊整流器、弧焊逆变器及晶体管弧焊电源的安装

(1) 安装前的检查

1) 新的或长期放置未用的弧焊电源，在安装前必须检查绝缘情况，可用 500V 兆欧表测定其绝缘电阻。测定前应先用绝缘导线将整流器或硅整流器件或晶体管组短路，以防止上述器件因过电压而击穿。

测定时，如兆欧表指针为零，则表示该回路短路，应设法消除短路处；若指针不为零，但又达不到绝缘电阻指标说明，可能是因其长期放置在潮湿处，使绝缘受潮之故，应设法对绕组进行烘干。

一般弧焊整流器的电源回路对机壳的绝缘电阻应不小于 1MΩ；焊接回路对机壳的绝缘电阻应不小于 0.5MΩ；一次、二次绕组间的绝缘电阻应不小于 1MΩ。

2) 安装前应检查其内部是否有损坏，各接头处是否拧紧，有无松动现象。特别要注意保护硅元件用的电阻、电容接头，以防使用时浪涌电压损坏硅元件。

(2) 安装注意事项

1) 电网电源功率是否够用，开关、熔断器和电缆选择是否正确，电缆的绝缘是否良好。

2）弧焊电源与电网间应装有独立开关和熔断器。

3）动力线、焊接电缆线的导线截面积和长度要合适，以保证在额定负载时动力线电压降不大于电网电压的 5%；焊接回路电压线总电压降不大于 4V。

4）机壳接地或接零。若电网电源为三相四线制，应把机壳接到中性线上；若为不接地的三相制，则应把机壳接地。

5）采用防潮措施。

6）安装在通风良好的干燥场所。

7）弧焊整流器通常都装有风扇对硅元件和绕组进行通风冷却，接线时一定要保证风扇转向正确，且通风窗与阻挡物间距不应小于 300mm，以使内部热量顺利排出。

2. 弧焊变压器的安装

接线时首先要注意出厂铭牌上所标的一次电压数值（有 380V、220V，也有 380V 和 220V 两用）与电网电压是否一致。

弧焊变压器一般是单相的，多台安装时，应分别接在三相电网上，并尽量使三相平衡。其余事项与安装弧焊整流器相同。

综合知识模块三　弧焊电源的使用

能力知识点一、使用基础知识

焊接电源的日常维护与保养

正确使用弧焊电源，不仅可以保证弧焊电源工作性能正常，而且能延长弧焊电源的使用寿命。特别是对于正在发展中的新型弧焊电源，如弧焊逆变器，由于采用了电力电子元件及微机控制等先进技术，使其使用性能大幅提高，但对使用方式、使用环境等也提出了更高的要求，故如何正确使用弧焊电源也变得越来越重要。

使用弧焊电源应注意以下几点。

1）使用前，应仔细阅读产品使用说明书，了解其性能，然后按使用说明书和相关标准对弧焊电源进行检查，确保无明显问题后方可使用。

2）焊前应仔细检查弧焊电源各部分接线是否正确，接头是否拧紧，气体保护焊气路、水循环冷却系统是否畅通，电源外壳应接地良好，以保证安全，防止过热。

3）在切断电源的条件下方可搬运、移动弧焊电源，且应避免振动。进行焊接时不得移动弧焊电源。

4）空载时，应听一听弧焊电源声音是否正常，冷却风扇是否正常鼓风。

5）不得随意打开机壳顶盖，以防异物跌入或焊接时降低风冷效果，损伤或烧坏元件。

6）应在空载时起动或调节电流，不允许过载使用或长期短路，以免烧坏弧焊电源。

7）应在铭牌规定的电流调节范围内及相应的负载持续率下工作，以防温度过高烧坏绝缘，缩短使用寿命。

8）在使用弧焊整流器、弧焊逆变器时，应注意硅元件的保护和冷却，应避免磁饱和电抗器振动、撞击。当硅元件损坏时，应及时更换后使用。在使用弧焊逆变器时，应注意电力电子元器件的保护，以防止击穿。

9）应建立必要的管理制度，并按制度保养、检修设备。机件应保持清洁，机体上不得

第九单元 常用弧焊设备及其选择、安装与使用

堆放杂物,以防短路或损坏机体。弧焊电源的使用场所应保证干燥、通风。

10)设备使用完毕后应切断网路电源。当发现问题时也应立即切断网路电源,并及时维修。

能力知识点二、几种常见弧焊电源的使用要点

1. 焊条电弧焊设备

焊条电弧焊机由弧焊电源、输入和输出电缆及焊钳组成。使用时要保证其电缆接线正确牢固。焊接时因电缆要通过强大电流,故其绝缘层不得破损,也不能用其他电缆替代。对于直流焊机,应按工艺要求确定极性(一般为反接)。对于大型工件,为避免直流电弧的磁偏吹,在欲焊接工件的电缆端最好用两根粗导体做过渡,分别接在工件的对称位置上。施焊前设定电流调节旋钮,电弧燃烧过程中不能随意调节旋钮。焊接时若焊条粘在工件上,应尽快脱开,以免长时间短路而损坏焊机。

应使两根输出电缆呈"S"形或杂乱状放置,不能盘成整齐的环状,避免在焊接电流回路中形成附加的电抗线圈,导致焊机的功率因数降低、能耗加大以及动特性的恶化。

2. 埋弧焊设备

(1)引弧起动 埋弧焊是接触短路引弧,即使焊丝与工件轻微接触,并放适量焊剂覆盖焊嘴伸出的焊丝。按"起动"按钮的瞬间,对等速送丝控制的,其强大的短路电流爆断焊丝而起弧;对变速送丝控制的,有焊丝回抽的起弧过程。

(2)焊接过程中工艺参数的微调 电弧引燃后起动行走小车开始焊接。在焊接过程中根据焊接热输入及焊缝成形可对焊接电流、电弧电压及焊接速度进行微调。

(3)适当调整焊嘴高度 引弧前虽然调定了焊丝伸出长度,但焊接过程中,随焊缝厚度的增加,要不断调整焊嘴高度,使焊丝伸出长度基本保持恒定,以稳定焊接过程。

(4)停止焊接 焊接完成或终止,均要逐级按动"停止"钮,即先按"停止1"(或按下"停止"按钮的前半),使送丝电动机断电→送丝停止→电弧拉长至熄灭;再按"停止2"(或续按"停止"按钮的后半)切断弧焊电源的输出,同时停止小车(或工件)的移动。

(5)选择操作架及机头移动方式 根据工件结构和焊缝种类来选择操作架的形式。操作架有多种形式,最简单的形式仅使用行走小车和导轨,用于焊接平板、梁的对接纵向焊缝及圆形筒体的内纵缝;常用的还有悬架式和横臂式。悬架式是将行走小车和导轨放在升降平台上实现焊接,主要用来焊接较高结构件的纵向焊缝和圆形筒体的外纵缝和外环缝,横臂式主要用来焊接圆形筒体的内环缝。焊纵缝时,工件不动,机头做直线运动;焊环缝时,机头不动,工件转动。

(6)焊嘴位置应适当 埋弧焊的热输入大,焊缝熔池体积较大,为避免熔池金属向下流淌,且达到熔渣对熔池的有效保护,埋弧焊一般采用平焊,并保持焊嘴轴线垂直(焊接角焊缝时可适当倾斜)。在工件转动时,焊嘴不能安置在最高点(在筒体外壁施焊时)或最低点(在筒体内壁施焊时),应有一定的偏移量。

(7)正确操作 在焊接机头及工件安置好后,预先调节送丝速度(对等速送丝的即为焊接送丝速度,它决定焊接电流的大小;对变速送丝的即为基准送丝速度,它决定电弧电压的高低)及焊接机头行走速度或工件移动速度。

3. 钨极氩弧焊设备

对控制器与弧焊电源不集成一体的,开机前应接好其间的连线,将焊机的输出电缆线接工件。接通冷却水并开机后,电源和冷却水指示灯亮。在引弧前检测气流并调节氩气流量,即将开关拨到"检气"位置,再扭动氩气流量表上的旋钮设定流量,然后将气流开关拨到"焊接"位置,氩气停止流出。引弧时先保持焊枪与工件之间的距离适当(一般钨极尖端离工件3mm左右),并使钨极近似与工件表面垂直,然后按下焊枪上的开关,开始提前送气,数秒后电弧引燃,可进行焊接。若要停焊,则松开焊枪上的开关,电弧熄灭,气流继续数秒后自动关断。

钨极氩弧焊时,调定适当的氩气流量至关重要。流量过小,不利于引弧和电弧稳定,焊缝保护不良;流量过大,电弧空间散热太快,既不利于电弧稳定又造成浪费。此外,应经常检查易烧损的钨极端部形状,因它对引弧、稳弧及偏弧有重要影响。直流焊的钨极头部应修磨成尖状,交流焊应修磨成半球状。

钨极氩弧焊机主要分为直流焊机和交流焊机,分别适用于以下场合。

(1)直流钨极氩弧焊机 直流钨极氩弧焊机属于一种高质量的焊机,其焊缝受氩气保护,既可减少缺陷,又可提高接头的力学性能。施焊时可使用小电流(20A以下),适合于打底焊或薄壁精密件等的熔焊。其缺点是效率低,成本高,在实际生产中主要用于以下构件的焊接。

1)各种碳素结构钢、合金结构钢及不锈钢小直径管子对接打底焊或薄壁管对接。

2)各类高合金钢设备精密内件的焊接;小直径接管与壳体焊接。

3)钛及钛合金、镍及镍合金、锆及锆合金等材料的焊接。

4)各种材料换热器中换热管与管板的焊接。

(2)交流钨极氩弧焊机 交流钨极氩弧焊机的特点是电弧对工件表面有"阴极雾化"作用,焊接中能有效清除活性金属工件焊缝表面的氧化膜,减少焊缝中的氧化物夹杂,全面提高焊缝的质量。因此,它特别适用于铝及铝合金、镁及镁合金构件、储罐、换热器等的焊接。

4. 熔化极气体保护焊设备

熔化极气体保护焊设备统称 GMAW,有惰性(如 Ar,称 MIG)、活性(如 CO_2,称 MAG)及混合气体(如 $Ar+CO_2$,也称 MAG)保护焊。

Ar 气体保护焊设备主要用于铝、铜、不锈钢等材料的焊接,其特点是效率高、焊接变形小、接头质量可靠。

CO_2 或混合气体保护焊设备已广泛用于碳素钢和低合金钢起重机械、工程机械、船体结构、车辆结构等的焊接。其特点是效率高、焊接变形小、成本低、对焊接位置及构件厚度有较好的适应性,易实现自动化。

CO_2 或 $Ar+CO_2$ 混合气体保护半自动焊机的操作要点如下。

1)根据保护气体种类和焊丝直径,选择相应按钮、送丝滚轮沟槽及导电嘴。

2)根据工件厚度、焊缝类型、焊接位置等选择焊接参数,如焊接电流、电压、焊丝伸出长度(取决于导电嘴至工件的距离)、气体流量等。

3)避免送丝软管缠绕。目前合金钢焊丝的送进多采用推丝方式,软管一般长 3~5m。在焊接过程中若软管盘绕,则会增大送丝阻力,导致送丝不均匀而影响电弧稳定。

4）焊接过程中随着焊缝的堆高应不断调整焊嘴高度。

能力知识点三、 弧焊电源的铭牌及明示信息

按相关标准的规定，每台弧焊电源产品的铭牌上要给出该产品的型号、输入、输出、负载持续率、防护等级等信息，以及在明显位置上标示各种警示性符号、接地符号或标志。

1. 产品型号

弧焊电源的型号可以按 GB/T 10249—2010《电焊机型号编制方法》（详见附录 B）执行，虽然该标准不属于强制性标准，对进口产品和一些新型多功能产品并不适用，但绝大多数依据该标准编制的产品型号可以正确地反映出该弧焊电源产品的结构、工艺类别、输出电流等信息。

2. 能量输入信息

铭牌标示了弧焊电源输入电压的额定值（U_1）、相数和电源频率，额定最大电流（I_{1max}）及最大有效输入电流（I_{1eff}）。用于指示选择正确地供电电源，I_{1max} 及 I_{1eff} 数值用于选择适合的输入耦合装置（插头）、输入电缆截面积和输入回路通/断开关及熔断器的容量。

3. 额定空载电压

额定空载电压是指在额定输入电压和频率或额定控制转速下，测得焊机输出端的空载电压。如果焊机装有防触电装置，则是指该装置动作之前所测得的电压。一般而言，提高空载电压可以改善电弧焊机，特别是交流电弧焊机的引弧性能和电弧稳定性，但过高的空载电压会增加焊接操作人员的触电危险。GB/T 15579.1—2013《弧焊设备 第 1 部分：焊接电源》中规定：电弧焊机的额定空载电压不得超出表 9-10 中列出的规定数值。

表 9-10 额定空载电压限值表

作业条件	额定空载电压
触电危险性不大的环境	直流 113V 峰值；交流 113V 峰值和 80V 有效值
触电危险性较大的环境	直流 113V 峰值；交流 68V 峰值和 48V 有效值
对操作人员加强保护的机械夹持焊炬	直流 141V 峰值；交流 141V 峰值和 100V 有效值
等离子切割	直流 500V 峰值

在表 9-10 中，触电危险性较大的环境是指活动空间受到限制的位置，操作人员被迫用拘束的姿势（跪、坐、躺……）施焊，身体触及导电部件；完全或部分受到导电部件限制的位置，操作人员很可能必然或偶然地与导电部件相接触；在雨中、潮湿或高温处，潮气和汗水会使人体皮肤电阻和附件的绝缘性能显著降低。

铭牌上的"S"符号标志，表示该焊机的空载电压限值满足在触电危险性较大的环境中使用的条件。

4. 输出电流及负载持续率

GB/T 15579.1—2013 中推荐焊机的发热试验在环境温度 40℃ 下进行，铭牌上标示的额定输出电流及其相应的负载持续率都对应于此温度。环境温度、额定输出电流及相对应的额定负载持续率，是焊机功率输出能力的重要指标，同时铭牌上还会注出在不同负载持续率下的电流输出值，供焊接操作人员在不同工况下正确使用。

5. 外壳防护等级

外壳防护等级（国际防护代码）由字母 IP（International Protection）、第一位特征数字、第二位特征数字、附加字母及补充字母组成。

第一位特征数字表示外壳能防止固体异物进入、防止人员接近危险部件的等级，第二位特征数字表示外壳防止设备进水造成有害影响的等级，不要求规定特征数字时，该处用字母"X"代替；附加字母表示对人接近危险部件的防护等级，只有在第一位特征数字用"X"代替或对接近危险部件的实际防护高于第一位特征数字时才使用；补充字母表示进行试验的补充要求，附加字母和补充字母可省略。危险部件的定义为：接近或触及时有危险的部件。

电弧焊机的外壳防护等级多数为 IP21S，此类焊机应在室内使用。

外壳防护等级为 IP23S 的焊机，虽然是为户外环境使用而设计，但不应在雨雪中无遮蔽的地方使用。

IP21S 焊机外壳应能防止垂直方向的滴水造成有害影响，该试验在焊机处于静止状态下进行。

IP23S、IP23 焊机外壳应能防止与垂直方向呈 60°的淋水造成有害影响。

IP20 焊机外壳无防水要求。

6. 耐热分级（绝缘等级）

耐热分级是电气绝缘材料/电气绝缘系统（EIM/EIS）的耐热表示方法。电气绝缘材料耐热性分级（绝缘等级）见表 9-11。

表 9-11 电气绝缘材料耐热性分级

RTE（相对耐热指数）/℃	耐热等级/℃	符号表示
>105~120	105	A
>120~130	120	E
>130~155	130	B
>155~180	155	F
>180~200	180	H
>200~220	200	—
>220~250	220	—

7. 接地保护标志

弧焊电源设备除机械驱动的电弧焊机外，其余都属于 I 类设备，这类设备的防触电保护不仅依靠基本绝缘，还需将能触及的可导电部分与设施固定布线中的保护（接地）线相连接。因此，通常在焊接设备的外壳上有一标志符号为""的保护性导线接线端，使用时一定要确保输入电缆中的保护性导线（黄绿双色线）与该接线端相连，并保证该保护性导线（黄绿双色线）的长度大于电缆中的其他电源线。如果输入电缆不带保护性导线，则需要将焊接设备使用场所中的专用黄绿双色保护性导线与该接线端子相连。

8. 警示性符号

在弧焊电源设备的外壳上通常标志有一些警示性符号，常用的警示性符号见表 9-12。

表 9-12　常用警示性符号

来源	符号	功能，关键字，状态	应用
GB/T 5465.2—2008		危险电压	表示危险电压引起的危险
ISO 7000—0228 （DB：2004—01）		干扰	表示在正确操作情况下可能产生的干扰
EN-60947.1—2012		防烫伤警告	表示防烫伤警告
ISO 7000—0434A （DB：2004-01）		警告	提醒操作者注意安全
GB 15579.1—2013		阅读使用说明书	表示操作者应阅读使用说明书
GB 15579.1—2013		温度显示	表示温度指示，例如温度过高警示灯亮

综合知识模块四　绿色环保用电

能力知识点一、　电弧焊机安全标准

电焊机行业的标准化工作由全国电焊机标准化技术委员会（CSBTS/TC70）负责，该标准化委员会归属国家标准化管理委员会（SAC）和由其委托的专业标准化主管部门领导和管理，下设秘书处负责电焊机专业领域的标准化、国际电工委员会、电焊技术委员会（IEC/TC26）以及国际标准化组织、电阻焊技术委员会（ISO/TC44/SC6）在国内的技术归口工作。

电焊机标准体系按电弧焊机、辅机具、电阻焊机、特种焊机、电磁兼容、电弧焊机能效和基础标准划分。目前电焊机行业现行有效的国家标准有 27 项，行业标准有 43 项。涉及电弧焊机的标准可分为安全标准和技术标准。

1. 电弧焊机产品安全标准

电弧焊机产品安全标准为 GB/T 15579 系列标准。

1）GB/T 15579.1—2013《弧焊设备　第 1 部分：焊接电源》是各类电弧焊机产品生产、销售及 CCC 认证依据的标准，规定了弧焊电源以及等离子切割系统的安全要求和性能要求，适用于为工业和专业用途而设计的由不超过 IEC 60038 中表 1 规定的电压供电或由机构设备驱动的弧焊和类似工艺的所有电源。

2）GB/T 15579.6—2018《弧焊设备　第 6 部分：限制负载的设备》标准规定了连接至单相公共低压供电系统、为非专业人员设计使用的限制负载的电弧焊接和切割电源以及辅助

装置、输出功率不超过 7.5kVA 的机械设备驱动的电源的安全要求和性能要求。

3）GB/T 15579.10—2020《弧焊设备 第 10 部分：电磁兼容（EMC）要求》是对涉及人身的电磁辐射安全、电网及相关设备的电磁安全制定的强制性国家标准。

2. 电弧焊机辅机具安全标准

涉及电弧焊机辅机具的安全标准有 GB/T 15579.5—2023《弧焊设备 第 5 部分：送丝装置》、GB/T 15579.7—2023《弧焊设备 第 7 部分：焊炬（枪）》、GB/T 15579.11—2012《弧焊设备 第 11 部分：电焊钳》、GB/T 15579.12—2012《弧焊设备 第 12 部分：焊接电缆耦合装置》、GB/T 10235—2012《弧焊电源 防触电装置》。

3. 电弧焊机产品技术标准

GB/T 8118—2010《电弧焊机通用技术条件》是各类电弧焊机都应遵循的通用技术标准；此外，按照电弧焊机的不同分类制定了相应的标准，例如：JB/T 7835—1995《弧焊整流器》、JB/T 7834—1995《弧焊变压器》、GB/T 13164—2003《埋弧焊机》等。

GB 28736—2019《电焊机能效限定值及能效等级》强制性国家标准是为节约资源及环境保护于 2020 年 7 月 1 日起实施的。该标准将电弧焊机的能效分为三级，规定第三级指标为能效限定值，低于此限定值的电弧焊机不得生产和销售。本标准除了交流 TIG 电弧焊机、交直流两用 TIG 电弧焊机、工频次级整流电阻焊机、缝焊机、电阻对焊机、闪光对焊机、储能电阻焊机、逆变式交流电阻焊机、单独出售的电阻焊变压器和机械设备驱动的电焊机外，还适用于为工业和专业用途而设计，不超过 GB/T 156 中规定的电压供电的电弧焊机和电阻焊机。

能力知识点二、 电焊机产品认证的指令介绍

1. CCC 指令

中国国家质量监督检验检疫总局和国家认证认可监督管理委员会 2001 年 12 月发布了《强制性产品认证管理规定》，并公布了《第一批实施强制性产品认证的产品目录》，对列入目录的 19 类 132 种产品进行强制性认证管理。将原来的"CCIB"认证和"长城 CCEE 认证"统一为"中国强制认证"（China Compulsory Certification），其英文缩写为"CCC"标志。

列入《第一批实施强制性产品认证的产品目录》的电焊机产品共 15 种：小型交流弧焊机、交流弧焊机、直流弧焊机、TIG 弧焊机、MIG/MAG 弧焊机、埋弧焊机、等离子弧切割机、等离子弧焊机、弧焊变压器防触电装置、焊接电缆耦合装置、电阻焊机、焊机送丝机装置、TIG 焊焊炬、MIG/MAG 焊焊枪、电焊钳。对上述在目录适用范围内的电焊机产品自 2003 年 5 月 1 日起必须经国家指定的认证机构认证合格，取得相关证书并加施认证标志后，方能出厂、进口、销售和在经营服务场所使用。

2. CE 指令

CE 标志（CE Marking）是电焊机产品进入欧盟地区和国家市场的通行证。获得 CE 标志的产品必须依据欧洲标准 EN（Europe Norm）执行相关的欧盟指令（EU Directive）要求，涉及弧焊设备的相关要求是低电压指令（Low Voltage Directive, LVD）和电磁兼容（Electric-Magnetic Compatibility, EMC），相关标准如下：

LVD：EN60974-1，EN60974-×，×代表不同焊机产品的安规标准。

EMC：EN60974-10：2007。

3. CSA 指令

CSA International 是北美地区最著名的产品认证机构之一，CSA International 的认证标志是产品通往加拿大、美国等国际市场的重要通行证。电焊机的 CSA 认证依据以 CSA CLASS 作为标准：5611-01、5611-03、5611-05、5611-81、5611-83、5611-85。

4. C-Tick 指令

C-Tick 是澳大利亚通信局（Australian Communications and Media Authority，ACMA）制定的电磁兼容 EMC 认证标志，目前仅只对干扰部分进行管制。任何电子电器产品输入到澳大利亚和新西兰地区均需依据相关标准进行测试，获取在产品上施加 C-Tick 认证标志。自 2013 年 3 月 1 日起开始将现有的三种认证标志（C-Tick、A-Tick 和 RCM）整合为单一认证标志——RCM。这意味着带有 RCM 标志的产品将符合所有 ACMA 适用技术标准（如电信、无线电通信、EMC、EME）的要求，以及相关记录保存（包括测试）要求。

5. RoHS 指令

RoHS（The Restriction of the Use of Certain Hazardous Substances in Electrical and Electronic Equipment）指令是欧盟以 2002/95/EC 及 2005/618/EC 决议形式下达的关于在电子电气设备中限制使用某些有害物质的指令，明确规定了下列六种有害物质在产品中的最大限值：水银（汞）、铅、镉、铬、多溴联苯（PBB）、多溴二苯醚（PBDE）。

6. WEEE 指令

WEEE（Waste Electrical and Electronic Equipment）指令是欧盟以 2002/96/EC 决议形式下达关于报废电子电气设备的指令，规定自 2005 年 8 月 13 日起欧盟市场上流通的电子电气生产商必须在法律上承担起支付报废产品回收费用的责任，同时欧盟各成员国有义务制定自己的电子电气设备回收计划，建立相关配套回收设施，使电子电气产品的最终用户能够方便并且免费地处理报废设备。

能力知识点三、 绿色环保用电

1. 节约用电

弧焊电源是耗电量较大的电器设备之一。它有"电老虎"之称。因此，如何节约电能具有重大的经济意义。可以从如下几个方面考虑。

（1）以高效节能弧焊电源取代弧焊发电机　弧焊发电机效率低（仅 50% 左右），空载损耗大（1.5~4.2kW·h），而弧焊整流器，例如晶闸管式弧焊整流器的空载损耗为 0.25~0.55kW·h，仅为同级弧焊发电机空载损耗的 1/5。在焊接中弧焊整流器的能耗比仅为弧焊发电机的 1/2，每台每年可节电 4800kW·h 左右。每用 2000 台弧焊整流器来取代弧焊发电机，可节电 9.6×10^6 kW·h 左右。

弧焊逆变器的空载损耗只有几十瓦至百余瓦，效率高达 80%~90%，功率因数为 0.9~0.99，节能效果比弧焊整流器还要显著，可节省 20%~30%。

因此，从节约电能考虑，最好是用硅弧焊整流器、晶闸管式弧焊整流器，来取代直流弧焊发电机。随着弧焊逆变器研制和生产水平的提高，它的可靠性已完全能达到晶闸管式等传统弧焊电源和国外王牌弧焊电源的水平，而且动态特性、焊接工艺性好，节电省材，价格不高，应全面推广使用。

(2) 提高功率因数 众所周知,弧焊变压器是一种具有高漏抗或大感抗的变压器,功率因数低至 0.4~0.6,因此有必要提高它的功率因数,以减少网路无功功率的供应量,改善供电质量。

弧焊变压器的功率因数等于从电网吸收的有功功率 P 与额定视在功率 S_e 之比(或等于一次电流 I_1 与一次电压 U_1 之间相位差的余弦),即

$$\cos\varphi = P/S_e$$

为了节约电能和减小输入配电设备的容量,一般可在变压器一次端并联补偿电容器,以提高功率因数,其所需补偿的容量 P_{sc} 为

$$P_{sc} = K_c P_s$$

式中,P_s 为弧焊变压器的使用容量;K_c 为系数,取决于补偿前的功率因数 $\cos\varphi_1$ 及补偿后的功率因数 $\cos\varphi_2$。

为了充分利用电容器的电压等级以减小其容量,可以在变压器的一次端加升压抽头,电容接在线圈头尾之间,如图 9-24 所示。因为

$$I_c = U\omega C$$

可知,提高了电容、电压,可增大补偿电流 I_c。

经补偿,可使弧焊变压器的视在功率减小 20%,电耗大为降低,配电电缆和开关等元件的容量减小,且使电网电压波动的影响减小,电弧更加稳定。

另外,对于集中使用弧焊电源的如船舶、金属结构加工、桥梁制造等企业,可采用集中补偿。

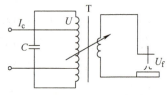

图 9-24 弧焊变压器加补偿电容器的接线图

(3) 加装"节电辅具" 把"节电辅具"加装在弧焊变压器上,不仅对减少空载电能损耗具有一定的作用,而且能有效防止电击,所以又称"防电击节电装置",在国内外都有这种产品。

2. 电磁兼容性(EMC)

社会科技和生产力的不断进步及电力电子技术的高速发展,越来越多的电子产品进入社会生活的各个角落。电子设备的急剧增加,带给人们极大便利的同时,也使得电磁环境日趋恶化,产生了新型的环境污染——电磁污染。为此所有的发达国家和部分发展中国家都制定了电磁兼容性(Electro Magnetic Compatibility,EMC)标准,其定义为"设备和系统在其电磁环境中能正常工作且不对环境中任何事物构成不能承受的电磁骚扰的能力",即该设备和系统应具备一定的电磁抗扰度(EMS);同时规定了最大发射电平限值来防止该设备和系统对其他电子产品产生过大的影响,即电磁骚扰(Electro Magnetic Interference,EMI)。

在电焊机行业,电子控制的弧焊电源特别是逆变技术的弧焊电源具有的各种优点使其获得了飞速发展,但是其电磁兼容性(EMC)更加突出。为此国家出台了相应的强制性国家标准 GB/T 15579.10—2020《弧焊设备 第 10 部分:电磁兼容(EMC)要求》。弧焊电源的"绿色化"是必然之路。

目前,大部分逆变式焊接电源多采用硬开关的工作方式,在大功率元件快速开关过程中产生电流、电压的瞬变与尖峰并伴随着高频振荡,这就不可避免地对电网及空间产生电磁骚扰。逆变式弧焊电源大多使用高频开关电源作为控制电源及辅助电源,普遍应用单片机逐步实现数字化及智能化控制,这都会使得电磁骚扰问题变得严重,而且对自身的电磁抗扰度

(EMS）也提出了更高的要求。

针对逆变式弧焊电源上述问题进行 EMC 合规整改，一般采取下面的解决方法：

1）增加各种无源电磁元件组成滤波环节，针对各种干扰起一定的抑制作用，例如，无论是单相还是三相逆变焊机，在进线处增加输入滤波电路环节，该环节中，由电感和电容组成的滤波器的作用是双向的，既能有效阻止外界的电磁干扰经电源线进入焊机，又能阻挡焊机在工作中产生的电磁骚扰经电源线回馈到电网，这是目前常用的也是主要的 EMC 合规设计与整改中的手段。但这种"被动式"措施增加的成本较大，效果也有限，也降低了应用逆变技术节材高效的效果。

2）在设计时主动考虑降低、减少弧焊电源的干扰源，例如，优化电源主电路功率器件布局、提高控制线路板的布局水平，有助于大大减少电磁干扰信号的产生；更主要的是采用软开关技术改变功率电子器件的工作方式，使其在零电流/零电压下进行开关切换，这样既能大大减少高频干扰的产生，也使得开关损耗降低，从而提高弧焊电源的效率和可靠性。主动性设计还有一个重要的技术方法，就是功率因数校正（Power Factor Correction，PFC）。

3. 功率因数校正（PFC）

一般逆变电源的输入整流滤波方式会对电网产生出大量的高次电流谐波，电流相移严重，造成电网污染，功率因数低下。

功率因数校正就是将畸变电流校正为正弦电流，并使之与电压同相位，从而使功率因数接近于1。功率因数校正的基本方法有无源功率因数校正和有源功率因数校正两种，应用最多、效果最好的是有源功率因数校正。有源功率因数校正的实质是将低频谐波移到中高频段，在中高频段的谐波就可以比较容易用无源滤波器来解决处理，而且该滤波器比笨重耗材的低频滤波器效果更好。

【单元小结】

1. 埋弧自动焊机由焊接电源、自动小车、控制系统三部分组成，自动焊车包括送丝机构、行走小车、机头调整机构、控制盒、导电嘴、焊丝盘和焊剂漏斗等，可以完成自动送丝、引弧、小车自动行走、熄弧等动作。

2. 熔化极气体保护焊由焊接电源、送丝系统、焊枪及行走系统（自动焊）、供气系统和水冷系统、控制系统等组成。

送丝系统分为推丝式、拉丝式、推拉丝式、行星式四种方式。

供气系统一般包括气瓶、减压阀、流量计和气阀，如果保护气体是 CO_2，还应包括预热器和干燥器。

控制系统应保证引弧前先送气，熄弧后要滞后断气。

3. 钨极氩弧焊设备包括焊接电源、引弧及稳弧装置、焊枪、供气系统、水冷系统和焊接控制装置等部分。钨极氩弧焊常用高压脉冲引弧、稳弧器进行引弧和稳弧，小电流时采用空冷式焊枪，大电流时采用水冷式焊枪。供气系统包括氩气瓶、减压阀、流量计和电磁气阀。为了保证冷却效果，防止焊枪烧损，在冷却系统中设有水压开关。在焊接过程中也应保证提前送气、滞后断气。

4. 等离子弧焊和切割设备包括焊枪（割炬）、电源、控制系统、气路和水路等部分。

5. 激光焊接设备包括激光器、光学系统、激光加工机、辐射参数传感器、工艺介质传送系统、工艺参数传感器、控制系统和准直用 He-Ne 激光器等部分。

6. 电子束焊接设备由电子枪、高压电源、真空机组、真空焊接室、电气控制系统、工装夹具与工作台行走系统等部分组成。

7. 机器人用电弧焊设备配置的焊接电源要有稳定性高、动态性能佳、调节性能好的特点；同时具备可以与机器人进行通信的接口，这要求焊接设备具备专家数据库和全数字化系统。一些中高端客户还要求焊接电源具有一元化模式、一元化设置模式或二元化模式；送丝机需要配置自动化送丝机；送丝机可安装在机器人的肩上，且在一些高端配置中，焊接电源需要有进/退丝功能，同时送丝机上也配置点动送丝/送气按钮。

8. 弧焊电源是焊接设备中决定电气性能的关键部件。选择弧焊电源应根据焊接电流的种类、焊接工艺方法、弧焊电源的功率、工作条件和节能等要求。通常焊条电弧焊电弧静特性工作在水平段，采用下降的电源外特性；埋弧焊电弧静特性工作在水平段或略上升段；钨极氩弧焊应选用陡降的电源外特性或恒流特性的交流弧焊电源或直流弧焊电源；熔化极氩弧焊应选用平特性（等速送丝）或下降特性（变速送丝）的弧焊整流器、弧焊逆变器；CO_2 气体保护焊一般选用平特性或缓降的电源外特性的弧焊整流器、弧焊逆变器；等离子焊一般采用非熔化极，选用陡降或垂直陡降外特性的直流弧焊电源。

9. 弧焊电源的负载持续率是用来表示焊接电源工作状态的参数，它表示在选定的工作时间周期内，允许焊接电源连续使用的时间，用 FS 表示，即

$$FS = \frac{负载运行持续时间}{负载运行持续时间 + 空载（休止）时间} \times 100\%$$

弧焊电源额定容量为

$$S_e = U_{1e} I_{1e}$$

功率因数为

$$\cos\varphi \approx U_h / U_0$$

10. 按相关标准规定，每台弧焊电源产品的铭牌上要给出该产品的型号、输入、输出、负载持续率、防护等级等信息，以及在明显位置上标示各种警示性符号、接地符号或标志。

11. 电焊机标准体系按电弧焊机、辅机具、电阻焊机、特种焊机、电磁兼容、电弧焊机能效和基础标准划分。目前电焊机行业现行有效的国家标准有 27 项，行业标准有 43 项。涉及电弧焊机的标准可分为安全标准和技术标准。

12. 弧焊电源是耗电量较大的电器设备之一，它有"电老虎"之称。可以从以高效节能弧焊电源取代弧焊发电机、提高功率因数、加装"节电辅具"等方面考虑节约电能。

【综合训练】

9-1 埋弧焊机必须具备哪些功能？

9-2 埋弧焊机主要由哪几部分组成？其大致结构如何？

9-3 熔化极气体保护焊机由哪些部分组成？送丝系统有哪几种方式？

9-4 CO_2 电弧焊设备的控制系统通常包括几部分？各部分应满足哪些要求？

9-5 CO_2 电弧焊焊机的保养和维护应该注意哪些问题？

9-6　分析钨极氩弧焊采用陡降外特性的原因。
9-7　钨极氩弧焊为什么要采用引弧器？在什么情况下采用稳弧装置？有哪些引弧、稳弧装置？
9-8　等离子弧切割设备的控制系统应满足哪些要求？
9-9　激光焊接设备由哪些部分组成？激光焊接设备有什么特点？
9-10　电子束焊接有哪些特点？电子束焊机由哪些部分组成？
9-11　为保证焊接电源与自动化设备能更好地连接，对弧焊电源系统提出了哪些要求？
9-12　目前机器人和焊接电源的主流通信方式主要有哪几种？
9-13　选择弧焊电源时应考虑哪些问题？
9-14　对交直流弧焊电源的特点、经济性进行比较。
9-15　什么是负载持续率、额定负载持续率？什么是额定焊接电流、许用焊接电流？
9-16　已知某焊条电弧焊电源工作周期为10min，负载运行持续时间为8min，求在这种工作状态下的负载持续率。
9-17　已知某弧焊电源的额定负载持续率为60%，额定焊接电流为300A，分别求出负载持续率在60%、80%、100%时的许用焊接电流。
9-18　什么是功率因数？它的大小代表什么？
9-19　为节约弧焊电源的耗电量，可以采取哪些方面的措施？
9-20　什么是功率因数校正？功率因数校正的基本方法有哪些？

【焊接劳模工匠】

吕杰，女，汉族，生于1972年7月，甘肃钢铁职业技术学院、甘肃省冶金高级技术学院实训指导教师，酒泉钢铁（集团）有限责任公司（以下简称酒钢公司）职工培训中心特种设备焊工考试中心技能指导教师，嘉峪关市酒钢三中客座教师，吕杰焊接创新工作室负责人，国家技能鉴定中心高级考评员，国家级技能大赛裁判员，钢结构检验师。

她熟练掌握了焊条电弧焊等多项技术。她所带的培训班被业内称为"劳模班"。她为企业解决过无数的焊接难题，曾获"全国女职工建功立业标兵""全国技能人才培育突出贡献奖"等荣誉。

"焊花"吕杰：钢铁世界也"柔情"

1990年，吕杰进入酒钢公司成为一名电焊学徒工。第一次摸焊把，火花四溅的景象吓得她躲了好远。师傅教训她，"吃不了苦，还学什么技术！"她心里较劲儿，一点点蹭着步子往前蹭，重新拿起焊把。

弥漫的烟尘里，属于吕杰的，如火花般亮眼的人生开始了。

学徒期间，她放弃了最后一个暑假，每天进行焊接练习。高温聚拢下的实训车间炙热得像个蒸笼，电焊发出刺耳的声音，滋溅出一束束火团把焊接钢板烧的通红。

学徒半年，吕杰终于可以像师傅一样焊出漂亮的焊缝，她形容：那种感觉就像在不断打磨雕刻一件艺术品，你会欣赏、享受它，甚至会为它陶醉很久。

突如其来的欣喜和满足，使得吕杰对职业的自我认知有了重新考量。事实证明，从抵触到喜欢，只隔了一条焊缝的距离，她越来越钟爱"焊接"。

后来，在单位的定岗考试中，吕杰得了第一名。她成为单位重点培养的"好苗子"，陆续参加了各类职业技术大赛。

第一次在全国行业比赛中亮相是 2002 年。三个月的酷暑，吕杰每天坚持近 8h 的高强度训练。她每天要领上一大堆钢板，然后用手动砂轮机为钢板除锈，打磨容器，再按照比赛要求组装考试试件，用三种方法进行焊接。

比赛要求独立作业。由于条件有限，吕杰搬着几十斤的铁疙瘩来回更换场地。师兄师弟看她实在辛苦，想上前帮忙却屡屡遭拒。最终，吕杰的团队在中国建设系统全国行业大赛中夺得团队第六名的好成绩。

吕杰从不怠慢机会。

2005 年振兴杯全国青年职业技能大赛，108 名参赛选手，只有她一位"女将"。近 5h 的赛程，她在格子间中争分夺秒、不停焊接、忘我投入。比赛结束后，她摘掉焊帽，才发现自己早已被长枪短炮包围，成为记者报道的焦点。此次比赛，吕杰取得第 31 名的突破性成绩。自己"火了"，她反倒紧张起来，"更要好好做了，做不好，给女焊工丢人！"

"要么干、要么不干，要干一定要干到最好。"成长的道路上，老一辈产业工人对技术的卓越追求和坚定信仰，如苍天大树的粗壮根茎蔓延扎进吕杰的心里，又滋养她结出"匠心育人"的硕果。

2009 年，吕杰走出企业，跨界成为甘肃钢铁职业技术学院的一名焊接专业教师，她立志把技术技能发扬光大，培养更多高素质的技术技能型人才。

从工厂车间一脚踏上了三尺讲台，她每天都在弥漫着焊接烟尘的实训车间里忙碌着，将自己的"绝技绝活"和参加大赛的成功经验总结成一套科学的焊接高技能人才培训方法，即以焊缝质量合格为中心，一手抓体能训练，一手抓心理辅导，注意发现学生技术特长并总结推广，重视因材施教，重视"焊接文化"在枯燥技能训练过程中的艺术感染过程。

焊缝质量是焊接操作的生命线，她把学生体能训练糅合到技能提升过程中，让学生在练习各种焊接姿势的同时，掌握身体的平衡性和舒展性，从而为适应复杂多变的焊接环境提供保障。

结合高职教育的特点，她还构建了"职业引导、行业平台、工学结合、三岗实训"的人才培养模式。以社会需求和市场发展为导向，合理安排学生实习课题与周次，制定了循序渐进的实训教学计划，使学生的实训项目逐步完善，便于掌握操作技能。

在多年的执教生涯中，吕杰以高标准、严要求著称，她的学生也不负众望，在各类技能大赛中，多次载誉而归。近三年来，她参与指导培训特种设备焊接操作人员 200 余人，学员持《特种设备作业人员证》项目近 700 项；指导培训学员近 300 人，其中中级工技能鉴定合格率 95%，高级工技能鉴定合格率 88%。

如今，吕杰带领以她名字命名的"吕杰国家级技能大师工作室"释放着无限的活力，签署师徒协议，竭力为企业培养高素质的技术技能型人才；面向社会征集焊接技术难题，锻炼队伍攻克技术瓶颈，申报立项省市级教科研项目，创造经济效益和社会价值。

附 录

附录 A 半导体器件型号命名方法

一、国产半导体分立器件型号命名方法

国产半导体器件组成部分的符号及其意义见表 A-1。

表 A-1 国产半导体器件组成部分的符号及其意义

第一部分		第二部分		第三部分		第四部分	第五部分
用阿拉伯数字表示器件		用汉语拼音字母表示器件的材料和极性		用汉语拼音字母表示器件的类别		用阿拉伯数字表示登记顺序号	用汉语拼音字母表示规格号
符号	意义	符号	意义	符号	意义		
2	二极管	A	N 型，锗材料	P	小信号管		
		B	P 型，锗材料	H	混频管		
		C	N 型，硅材料	V	检波管		
		D	P 型，硅材料	W	电压调整管和电压基准管		
		E	化合物或合金材料	C	变容管		
				Z	整流管		
3	三极管	A	PNP 型，锗材料	L	整流堆		
		B	NPN 型，锗材料	S	隧道管		
		C	PNP 型，硅材料	K	开关管		
		D	NPN 型，硅材料	N	噪声管		
		E	化合物或合金材料	F	限幅管		
				X	低频小功率晶体管 ($f_a < 3\text{MHz}$, $P_c < 1\text{W}$)		
				G	高频小功率晶体管 ($f_a \geq 3\text{MHz}$, $P_c < 1\text{W}$)		
				D	低频大功率晶体管 ($f_a < 3\text{MHz}$, $P_c \geq 1\text{W}$)		
				A	高频大功率晶体管 ($f_a \geq 3\text{MHz}$, $P_c \geq 1\text{W}$)		
				T	闸流管		
				Y	场效应晶体管		
				B	雪崩管		
				J	阶跃恢复管		

二、常用进口半导体器件型号命名

常用进口半导体器件型号命名方法见表 A-2。

表 A-2 进口半导体器件型号命名方法

国别	一	二	三	四	五	备注
日本	2	S	A：PNP 高频 B：PNP 低频 C：NPN 高频 D：NPN 低频	两位以上数字表示登记序号	A、B、C 表示对原型号的改进	不表示硅、锗材料及功率大小
美国	2	N		多位数字表示登记序号		不表示硅锗材料、NPN 或 PNP 及功率的大小
欧洲	A 锗 B 硅	C——低频小功率 D——低频大功率 F——高频小功率 L——高频大功率 S——小功率开关 U——大功率开关		三位数字表示登记序号	B：参数分档标志	

三、国际电子联合会半导体分立器件型号命名方法

德国、法国、意大利、荷兰、比利时、匈牙利、罗马尼亚、波兰等欧洲国家，大都采用国际电子联合会半导体分立器件型号命名方法。这种命名方法由四个基本部分组成，各部分的符号及意义见表 A-3。

表 A-3 国际电子联合会半导体分立器件型号命名规则

第一部分 用字母表示使用的材料		第二部分 用字母表示类型及主要特性		第三部分 用数字或字母加数字表示登记号		第四部分
字母	含义	字母	含义	字母或数字	含义	
A	锗材料	A	检波、开关和混频二极管	三位数字	通用半导体器件的登记序号（同一类型器件使用同一登记号）	用字母对同一型号器件按某一参数进行分档
		B	变容二极管			
		C	低频小功率晶体管			
		D	低频大功率晶体管			
B	硅材料	E	隧道二极管			
		F	高频小功率晶体管			
		G	复合器件及其他器件			
		H	磁敏二极管			
C	砷化镓	K	开放磁路中的霍尔元件			
		L	高频大功率三极管			
		M	封闭磁路中的霍尔元件			
		P	光敏元件			
D	锑化铟	Q	发光器件	一个字母加两位数字	专用半导体器件的登记序号（同一类型器件使用同一登记号）	
		R	小功率晶闸管			
		S	小功率开关管			
		T	大功率晶闸管			
R	复合材料	U	大功率开关管			
		X	倍增二极管			
		Y	整流二极管			
		Z	稳压二极管即齐纳二极管			

附录 B　电焊机型号编制方法

弧焊电源型号是根据《电焊机型号编制方法》制定的。电焊机包括电弧焊机、电阻焊机、电渣焊机、电子束焊机、激光焊机等。这里仅对与弧焊电源有直接关系的电弧焊机型号编制方法做以介绍。

现将国家标准 GB/T 10249—2010《电焊机型号编制方法》摘要如下，供使用时参考。

一、主题内容和适用范围

本标准规定了电焊机及其控制器等型号的编制原则。适用产品范围大类名称如下：

A. 弧焊发电机

B. 弧焊整流器

C. 弧焊变压器

D. 埋弧焊机

E. TIG 焊机

F. MIG/MAG 焊机

G. 电渣焊机

H. 点焊机

I. 凸焊机

J. 缝焊机

K. 对焊机

L. 等离子弧焊机和切割机

M. 超声波焊机

N. 电子束焊机

O. 光束焊机

P. 冷压焊机

Q. 摩擦焊机

R. 钎焊机

S. 高频焊机

T. 螺柱焊机

U. 其他焊机

V. 控制器

各大类按其特征和用途又分为若干小类。

二、编制原则

1. 部分电焊机型号代表字母及序号见表 B-1。

表 B-1　部分电焊机型号代表字母及序号

序号	第一字位		第二字位		第三字位		第四字位		第五字位	
	代表字母	大类名称	代表字母	小类名称	代表字母	附注特征	数字序号	系列序号	单位	基本规格
1	B	交流弧焊机（弧焊变压器）	X P	下降特性 平特性	L	高空载电压	省略 1 2 3 4 5 6	磁放大器或饱和电抗器式 动铁心式 串联电抗器式 动线圈式 晶闸管式 变换抽头式	A	额定焊接电流
3	Z	直流弧焊机（弧焊整流器）	X P D	下降特性 平特性 多特性	省略 M L E	一般电源 脉冲电源 高空载电压 交直流两用电源	省略 1 2 3 4 5 6 7	磁放大器或饱和电抗器式 动铁心式 动线圈式 晶体管式 晶闸管式 变换抽头式 逆变式	A	额定焊接电流
4	M	埋弧焊机	Z B U D	自动焊 半自动焊 堆焊 多用	省略 J E M	直流 交流 交直流 脉冲	省略 1 2 3 9	焊车式 横臂式 机床式 焊头悬挂式	A	额定焊接电流
5	N	MIG/MAG焊机	Z B D U G	自动焊 半自动焊 点焊 堆焊 切割	省略 M C	直流 脉冲 二氧化碳保护焊	省略 1 2 3 4 5 6 7	焊车式 全位置焊车式 横臂式 机床式 旋转焊头式 台式 焊接机器人 变位式	A	额定焊接电流
6	W	TIG焊机	Z S D Q	自动焊 手工焊 点焊 其他	省略 J E M	直流 交流 交直流 脉冲	省略 1 2 3 4 5 6 7 8	焊车式 全位置焊车式 横臂式 机床式 旋转焊头式 台式 焊接机器人 变位式 真空充气式	A	额定焊接电流
7	L	等离子弧焊机和切割机	G H U D	切割 焊接 堆焊 多用	省略 R M J S F E K	直流等离子 熔化极等离子 脉冲等离子 交流等离子 水下等离子 粉末等离子 热丝等离子 空气等离子	省略 1 2 3 4 5 8	焊车式 全位置焊车式 横臂式 机床式 旋转焊头式 台式 手工等离子	A	额定焊接电流

(续)

序号	第一字位		第二字位		第三字位		第四字位		第五字位	
	代表字母	大类名称	代表字母	小类名称	代表字母	附注特征	数字序号	系列序号	单位	基本规格
17	E	电子束焊机	Z D B W	高真空 低真空 局部真空 真空外	省略 Y	静止式电子枪 移动式电子枪	省略 1	二级枪 三级枪	A	额定焊接电流
19	G	激光焊机	省略 M	连续激光 脉冲激光	D Q Y	固体激光 气体激光 液体激光				

2. 产品型号由汉语拼音字母及阿拉伯数字组成。

3. 产品型号的编排秩序：

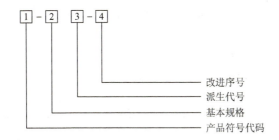

（1）型号中第2、4项用阿拉伯数字表示。
（2）型号中第3项用汉语拼音字母表示。
（3）型号中第3、4项如不用时，可空缺。
（4）改进序号按产品改进程序用阿拉伯数字连续编号。

4. 产品符号代码的编排秩序：

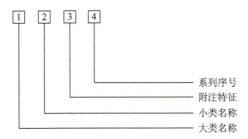

（1）产品符号代码中第1、2、3各项用汉语拼音字母表示。
（2）产品符号代码中第4项用阿拉伯数字表示。
（3）附注特征和系列序号用于区别同小类的各系列和品种，包括通用和专用产品。
（4）产品符号代码中第3、4项如不需表示时，可以只用第1、2项。
（5）可同时兼作几大类焊机使用时，其大类名称的代表字母按主要用途选取。
（6）如果产品符号代码中第1、2、3项的汉语拼音字母表示的内容，不能完整表达该焊机的功能或有可能存在不合理的表述时，产品的符号代码可以由该产品的产品标准规定。
（7）编制型号举例：

例如，自动横臂式脉冲熔化极氩气及混合气体保护焊机，额定焊接电流400A。

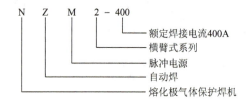

附录 C 常用弧焊电源的主要技术数据

1. 常用弧焊变压器的主要技术数据见表 C-1。
2. 常用硅弧焊整流器的主要技术数据见表 C-2。
3. 常用晶闸管弧焊整流器的主要技术数据见表 C-3。
4. 常用脉冲弧焊电源的主要技术数据见表 C-4。
5. 常用晶闸管式弧焊逆变器的主要技术数据见表 C-5。
6. 常用场效应晶体管式弧焊逆变器的主要技术数据见表 C-6。
7. 常用 IGBT 式弧焊逆变器的主要技术数据见表 C-7。

表 C-1 常用弧焊变压器的主要技术数据

技术数据		同体式		多站式
		BX2－500	BX2－1000	BP－3×500[①]
额定焊接电流	I_e/A	500	1000	3×500(12×155)
电流调节范围	$I_{hmin \sim hmax}$/A	200~600	400~1200	(35~210)
二次空载电压	U_0/V	80	69~78	70
额定工作电压	U_{he}/V	45.5	42	(25)
一次电压	U_1/V	220/380	220/380	220/380
额定一次电流	I_{1e}/A	190/110	340/196	320/185
额定负载持续率	FS_e(%)	60	60	100(65)
额定输入容量	S_e/kV·A	42	76	122
效率	η(%)	87	90	95
功率因数	$\cos\varphi$	0.62	0.62	
质量	m/kg	445	560	700(62)
外形尺寸	长 l/mm	744	741	1360(316)
	宽 b/mm	950	950	860(402)
	高 h/mm	1220	1220	1120(732)
用途		自动、半自动埋弧焊电源	自动埋弧焊电源 具有远距离调节电流装置	多头焊条电弧焊电源 可同时供12个焊工单独操作，使用 φ2～φ5mm 焊条

（续）

技术数据		动 铁 式			
		BX1-135	BX1-300[2]	BX1-330	BX1-500
I_e/A		135	300	330	500
$I_{hmin \sim hmax}$/A		25~150	75~360	50~450[3]	115~680[3]
U_0/V		60~75	75	60~70	60
U_{he}/V		30	32	30	40
U_1/V		220/380	380	220/380	380
I_{1e}/A		40/23	64	96/56	82.5
FS_e(%)		65	60	65	60
S_e/kV·A		8.7	24.3	21	31
η(%)		78		80	81.5
$\cos\varphi$		0.48		0.5	0.61
m/kg		110		185	200
外形尺寸	长 l/mm	780	580	882	880
	宽 b/mm	475	420	577	518
	高 h/mm	628	665	786	751
用 途		焊条电弧焊电源			
		适于厚度1~8mm低碳钢的焊接,使用 ϕ1.6~ϕ3.2mm焊条	适于中等厚度低碳钢的焊接,使用 ϕ3~ϕ7mm焊条		适于3mm以上低碳钢的焊接,使用 ϕ3~ϕ7mm焊条
技术数据		动 圈 式			抽 头 式
		BX3-120	BX3-300	BX3-500	BX6-120
I_e/A		120	300	500	120
$I_{hmin \sim hmax}$/A		20~160[3]	40~400[3]	60~670[3]	45~160
U_0/V		70~75	60~75	60~70	50
U_{he}/V		25	30	30	24.8
U_1/V		380	380	380	380
I_{1e}/A		23.5	54	87.4	15.8
FS_e(%)		60	60	60	20
S_e/kV·A		9	20.5	23.2	6
η(%)		81	83	87	70
$\cos\varphi$		0.45	0.53	0.52	0.6
m/kg		100	190	275	25
外形尺寸	长 l/mm	485	520	587	400
	宽 b/mm	480	525	560	252
	高 h/mm	630	800	883	193
用 途		焊条电弧焊电源			
		适于薄板焊接,使用 ϕ1.6~ϕ3.2mm焊条	适于中等厚度钢板焊接,使用 ϕ2~ϕ7mm焊条	适于厚钢板的焊接,使用 ϕ2~ϕ7mm焊条	适于薄板焊接,使用 ϕ1.6~ϕ3.2mm焊条

① 括号内的是电抗器数据。
② 梯形动铁心。
③ 分大小两档。

表 C-2　常用硅弧焊整流器的主要技术数据

技术数据			动圈式 下降特性 ZXG1-400	抽头式 平特性 ZPG-200	多站式[①] ZPG6-1000	交、直流两用式 下降特性 ZXG9-500
输出	额定焊接电流	I_e/A	400	200	1000	500
	电流调节范围	$I_{hmin\sim hmax}$/A	100~480		(15~300,6个同)	100~600
	空载电压	U_0/V	71.5	14~30	60	82
	额定工作电压	U_{he}/V	36		(30)	40
	额定负载持续率	FS_e(%)	60	100	100(60)	60
	额定输出功率	P_e/kW	14.4	6		
输入	电网电压	U_1/V	380	380	380	380
	相数	n	3	3	3	1
	频率	f/Hz	50	50	50	50
	额定一次相电流	I_{1e}/A	42	11.4		120
	额定容量	S_e/kV·A	27.7	7.5	70	45
效率		η(%)	76.5	80	86	
功率因数		$\cos\varphi$	0.68			
质量		m/kg	238		400(35)	323
外形尺寸	长	l/mm	685	730	650(530)	450
	宽	b/mm	570	522	620(360)	720
	高	h/mm	1075	1070	1170(710)	955
用途			焊条电弧焊电源适于厚钢板的焊接,使用 φ3~φ7mm 焊条	CO_2焊电源(配 NBC1-200型 CO_2焊机)	多头焊条电弧焊电源,可同时供6个300A焊钳工作	焊条电弧焊、交直流钨极氩弧焊电源

技术数据			磁饱和电抗器式			
			下降特性 ZXG-400	ZXG7-300-1	平特性 ZPG1-500	平、降两用 ZPG7-1000
输出	额定焊接电流	I_e/A	400	300	500	1000
	电流调节范围	$I_{hmin\sim hmax}$/A	40~480	20~300	35~500	200~1000(降)100~1000(平)
	空载电压	U_0/V	80	72	75	70~90
	额定工作电压	U_{he}/V	36	25~30	15~42	28~44(降)30~50(平)
	额定负载持续率	FS_e(%)	60	60	60	100
	额定输出功率	P_e/kW	14.4	9.6	21	
输入	电网电压	U_1/V	380	380	380	380
	相数	n	3	3	3	3
	频率	f/Hz	50	50	50	50
	额定一次相电流	I_{1e}/A	53		56	152
	额定容量	S_e/kV·A	34.9	22	37	100
效率		η(%)	75	68	88	80
功率因数		$\cos\varphi$				0.65
质量		m/kg	310	200	450	800
外形尺寸	长	l/mm	690	410	1180	950
	宽	b/mm	490	600	830	700
	高	h/mm	952	790	656	1500
用途			焊条电弧焊电源,使用 φ3~φ7mm 焊条	主要用作钨极氩弧焊电源,有电流衰减装置,特别适合封闭焊缝的焊接	氩弧焊、CO_2焊电源	粗丝 CO_2焊及埋弧焊电源

① 括号内的是镇定变阻器数据。

表 C-3　常用晶闸管弧焊整流器的主要技术数据

技术数据			平陡两用特性 ZDK-500	平特性 NBC1-300 的电源	
输出	额定焊接电流	I_e/A	500	50~300	
	电流调节范围	$I_{hmin~hmax}$/A	500~600（陡降）允许最大600（平）	50~300	
	额定工作电压	U_{he}/V	40（陡降）		
	电压调节范围	$U_{min~max}$/V	最大电流时工作电压>45V（陡降）15~50（平）	17~30	
	额定负载持续率	FS_e(%)	80	70	
	额定输出功率	P_e/kW			
输入	电网电压	U_1/V	380	380	
	相数	n	3	3	
	频率	f/Hz	50	50	
	额定一次相电流	I_{1e}/A			
	额定容量	S_e/kV·A	36.4		
效率 功率因数 质量		η(%) $\cos\varphi$ m/kg	350	260	
外形尺寸	长 l/mm		940	485	电源与控制箱做成一体
	宽 b/mm		540	585	
	高 h/mm		1000	1020	
用途			可做焊条电弧焊、CO_2焊、氩弧焊、等离子弧焊、埋弧焊电源	配 NBC1-300 CO_2 半自动焊机，做 CO_2 焊接电源	

表 C-4　常用脉冲弧焊电源的主要技术数据

技术数据			基本：三相磁饱和电抗器式弧焊整流器，陡降特性 脉冲：单相整流式，平特性 ZPG3-200	基本：三相硅整流式，电阻限流，陡降特性 脉冲：晶体管式，陡降特性 NSA5-25 的电源	
输出	额定焊接电流	I_e/A	脉冲 200〔100Hz 平均值〕		
	电流调节范围	$I_{hmin~hmax}$/A	基本 10~80	基本 0.8~3　脉冲 1~25	
	空载电压	U_0/V	基本 75	基本 100　脉冲 30	
	额定工作电压	U_{he}/V	基本 30；脉冲有效值 20~40		
	脉冲频率	f/Hz	50,100	15~45	
	额定负载持续率	FS_e(%)	60	60	
	额定输出功率	P_e/kW			
输入	电网电压	U_1/V	380	380	
	相数	n	基本：三相；脉冲：单相	3	
	频率	f/Hz	50	50	
	额定一次相电流	I_{1e}/A	47		
	额定容量	S_e/kV·A	31		
效率 功率因数 质量		η(%) $\cos\varphi$ m/kg	385	55	
外形尺寸	长 l/mm		715	440	电源与控制箱做成一体
	宽 b/mm		555	500	
	高 h/mm		1130	250	
用途			配 NZA20-200 自动氩弧焊机，NBA2-200 半自动氩弧焊机，做氩焊电源，可焊不锈钢、铝及铝合金等	配 NSA5-25 手工钨极氩弧焊机，做氩弧焊电源，可焊厚为 0.1~0.5mm 的不锈钢板	

表 C-5　常用晶闸管式弧焊逆变器的主要技术数据

技术数据			型号		
			ZX7-250	ZX7-400	CARRYWELD-350
输出	额定焊接电流	I_e/A	250	400	350
	电流调节范围	$I_{hmin \sim hmax}$/A	50~300	80~400	25~350
	空载电压	U_0/V	70	80	71
	额定工作电压	U_{he}/V			32
	额定负载持续率	FS_e(%)	60	60	35
	额定输出功率	P_e/kW			
输入	电网电压	U_1/V	380	380	380
	相数	n	3	3	3
	频率	f/Hz	50	50	50/60
	额定一次相电流	I_{1e}/A			12
	额定容量	S_e/kV·A	9	21.3	7.9
效率		η(%)	83	85.7	
功率因数		$\cos\varphi$	0.95	0.95	
质量		m/kg	33	75	42
外形尺寸		长 l/mm		600	645
		宽 b/mm		360	293
		高 h/mm		460	413
用途			TIG 焊电源	焊条电弧焊、TIG 焊电源	脉冲 MIG 焊电源

表 C-6　常用场效应晶体管式弧焊逆变器的主要技术数据

技术数据			型号		
			ZXC-63	ZX6-160	LUB315
输出	额定焊接电流	I_e/A	63	160	315
	电流调节范围	$I_{hmin \sim hmax}$/A	3~63	5~160	8~315
	空载电压	U_0/V	50	50	56
	额定工作电压	U_{he}/V	16	24	
	额定负载持续率	FS_e(%)	60	60	60
	额定输出功率	P_e/kW			
输入	电网电压	U_1/V	220	380	380
	相数	n	1	3	3
	频率	f/Hz	50/60	50/60	50/60
	额定一次相电流	I_{1e}/A			
	额定容量	S_e/kV·A			9.8
效率		η(%)	82	83	85
功率因数		$\cos\varphi$	0.99	0.99	0.95
质量		m/kg	9	16	58
外形尺寸		长 l/mm	430	500	
		宽 b/mm	180	220	
		高 h/mm	270	300	
用途			TIG 焊电源	焊条电弧焊、TIG 焊电源	焊条电弧焊、微机控制的各种气体保护焊的电源

表 C-7　常用 IGBT 式弧焊逆变器的主要技术数据

技术数据		ZX7-160	ZX7-200	ZX7-250	ZX7-315	ZX7-400
		三相四线　　380V　　50Hz				
额定输入容量	S_e/kV·A	3	4.3	6	12	13
额定焊接电流	I_e/A	160	200	250	315	400
额定负载持续率	FS_e(%)	60	60	35	60	60
电流调节范围	$I_{hmin\sim hmax}$/A	16~160	20~200	25~250	40~315	60~400
效率	η(%)	85				
质量	m/kg	21	27	20 35	32 37	40 45
外形尺寸	长 l/mm	430	475	475	475	580
	宽 b/mm	230	295	295	295	300
	高 h/mm	380	410	410	410	510

参 考 文 献

[1] 秦曾煌. 电工学：上册 电工技术 [M]. 7版. 北京：高等教育出版社，2018.
[2] 丁承浩. 电工学 [M]. 北京：机械工业出版社，1999.
[3] 刘继平. 工业电子学 [M]. 北京：机械工业出版社，1999.
[4] 李益民. 电路基础 [M]. 成都：西南交通大学出版社，2001.
[5] 席时达. 电工技术 [M]. 5版. 北京：高等教育出版社，2010.
[6] 徐咏冬. 电工与电子技术 [M]. 北京：机械工业出版社，2008.
[7] 杜韦辰. 电工与电子技术 [M]. 北京：北京工业大学出版社，2011.
[8] 姚锦卫. 焊接电工 [M]. 2版. 北京：机械工业出版社，2021.
[9] 徐淑华. 电工电子技术 [M]. 4版. 北京：电子工业出版社，2017.
[10] 王波，霍自祥，李裕. 电工电子技术 [M]. 北京：机械工业出版社，2022.
[11] 陈善本. 焊接过程现代控制技术 [M]. 哈尔滨：哈尔滨工业大学出版社，2001.
[12] 黄石生. 弧焊电源及其数字化控制 [M]. 2版. 北京：机械工业出版社，2016.
[13] 张胜男，王建勋，任廷春. 焊接电工 [M]. 3版. 北京：机械工业出版社，2018.
[14] 张胜男，王建勋. 弧焊电源 [M]. 4版. 北京：机械工业出版社，2022.
[15] 魏继昆，谭蓉. 先进焊接设备与维修 [M]. 北京：机械工业出版社，2006.
[16] 中国机械工程学会焊接学会. 焊接手册：焊接方法及设备 [M]. 3版. 北京：机械工业出版社，2016.